Research on the Talent Training Mechanism of the National Laboratory System

国家实验室体系人才培养机制研究

张志刚　叶知远／著

·成都·

图书在版编目(CIP)数据

国家实验室体系人才培养机制研究 / 张志刚，叶知远著. — 成都：电子科技大学出版社，2023.10
ISBN 978-7-5770-0542-3

Ⅰ. ①国… Ⅱ. ①张… ②叶… Ⅲ. ①实验室—人才培养—研究—中国 Ⅳ. ①N3

中国国家版本馆CIP数据核字（2023）第168476号

国家实验室体系人才培养机制研究
GUOJIA SHIYANSHI TIXI RENCAI PEIYANG JIZHI YANJIU
张志刚　叶知远　著

策划编辑　高小红　李述娜
责任编辑　杨雅薇
责任校对　李燕芩
责任印制　段晓静

出版发行　电子科技大学出版社
　　　　　成都市一环路东一段159号电子信息产业大厦九楼　邮编 610051
主　　页　www.uestcp.com.cn
服务电话　028-83203399
邮购电话　028-83201495

印　　刷　成都市火炬印务有限公司
成品尺寸　170 mm×240 mm
印　　张　14
字　　数　279千字
版　　次　2023年10月第1版
印　　次　2023年10月第1次印刷
书　　号　ISBN 978-7-5770-0542-3
定　　价　78.00元

序言

国家实验室是体现国家意志、实现国家使命、代表国家水平的战略科技力量，是面向国际科技竞争的创新基础平台。它以国家现代化建设和社会发展的重大需求为导向，开展基础研究、前沿高技术研究和社会公益研究，为经济建设、社会发展和国家安全提供科技支撑。

从国际上看，国家实验室是国家科技研发生态系统这顶皇冠上的明珠。以美国能源部国家实验室为例，该实验室于第二次世界大战的“曼哈顿计划”期间形成，最初的目的是应对美国及其盟友面临的威胁，后来致力于开发和平时期核能的使用，今天发展成为美国的国家实验室综合体，通过取得快速的科技进步来满足美国和世界的急迫需求，并发挥着重要影响。美国能源部十七个国家实验室作为一个相互依存的体系，有着独特而卓越的能力、世界一流的人才和尖端的设施仪器。这些实验室产生了大量的科学发明和技术创新，达成了美国国家安全、能源和经济安全的首要使命，出过118人次诺贝尔奖获得者；在此工作的科学家发现了元素周期表上22个元素（截至2020年10月）。美国国家实验室拥有的关键科学技术和工程实施能力，对美国继续保持全球科技领导力起着至关重要的作用。他们的全球影响包括发现和开发新材料和化学物质以推进能源技术，推进同步加速器、光子和中子源、粒子物理和材料领域的研究，帮助绘制人类基因组图谱；研究在用被动修复方法清洁受污染的地下水的同时节省能源、时间和金钱。美国国家实验室在从事科研活动的同时，承担着培养人才的责任，支撑他们在科学、技术、工程和数学（STEM）生态系统中发挥至关重要的作用。美国国家实验室越来越多地投资科技人才资源在职培训，这使得美国国家实验室与其他美国联邦政府资助的研究机构截然不同，也是美国国家实验室能够保持其创新优势的原因之一。

除了使命必达，这些世界一流实验室可随时提供快速响应科技，帮助解决自然或人类造成的威胁和灾难，如卡特里娜飓风、超级风暴桑迪、波多黎各地震、福岛核事故、深水地平线漏油事件等。

从国内来看，中国共产党历来高度重视包括国家实验室在内的科技创新能力建设。新中国成立后，经过数年奋战，于1954年12月建成的云南落雪山高山宇宙线实验室取得一批重要研究成果，这些成果先后发表在《物理学报》和《科学记录》上，标志着我国宇宙线研究进入当时国际先进行列。

党的十八大以来，面向国家重大战略需求，我国对新一轮国家创新体系建设进行了战略布局，要求国家实验室在国家科技创新基地建设中逐步发挥引领作用。2021年9月，中央人才工作会议指出，要发挥国家实验室、国家科研机构、高水平研究型大学、科技领军企业的国家队作用，加速集聚、重点支持一流科技领军人才和创新团队；要围绕国家重点领域、重点产业，组织产学研协同攻关，在实施重大科研任务中培养人才。2022年10月，党的二十大报告强调："坚持创新在我国现代化建设全局中的核心地位。完善党中央对科技工作统一领导的体制，健全新型举国体制，强化国家战略科技力量，优化配置创新资源，优化国家科研机构、高水平研究型大学、科技领军企业定位和布局，形成国家实验室体系。"2023年2月，二十届中共中央政治局第三次集体学习时进一步做出战略部署，要强化国家战略科技力量，有组织推进战略导向的体系化基础研究、前沿导向的探索性基础研究、市场导向的应用性基础研究，注重发挥国家实验室引领作用、国家科研机构建制化组织作用、高水平研究型大学主力军作用和科技领军企业"出题人""答题人""阅卷人"作用。国家科技创新体系建设被提升到了前所未有的高度。

国家实验室的核心资源是一流的人才，在聚集人才的同时也培养人才。各国都希望自己的研究人员能在国际学术舞台中占一席之地，有机会在全球人才聚集的知名实验室里工作并开展学术交流，把握世界科技前沿。英国剑桥大学的卡文迪什实验室（30人次获诺贝尔奖）、德国的马普学会（30人次获诺贝尔奖）是从事基础研究实验室的代表，美国贝尔实验室（15人次获诺贝尔奖）与IBM实验室（6人次获诺贝尔奖）是公司实验室的卓越代表（诺贝尔奖获奖数据截至2023年3月），[①]其共同的特点是营造了优良的研究条件和创新文化氛围，是产生高水平创新人才的沃土。

从诺贝尔奖获奖者所在单位相对集中的现象中可以看出，高、精、尖人才的培养与汇聚对于实验室的建设十分重要。这说明高水平人才的集中、高水平学术

① 张志刚，徐辉. 我国新时期科技人才战略布局的若干思考[J]. 中国科技资源导刊，2023，7(4)：15-18.

带头人的领导和指导、学科交流及前沿领域和战略方向的选择等，对于人才的成长和取得重大创新突破都有重要意义。

当前我国建设国家科技创新体系的探索虽然取得了一些成效，但还未形成具有较好协同创新能力的国家实验室体系，在国际上的影响力和知名度相对较低，对国际一流人才的吸引能力和对国际一流人才的培养能力均需要提升。本书的研究主题具有重大的理论和现实意义，研究成果具有一定的创新性，相信其研究内容和相关建议能为我国加快世界重要人才中心建设、中国特色国家实验室体系建设提供一定的参考借鉴。

中国工程院院士

中国科学院大连化学物理研究所所长

2023年9月

前言

随着新一轮科技革命和产业变革的加速推进，全球科学研究范式正在发生深刻变革。国家实验室作为国家科技创新体系的重要组成部分，是开展基础研究和应用基础研究的大型综合性研究基地，是聚集和培养优秀科学家的重要载体，也是形成重大原创成果、实现科技自立自强的重要力量。一直以来，党中央和国务院高度重视实验室建设工作，对国家实验室和国家重点实验室的建设和发展均做出战略部署，为我国加快建设中国特色国家实验室体系、推进科技强国建设指明了方向。当前，百年未有之大变局正重塑世界科技竞争格局，而科技竞争归根结底体现为人才的竞争。纵观世界各国的科技发展史，不难发现，围绕国家使命，依靠跨学科、大协作和高强度支持开展协同创新的国家实验室体系和科研机构，已成为国家培养富有竞争力的科技人才体系和抢占国际科技创新制高点的关键所在。因而，如何依托国家实验室体系培养科技人才，成为我国新时期亟待探究的重要课题。

第一，本书在分析古代、近代和当代国家实验室战略作用演变的基础上，对国家科技创新基地与国家实验室的概念进行了辨析；在阐述中国国家实验室、国家重点实验室发展历程的基础上，对中国特色国家实验室体系的概念进行了界定。第二，本书分析了国家实验室体系人才培养的特点与规律，实验室在科学技术活动中的角色和特征，以及国家实验室对人才培养的重要作用；并结合现代科技人才培养的新趋势，分析了国家实验室发挥人才培养作用的途径和机制。第三，本书对世界发达国家，如美国、日本、德国、英国、法国、意大利、荷兰的国家实验室体系的概况、运营模式、人才培养状况进行了分析和研究，归纳和提炼了世界主要国家和组织实验室体系人才培养的经验及启示。第四，本书对我国实验室人才培养政策的演变、重点政策及人才培养的相关政策进行了梳理和分析，并对我国国家实验室人才培养的现状以及在人才引进、人才使用、人才评价、人才流动、人才激励等方面存在的问题进行了剖析。第五，本书对我国国家实验室体系人才培养机制设计及相关政策提出了建议。

科技是强国兴国的重要支撑，科技人才是建设科技强国最核心的要素。本书从国家实验室体系培养人才的视角出发，系统分析了我国国家实验室体系建设的历程及其人才培养的相关机制，旨在为我国推进中国特色国家实验室体系建设及加快科技人才高地建设提供一定的参考。

著　者

2023年8月

目录

第1章　中国特色国家实验室体系的形成

从广义上讲，由国家设立的实验室（或研究所），不论大小都可以被称为“国家实验室”。各国独立于大学的国家科研体系，虽然名称、规模、范围、组织管理方式等有很大的不同，但性质是相似的，其发展现状与历史传承、国家面积大小和经济实力等都有紧密的关系。从狭义上讲，国家实验室通常特指大型国立科研机构。国际上，美国和德国的大型实验室比较多。这些国家大型实验室的研究范围主要集中在基础科学研究及其对应用研究的支撑上，包括粒子物理与核物理、空间、天文与天体物理等需要大科学装置的研究领域及相关的同步辐射光源、散裂中子源、自由电子激光、高功率激光等大型应用平台。有些国家还建设了支撑国家核心能力的应用基础研究或支撑产业发展的大型研究基地，在奠定和提高国家的科学研究能力和产业发展水平方面起到核心关键作用[①]。这种大型国立科研机构，也是我国正在加紧建设的主要类型，这也是本书关注的重点。

1.1　国家实验室的战略作用及其演变

国家实验室是承担国家重大科研任务的国家级科研机构。国家实验室的发展和科技战略密切相关，其作用随着战略视野的变化而调整，经历了由战术向战略，继而向大战略演进的过程。

1.1.1　古代国家实验室

最早的实验可追溯到战国时期，在墨子所在的时代，中国就已经有比较正规的实验研究。墨子曾担任宋国大夫，是当时著名的思想家、教育家、科学家、军事家、社会活动家，他本人也做过许多物理实验，如著名的小孔成像实验。但这些实验往往是在私人住宅进行的。

1592—1610年，伽利略在意大利的鸨珀都亚制作自己设计的“军用几何比例规”和最早的天文望远镜，但也没有史料提到他是否有专门的实验场所。

胡克是建立物理实验室的先驱。1662年，他担任英国皇家学会的仪器馆长，负责设计仪器装备，每周都会向皇家学会的例会提供3～4个有意义的实验。

①王贻芳. 建设国家实验室　完善国家科研体系[J]. 科学与社会. 2022，12(02)：6.

中世纪时期，出现了炼金术和占星术的实验室。罗浮宫画廊上一幅名画所描绘的一间化学实验室，其实就是炼金实验室，这间豪华的地下室地面上摆满了蒸馏器、坩埚。在十九世纪以前，这些实验室都是属于个人所有，设在私人住宅地下室或在厨房，如瑞典化学家贝采里乌斯的私人实验室就设在自家厨房①。

1748年，罗蒙诺索夫说服俄国科学院出资进行有关化学的冶金学、光学和电学研究，在彼得堡建立了装备精良的实验室，这可能是世界上第一个“高端”国家实验室。②

可见，在十九世纪以前，实际上并没有国家实验室一说，实验室多属于个人所有，其功能主要是开展一些个人感兴趣的实验或与生活密切相关的研究。罗蒙诺索夫利用俄国科学院出资建立的实验室则主要关注于物理学、化学、地质学、天文学等方面的研究，并在许多知识领域有重大发现，对俄国科学研究发挥了重要作用。

1.1.2 近现代国家实验室的战略作用

近现代，国家实验室主要运用科技为一国的军事战略服务，即通过科技力量增强武装力量。以美国科学家爱迪生、美国海军研究实验室及美国海军为例。

爱迪生是历史上著名的发明家，他拥有2000多项发明、1000多项专利，并发明了吸声器、水底巡灯、战舰稳定器、水雷检查器等30多种海军兵器。但多数人却不知道，他拥有强大的实验室。1876年，爱迪生在门洛帕克投资2万美元建设“门洛公园实验室”，即“爱迪生发明工厂”。该实验室由200名不同专业的科学家、工程师、技术工人组成，设有实验室、加工车间、器材库和图书馆。所有人员都按照爱迪生制订的研究计划统一工作，被称为“世界上第一个工业实验室。③”

第一次世界大战期间（1914—1918年），爱迪生曾担任美国海军顾问，从事海军的防务研究工作。1915年5月，爱迪生在《纽约时代杂志》社论中写道，“政府应维持一间巨大的研究实验室……可在无须庞大开支下发展所有军事技术”。由于爱迪生的建议，美国政府于1923年建立了美国海军研究实验室。美国

---

① 食品实验室服务. 你了解实验室的发展史吗？今天来聊一聊实验室的“黑”历史！[EB/OL].（2018-04-11）[2023-04-08]. https://mp.weixin.qq.com/s?__biz=MzIyNzM4Njk5OA==&mid=2247493698&idx=4&sn=11b2cc5690e4e779a9844be73fd4d8b2&chksm=e8635b5bdf14d24d34b56299d2f5b4bdf537bc9846949ae67733621e42509b3fbb924e0c558b&scene=27.

② 历史笔记本. 罗蒙诺索夫：成立了俄国第一所大学和第一个化学实验室[EB/OL].（2020-10-09）[2023-04-08]. http://www.historyhots.com/tt/shijie/68835.html.

③ 罗肇鸿，王怀宁. 资本主义大辞典[M]. 北京：人民出版社，1995：633.

海军实力在第二次世界大战中（1931—1945年）超越英国，成为世界第一海军强国。这除了因为美国的财力外，还因为美国有足够的技术支撑，尤其是来自美国海军研究实验室的技术支持。

第二次世界大战期间，出于战争的需要，美国政府开始广泛介入科学研究和技术发展。1940年6月，美国总统罗斯福批准成立了国防研究委员会，由范内瓦·布什担任主任。通过签订研究合同的方式，美国政府把科学研究任务下放到大学或私营公司。1941年，美国成立政府科学研究与开发办公室，联合美国著名高校（如加州伯克利大学、芝加哥大学、哥伦比亚大学等）成功实施了曼哈顿计划，并通过实施这项计划创建了一批著名的国家实验室，如洛斯阿拉莫斯国家实验室、桑迪亚国家实验室等，从而推动了国家实验室的大规模创建和发展。由此可见，美国国家实验室的建设和谋划从一开始就体现了国家意志，并高度服从和服务于国家的战略目标，以完成联邦政府赋予的使命。

1.1.3 当代国家实验室的战略作用

在当代，由于战略视野的拓展，国家实验室通过科技手段不仅支撑国家的军事战略，还支撑国家的经济战略、政治战略等，成为国家战略的有力支撑之一。越来越多的国家意识到，作为科技界的一种科研建制，国家实验室本身所具有的相对自主性，可以使科学技术具有稳定的继承性和积累性，并可形成持续的科学研究能力，保证科技发展的永续性，为科技进步奠定坚实的组织基础；在国家创新体系建设中，国家实验室往往处于核心地位，是国家组织高水平基础研究、战略高技术研究、原创性研究的核心力量，是进行知识创新、技术创新和创造性人才培养的重要载体，是参与国际科技竞争的重要基础和重要支撑。

研究世界各国，特别是发达国家的科技创新体系，不难发现，这些国家都不约而同地超前部署和重点支持国家实验室或国家研究机构的建设，并将其作为提升国家创新能力、抢占国际竞争制高点的重大战略选择。美国、英国、德国、法国、俄罗斯等国，虽然国家实验研究基地的名称不尽相同，但在科技创新体系中它们都占有极其重要的地位。

1. 美国国家实验室

美国国家实验室是美国为了提升国家战略能力、保持美国“全球霸主”地位的重要科技力量。第二次世界大战结束后，美国与苏联开始了长达数十年的军备竞赛。双方在“冷战”对峙阶段，美国政府把重点放到国防、原子能和航空航天领域，进一步加强了科技研发工作，带动了一批国家实验室的建设和发展。譬如，著名的布鲁克海文国家实验室和阿贡实验室等就是在这一时期发展起来的。

苏联解体之后，美国政府根据国家安全的需要，把重心转移到经济和技术领域。20世纪90年代，为保持美国在世界科学技术领域的领导地位，克林顿政府提出了“新经济政策”，进一步加大联邦政府在民用科技研发领域的投入力度。2022年8月，为了提升美国科技和芯片业竞争力，拜登政府推出了《芯片和科学法案》，该法案对美国本土芯片产业提供巨额补贴，并要求任何接受美国补贴的公司必须在美国本土制造芯片，也包含一些限制有关企业在华正常投资与经贸活动、中美正常科技合作的条款，呈现出浓厚的地缘政治色彩。近年来，美国阿贡国家实验室致力于开发关键性安全技术，集中力量研究开发新的传感器和材料，以及网络安全技术、芯片技术等，用于保卫美国国土安全及减轻大规模意外突发事件带来的危害。目前，美国国家实验室与工业企业界、大学一起构成美国科技事业的三大主力，承担着大约全美全部基础研究任务的18%、全部应用研究任务的16%、全部技术开发任务的13%[①]，为美国在各个科学技术领域全面保持国际领先地位做出了重要贡献。

2. **英国国家实验室**

英国国家实验室是国家科技创新系统的重要组成部分，具有明确的定位。它把追求长远目标、取得重大科学突破、满足国家需求、解决重大技术难题作为自己的首要使命。英国国家实验室历史悠久，产生了许多举世瞩目的重大科技成果，为英国在世界的科研地位奠定了雄厚基础。英国比较著名的国家实验室有卡文迪什实验室、卢瑟福·阿普尔顿国家实验室、卡勒姆聚变能源中心、英国国家物理实验室、英国国家石墨烯研究院、英国国家核实验室等。另外，英国还建设有设备领先、规模集聚、共享充分、国际影响力巨大的若干重大科研基础设施集群，吸引了国内和国际大批科研人员、企业技术人员开展前沿研究，产生了一大批有重大影响力的成果。这些重大科研基础设施集群是英国的战略科研力量，实质上发挥了“国家实验室”的功能。

3. **德国国家实验室**

德国国家实验室是国家整体战略目标的执行者和实现者之一。其建设和发展目标包括：第一是对与国家战略利益和国家安全相关的和急需的、基础性、战略性科技问题的研究；第二是对一般研究机构无力开展或不愿承担的基础科学和技术科学、某些高技术、竞争前技术和共用技术的研究，或是参与需要政府牵头组织的跨学科、跨部门的项目；第三是针对提高人民生活质量的社会公共、工艺领域进行研究，如医学、农学等；第四是注重对技术监督、计量标准等方面进行研究。德国国家实验室，如马普学会、弗朗霍夫协会、“蓝名单”科研机构等，构

① 李建强，黄海洋. 国家实验室的体制机制与技术扩散研究[M]. 上海：上海交通大学出版社，2009：60.

成了德国科技创新体系的基本框架。其中，最突出的代表是由18个研究中心组成的德国亥姆霍茨联合会。

4. **法国国家实验室**

法国国家实验室的主要代表是国家科学研究中心（CNRS），其建设和发展的目标是确保法国世界科学强国的地位。该中心隶属于法国高等教育和研究部，是法国最大的政府研究机构，也是欧洲最大的基础科学研究机构，同时也是世界顶尖的科学研究机构之一。该中心拥有16位诺贝尔奖与9位菲尔兹奖获得者，具有悠久且卓越的科研传统和众多著名的科学家，使得法国在全球科研竞争日益激烈的国际大背景下脱颖而出。该中心致力于评估且推动所有有利于知识进步并符合社会、文化与经济发展利益的科学研究，并积极参与科研成果的推广与转化，每年不仅取得大量高水平的科研成果，同时也为法国产业发展、企业技术创新做出了重要贡献。此外，CNRS还承担着参与政府科技政策和科研计划制定、为全国科技界提供大型科研设备、跟踪和分析国内外科技形势及发展动态等重要任务。

5. **俄罗斯国家实验室**

杜布纳联合核子研究所是俄罗斯国家实验室的代表，是俄罗斯国际政府间科研机构，相当于国家集团实验室。该研究所成立于1956年，是世界范围内最优秀的核物理研究所之一，拥有世界级的质子同步加速器设备。该所在核物理、粒子物理、超重元素合成等方面取得举世瞩目的成就，为世界科技的发展做出了卓越贡献。杜布纳联合核子研究所建设的目的：一是为所属成员国的科学家在理论和实验核物理的研究提供保证；二是通过成员国之间彼此交流理论和实验研究的成果、经验，促进核物理学的发展；三是与国内外核物理研究机构保持联系，以便寻找核能利用的新的可能性。杜布纳联合核子研究所在理论和实验核物理领域曾经一度保持领先地位，是国际战略科技力量中的一支劲旅，实力不容小觑。特别是从建立到1976年间，102号元素到107号元素全部是由杜布纳联合核子研究所初次合成，将美国、德国、法国等国的著名实验室远远地抛在其后。

可见，国家实验室的建设均体现该国国家意志，在建设初期均由政府主导建立，绝大部分经费来源于中央政府（或多个国家政府），承担着与国家战略利益和国家安全密切相关、与国计民生息息相关的基础性、前沿性、公益性的科学研究与技术开发，研究成果代表着整个国家的最高水平，是国家重要关键技术和原创性技术的源头，为整个国家科技进步奠定坚实的基础。

1.2 中国特色国家实验室体系的内涵

国家实验室是面向国际科技前沿建立的新型科研机构和国家开放型公共研究

平台，是组织高水平基础研究、战略高技术研究和重要共性技术研究的“国家队”，是提升自主创新基础能力、建设创新体系的重要环节，在国家创新体系中处于金字塔的塔尖位置。[①]国家实验室是国家科技创新基地的一种形式，是保障国家安全的核心支撑，是突破型、引领型、平台型一体化的大型综合性研究基地。[②]

1.2.1 国家科技创新基地与国家实验室简介

1. 国家科技创新基地的概念

国家科技创新基地是围绕国家目标，根据科学前沿发展、国家战略需求及产业创新发展需要，开展基础研究、行业产业共性关键技术研发、科技成果转化及产业化、科技资源共享服务等科技创新活动的重要载体，是国家创新体系的重要组成部分。早在2003年，按照党中央、国务院关于国家科技创新基地建设发展改革有关部署要求，根据国家战略需求和不同类型科研基地功能定位，中国政府已提出对现有国家级基地平台进行分类梳理，归并整合为科学与工程研究、技术创新与成果转化和基础支撑与条件保障三类进行布局建设[③]，见表1-1所列。

表1-1　国家级科技基地平台分类

平台分类	平台定位	平台功能	主要平台名称
科学与工程研究类国家科技创新基地	瞄准国际前沿，聚焦国家战略目标	围绕重大科学前沿、重大科技任务和大科学工程，开展战略性、前沿性、前瞻性、基础性、综合性科技创新活动	国家实验室、国家重点实验室
技术创新与成果转化类国家科技创新基地	面向经济社会发展和创新社会治理、建设平安中国等国家需求	开展共性关键技术和工程化技术研究，推动应用示范、成果转化及产业化，提升国家自主创新能力和科技进步水平	国家工程研究中心、国家技术创新中心和国家临床医学研究中心
基础支撑与条件保障类国家科技创新基地	为发现自然规律、获取长期野外定位观测研究数据等科学研究工作	提供公益性、共享性、开放性基础支撑和科技资源共享服务	包括国家科技资源共享服务平台、国家野外科学观测研究站

① 李建强，黄海洋. 国家实验室的体制机制与技术扩散研究[M]. 上海：上海交通大学出版社，2009：1.

② 1978—1985年全国科学技术发展规划纲要（草案）[EB/OL].（2003-08-31）[2023-04-15]. http://www.most.gov.cn/ztzl/gjzcqgy/zcqgylshg/200508/t20050831_24438.html.

③ 全国科技发展“九五”计划和到2010年长期规划纲要（汇报稿）[EB/OL].（2003-08-31）[2023-04-15].http://www.most.gov.cn/ztzl/gjzcqgy/zcqgylshg/200508/t20050831_24435.html.

（1）科学与工程研究类国家科技创新基地。

科学与工程研究类国家科技创新基地定位于瞄准国际前沿，聚焦国家战略目标，围绕重大科学前沿、重大科技任务和大科学工程，开展战略性、前沿性、前瞻性、基础性、综合性科技创新活动。主要包括国家实验室、国家重点实验室。

（2）技术创新与成果转化类国家科技创新基地。

技术创新与成果转化类国家科技创新基地定位于面向经济社会发展和创新社会治理、建设平安中国等国家需求，开展共性关键技术和工程化技术研究，推动应用示范、成果转化及产业化，提升国家自主创新能力和科技进步水平。主要包括国家工程研究中心、国家技术创新中心和国家临床医学研究中心。

（3）基础支撑与条件保障类国家科技创新基地。

基础支撑与条件保障类国家科技创新基地定位于为发现自然规律、获取长期野外定位观测研究数据等科学研究工作，提供公益性、共享性、开放性基础支撑和科技资源共享服务。主要包括国家科技资源共享服务平台、国家野外科学观测研究站。

2. 国家科技创新基地与国家实验室的关系

2017年8月，科技部、财政部和国家发展改革委联合印发了《国家科技创新基地优化整合方案》。该方案指出，国家科技创新基地按照科学与工程研究、技术创新与成果转化、基础支撑与条件保障三类布局建设。其中，国家实验室属于布局的第一类，其实质是科学与工程研究类国家科技创新基地的一种形式。其中，国家实验室是体现国家意志、实现国家使命、代表国家水平的战略科技力量，是面向国际科技竞争的创新基础平台，是保障国家安全的核心支撑，是突破型、引领型、平台型一体化的大型综合性研究基地。国家重点实验室面向前沿科学、基础科学、工程科学等，开展基础研究、应用基础研究等，推动学科发展，促进技术进步，发挥原始创新能力的引领带动作用。

国家科技创新基地与国家实验室的关系如图1-1所示。

1.2.2 国家实验室发展历程

自1949年新中国成立至今，中国国家实验室建设大致经历了四个发展阶段。

一是萌芽兴起阶段（1949年—20世纪80年代）。该阶段的建设主要以大科学装置建设为主。在此阶段，国家实验室通常为充分运用大科学装置进行研究而成立，同时承担着大科学装置运行、维护、改建等重要任务。

二是批量筹建阶段（改革开放前后—20世纪末）。该阶段以追赶世界先进科技水平为目标，以大科学装置为依托成功建立了首批国家实验室。

三是快速发展阶段（21世纪初—2012年）。进入21世纪，以提升国家科技创新能力为目标，大批试点国家实验室获得批准筹建，实验室的数量不断增加。

四是战略布局阶段（2013年—至今）。党的十八大以来，面向国家重大战略需求，中国对新一轮国家实验室建设进行了战略布局，使国家实验室在国家科技创新基地建设中逐步发挥引领作用。

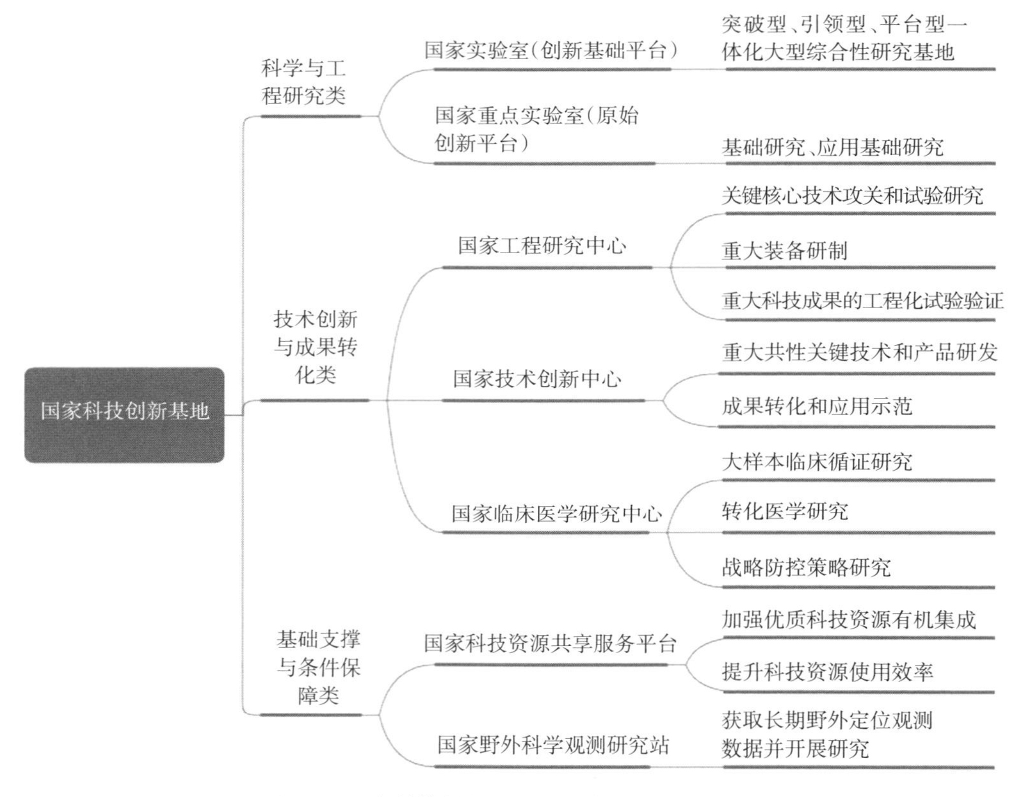

图1-1　国家科技创新基地与国家实验室的关系

1. 萌芽兴起阶段——大科学装置的开建与中国国家实验室建设的开端

大科学装置是指通过较大规模投入和工程建设来完成，建成后通过长期的稳定运行和持续的科学技术活动，实现重要科学技术目标的大型设施。①中国大科学装置建设的历史可以追溯到以核物理研究为主要应用的粒子加速器建设。20

① 中国科学院大科学装置发展战略研究组. 我国大科学装置发展战略研究和政策建议[EB/OL].(2007-04-26)[2023-04-12]. https://news.sciencenet.cn/html/showxwnews1.aspx?id=178381.

世纪五六十年代，中国将核武器研发列为国防战略武器的主要发展方向，以举国体制倾力发展核科技；这一时期，在苏联的技术援助下，中国建造了回旋加速器等实验装置以满足军事研发的需求。

1950年5月19日，新中国第一个核科学研究机构——中国科学院近代物理研究所成立，该物理所主要承担理论物理、原子核物理、宇宙线、放射化学等方面的研究工作，重点是原子核物理方面的研究。1954年12月，云南落雪山高山宇宙线实验室建成，一批成果先后发表在《物理学报》和《科学记录》上，我国宇宙线研究进入当时国际先进行列。1956年，位于北京市房山县坨里的原子能科研基地成为物理研究所二部（后改名为中国科学院原子能研究所），同年5月25日，中国第一座研究性重水反应堆和第一台回旋加速器在这里开工兴建。1958年7月1日，《人民日报》发表消息：研究性重水反应堆和回旋加速器建成（简称“一堆一器”）。1960年2月12日，中国科学院原子能研究所的铀浓缩实验室建成，正式移交生产。1965年11月30日，中国科学院原子能研究所宇宙线高能物理的大云雾实验室基本建成。1966年9月11日，第二机械工业部、上海市联合向周恩来总理报告，建议由上海市政府在华东地区建设一座1万千瓦的压水式动力堆，在发电的同时，为核潜艇动力堆的改进做出努力。1966年10月30日，中国第一座生产反应堆建成。

据不完全统计，在此期间（1949年—1970年）共建成7个实验室（或实验装置），在研制出战略武器“两弹一艇”的同时，实验室（或实验装置）也由“一堆一器一室”向“多堆多器多室”发展。虽然此时国家实验室就已经存在，但是并没有国家实验室的提法。

20世纪70年代，随着国内外形势的变化，核物理学科的研发方向开始转向基础研究。此时，高能物理和重离子物理在国际上已发展成为核物理学科的两大前沿方向，而中国原有的实验装置远远落后于国际先进水平，无法满足核物理基础研究的需求。[①]在这样的背景下，中国的重离子加速器和高能加速器建设计划正式提上日程。

1976年11月，国家计划委员会（简称“国家计委”）向中国科学院下达了《关于建造分离扇重离子加速器的通知》，正式批准中国科学院近代物理研究所（简称“近物所”）提出的建设大型重离子加速器的计划，依照此设计方案建成

① 苏熹. 从国防研究到基础研究的转向——中国科学院近代物理研究所回旋加速器的兴建、应用和改建[D]. 北京：中国科学院大学，2019：161-162.

的重离子加速器能够使我国在该领域达到国际先进水平。[①]该通知要求，“基建投资控制在六千万元以内，属于事业费的可在科研事业费内支付”。对于中国科技界而言，在当时，这是一笔巨额投资，充分体现出了国家对该研究领域的重视。

1977年10月26日，国家计委、国家科学技术委员会（简称“国家科委”）向国务院提交了《关于加快建设高能物理实验中心的请示报告》（简称《请示报告》），提出分三步建成世界第一流的高能加速器的计划。[②]按照该计划，“在十年内，实验中心的建设投资约需10亿元人民币，此外尚需外汇33千万美元左右”。[③]同年年底，中共中央批准了《请示报告》，标志着中国高能物理研究进入了一个新的发展阶段。这也充分体现出中央对于大科学装置建设的高度重视。

1978年3月，全国科学大会在北京召开。在大会开幕式上，邓小平明确提出了“科学技术是生产力”的重要论断，成为改革开放后国家科技发展的主导思想。大会通过了《1978—1985年全国科学技术发展规划纲要（草案）》（简称“八年规划”），明确指出此后八年科学技术工作的奋斗目标，包括“部分重要的科学技术领域接近或达到20世纪70年代的世界先进水平”“专业科学研究人员达到八十万人”“拥有一批现代化的科学实验基地”“建成全国科学技术研究体系”。为了在重点领域达到世界先进水平，“八年规划”还规定了重点科学技术研究项目，其中，就大科学装置建设提出了“高能物理研究和三百亿——五百亿电子伏、四千亿电子伏高能加速器研制”及“重离子物理研究和分离扇形、螺旋波导型重离子加速器的研制”等项目。[④]可以说，这一时期的大科学装置建设在国家科技发展战略中占据着重要地位，在全国科学技术研究体系建设中发挥着引领作用。

1983年，在官方正式文件中开始出现类似“国家实验室”一词。根据中国科技大学（简称“中国科大”）档案馆档案记载，在1977年年底的全国自然科学学科规划会议上，中国科大就提出建造同步辐射加速器的建议。1978年春，中国科学院批准同意在合肥建设电子同步辐射加速器预研项目，并成立筹备组。1983年4月8日，国家计委发文正式批准建设“国家同步辐射实验室”。这份《关于建设国家同步辐射实验室的复函》指出，“在合肥中国科技大学筹建国家同步辐射实验室，建造一台能量为8亿电子伏、平均束流强度为100～300毫安的电

① 苏熹. 以国家科技发展战略目标为主导——中国国家实验室建设和发展历程述略[EB/OL].（2021-01-11）[2023-04-12]. http://hprc.cssn.cn/gsyj/whs/kjs/202101/t20210111_5243819.html.

② 王扬宗，曹效业. 中国科学院院属单位简史：第1卷上册[M]. 北京：科学出版社，2010：148-149.

③ 丁兆君，胡化凯. “七下八上”的中国高能加速器建设[J]. 科学文化评论，2006，3(02)：85-104.

④ 1978—1985年全国科学技术发展规划纲要（草案）[EB/OL].（2005-08-31）[2023-04-15]. http://www.most.gov.cn/ztzl/gjzcqgy/zcqgylshg/200508/t20050831_24438.html.

子同步辐射加速器及相应的实验设备……第一步先引用真空紫外和软X射线两条光束线，在应用试验具备一定基础后，再陆续把15条光束线都开发利用起来”。这份文件同时指出，“合肥电子同步辐射加速器实验室，是国家级的共用实验室。”这是我国第一个“国家级的共用实验室”。

20世纪80年代后期，合肥国家同步辐射加速器及光束线实验站、北京串列静电加速器、北京正负电子对撞机和兰州重离子加速器装置相继建成。为了充分利用这些大科学装置，争取尽早取得领先国际的高水平研究成果，国家考虑建立与之对应的国家实验室。与此同时，国家实验室也引起了学术期刊的关注。如中国科学院院刊1986年第3期刊登了美国国家科学院院长F.普雷斯的文章《大学、国家实验室和工业界的互利合作》。1987年，近物所名誉所长杨澄中向国务委员兼国家计委主任宋平汇报了以兰州重离子加速器为基础建立国家实验室的设想，他谈道，“把好加速器的实验的质量关是国家实验室要做的头等大事”。此时已经正式有了国家实验室的提法并且开始建设，部分已经建成。如创建于1988年的北京串列加速器核物理国家实验室。

综上所述，以追赶世界先进科技水平为国家科技发展战略目标，中国投入了大量资源建设大科学装置；为了充分利用这些大科学装置，取得领先国际的高水平研究成果，真正实现这一阶段的国家科技发展战略目标，中国开始谋划在大科学装置的基础上建立首批国家实验室，国家实验室建设由此开始。

2. 批量筹建阶段——成功建设首批国家实验室

20世纪90年代，科学技术对经济社会发展的推动作用日益明显，成为决定国家综合国力和国际地位的重要因素。国家根据世界科技发展趋势和我国现代化建设的需要，及时提出并实施了一系列科技发展战略。

1991年12月6日，国务院召开第94次常务会议，审议并原则通过了国家科委组织制定的《国家中长期科学技术发展纲领》（简称《纲领》）、《中华人民共和国科学技术发展十年规划和“八五”计划纲要》（简称《纲要》）等文件。其中，《纲领》提出“把经济建设进一步转移到依靠科技进步和提高劳动者素质的轨道上来”；要求“基础研究应遵循科学自身发展规律，要在若干前沿领域加强探索和跟踪，争取进入国际先进行列”。[①]实验室建设是基础研究发展的重要保证。1994年，国家计委、国家科委共同组织编制《全国科技发展“九五”计划和2010年长期规划纲要》，提出基础研究要“把国家目标放在首位，瞄准国际前

① 国务院. 国家中长期科学技术发展纲领[J].中国科技论坛，1992，(3)：2-14.

沿”的要求，并强调要“加强以大科学装置为重点的科研基础设施建设”。[①]此后，我国逐步增加了对基础研究的投入，以大科学装置为依托的中国国家实验室建设也得到了保证。在此阶段，我国先后成立了北京正负电子对撞机国家实验室（1990年验收）、合肥国家同步辐射实验室（1991年验收）、和兰州重离子加速器国家实验室（1991年成立）。

在国家政策的支持下，中国国家实验室建设继续围绕大科学装置建设稳步开展，成效显著。一方面，国家实验室有效开展了大科学装置运行管理、用户服务等工作，保证在大科学装置上开展的实验质量，使我国利用大科学装置取得了一系列领先世界水平的科研成果，提升了中国在相关研究领域的国际影响力。例如，北京正负电子对撞机的建成使我国能够跻身粒子物理研究行列，而北京正负电子对撞机国家实验室开放不久，就陆续取得一批在国际高能物理界有影响的研究成果。另一方面，中国国家实验室的一项重要任务是对既有大科学装置进行发展研究及升级改建。例如，兰州重离子加速器国家实验室的分离扇回旋加速器和作为注入器的扇聚焦回旋加速器于1988年宣告建成并投入运行，主要技术指标达到了当时的国际先进水平。20世纪90年代，国际重离子物理研究又有了新动向，重离子加速器开始向“放射性束、高品质重离子束、高能直至相对论重离子的加速”方向发展。为适应新的研究形势，保证兰州重离子加速器装置在国际核物理领域的地位，近物所提出在兰州重离子加速器基础上建造能提供高品质束流的重离子冷却储存环的新计划。1997年6月，国家科技领导小组原则批准兰州重离子加速器冷却储存环工程项目入选“九五”计划第二批国家重大科学工程；1999年8月，该项目的可行性研究报告通过国家计委审批，计划投资2.935亿元，国家投入使装置的升级改建顺利完成。[②]此外，随着中国国家实验室建设的推进，与之相关的交叉学科、先进技术和产业得到了进一步发展，国际交流日趋频繁，学科建设、人才培养不断完善。

总体而言，20世纪90年代，国家发展基础性研究的主要目标是使我国在国际科技领域占有一席之地。以国家科技发展战略目标为导向，在国家政策和资金的支持下，中国依托大科学装置建成了第一批国家实验室。利用这些大科学装置，中国国家实验室在基础性研究及交叉学科等领域取得了领先国际水平的科学研究成果，初步实现了在重要领域追赶世界先进科学水平的战略目标。

① 全国科技发展“九五”计划和到2010年长期规划纲要（汇报稿）[EB/OL].（2003-08-31）[2023-04-15]. http://www.most.gov.cn/ztzl/gjzcqgy/zcqgylshg/200508/t20050831_24435.html.

② 苏熹. 以国家科技发展战略目标为主导——中国国家实验室建设和发展历程述略[EB/OL].（2021-01-11）[2023-04-12]. http://hprc.cssn.cn/gsyj/whs/kjs/202101/t20210111_5243819.html.

3. **快速发展阶段——大批筹建试点国家实验室**

1999年8月20日，中共中央、国务院印发《关于加强技术创新、发展高科技、实现产业化的决定》（简称《决定》），将加强技术创新确定为我国在新的历史时期的主要任务之一。《决定》明确提出“加强技术创新，发展高科技，实现产业化，推动社会生产力跨越式发展”的要求；指出“重大突破性创新要着眼于从基础研究抓起，不断形成新思想、新理论、新工艺，为应用研究和技术开发提供源泉，增强持续创新的能力”[①]，明确了基础研究与创新能力建设的关系。随着国家科技发展战略目标的确定及相关政策的出台，国家对科技发展的财政投入也持续增长。其中，国家财政科技拨款、全国研究与试验发展经费总支出、基础研究经费支出分别从1999年的543.9亿元、678.99亿元、33.9亿元增加到2012年的5600.1亿元、10298.4亿元、498.8亿元[②]，充足的经费投入保证了国家科技创新工作的顺利推进。国家实验室作为高水平国家级科研基地，在我国科技创新体系中处于核心地位。这一时期，国家高度重视国家实验室的建设，将它作为推进自主创新、建设创新型国家的一项重要战略举措。

2000年10月27日，经科学技术部（简称“科技部”）批准，中国科学院金属研究所组建了我国第一个研究类国家实验室——沈阳材料科学国家（联合）实验室，主要从事材料科学研究。2001年5月，《国民经济和社会发展第十个五年计划科技教育发展专项规划（科技发展规划）》中提出，要“加强科研基地和基础条件建设”“加强科研基地和科研设施的联合共建，在充分发挥现有科研基地作用的基础上，新建若干重大科学工程，重组和新建一部分国家重点实验室，在现代农业、生物、信息和环境资源等领域优选新建一批工程中心”。2003年11月25日，科技部下发《批准北京凝聚态物理等5个国家实验室筹建的通知》（简称《通知》），批准北京凝聚态物理国家实验室、合肥微尺度物质科学国家实验室、武汉光电国家实验室、清华信息科学与技术国家实验室、北京分子科学国家实验室作为试点国家实验室开始筹建。《通知》附件2《国家实验室总体要求》（简称《总体要求》）提出，“建设国家实验室要以培育国际一流实验室为目标”“国家实验室的主要任务是组织开展与国家发展密切相关的基础性、前瞻性、战略性科技创新活动”“国家实验室要建立全新的运行机制”“国家实验室实行理事会管理

① 中共中央、国务院关于加强技术创新、发展高科技、实现产业化的决定[J].中华人民共和国国务院公报，1999,(31):1350-1359.

② 中华人民共和国科学技术部. 中国科技发展70年 1949—2019[M]. 北京：科学技术文献出版社，2019：479-481.

制度”；“国家实验室要把吸引、聚集和培养国际一流人才作为重要任务”“国家实验室应成为开放的国家公共实验研究平台”。[①]由此可见，《总体要求》不仅明确了国家实验室的任务在于组织开展与国家发展密切相关的科技创新活动，还对如何完成这一任务进行了系统部署，从实验室管理体制和运行机制建设、人才聚集与培养及公共实验平台建设等方面提出了具体要求。

2006年1月，全国科学技术大会在北京召开，大会以大力提高自主创新能力、为经济和社会发展提供强有力的科技支撑为中心议题，发布了《国家中长期科学和技术发展规划纲要（2006—2020年）》（简称《规划纲要》），明确提出用15年时间把我国建设成为创新型国家的战略目标。《规划纲要》对国家研究实验基地建设提出了明确要求：“根据国家重大战略需求，在新兴前沿交叉领域和具有我国特色和优势的领域，主要依托国家科研院所和研究型大学，建设若干队伍强、水平高、学科综合交叉的国家实验室和其他科学研究实验基地。加强国家重点实验室建设，不断提高其运行和管理的整体水平。构建国家野外科学观测研究台站网络体系。”

为落实《规划纲要》确定的目标和任务，2006年5月，科技部发布了《国家“十一五”科学技术发展规划》，提出科技基础设施与条件平台建设的阶段目标，即“到2010年，重点建设一批高水平的国家实验室，国家重点实验室总数达到250个左右，建设若干大型科学工程或基础设施”。同年12月，科技部召开启动国家实验室建设工作通气会，通报了拟启动筹建的10个试点国家实验室[②]，即青岛海洋科学与技术国家实验室（中国海洋大学、中国科学院海洋研究所、国家海洋局第一海洋研究所等）、航空科学与技术国家实验室（北京航空航天大学）、重大疾病研究国家实验室（中国医学科学院）、磁约束核聚变国家实验室（中国科学院合肥物质科学研究院、西南核物理研究所）、洁净能源国家实验室（中国科学院大连化学物理研究所）、船舶与海洋工程国家实验室（上海交通大学）、微结构国家实验室（南京大学）、蛋白质科学国家实验室（中国科学院生物物理研究所）、现代轨道交通国家实验室（西南交通大学）、现代农业国家实验室（中国农业大学）。

试点国家实验室筹建工作取得了一系列成效，但也存在一些亟待解决的问题。具体见表1-2所列。

---

① 柯进. 6个国家实验室（筹）获批组建国家研究中心[EB/OL].（2017-11-28）[2023-04-15]. http://www.moe.gov.cn/jyb-xnfb/s5147/201711/t20171128_320095.html.

② 科技部召开启动国家实验室建设工作通气会[EB/OL].（2006-12-14）[2023-04-03]. https://www.gov.cn/kjbgz/200612/t2006123_38833.html.

表1-2 试点国家实验室筹建工作取得的成效及不足

取得的成效	面向国际科技前沿开展基础研究和交叉学科研究，促进重大原创性科技成果产出。自筹建以来，试点国家实验室在国际一流刊物上发表了大量论文，提升了中国科学技术在国际上的影响力
	面向国家重大战略需求，开展了关键性技术的自主研发工作，推动了高新技术的产业化。在创新技术研发方面，试点国家实验室在筹建期间取得了大量成果，在量子通信、高温超导、纳米技术、光电材料等领域产生了重要影响
	积极探索体制机制创新，在优化资源配置、科研组织模式、人才队伍建设、科技评价与激励、国际合作与交流等方面进行探索
	吸引、凝聚和培养创新型科技人才，使国家实验室形成“人才高地”
存在的不足	国家财政对国家实验室的投入不足
	国家实验室与依托单位的关系不明确
	国家实验室的考核评价体系尚未健全
	人才队伍在规模、数量、结构等方面与科技发达国家存在差距
	技术转化及扩散工作存在盲点
	管理体制和运行机制不完善等

通过梳理这一时期中国国家实验室建设的历程，可以发现国家实验室的建设力度较以往显著增强，开始注重整合和汇聚原有科技资源，特别是研究型大学扮演了重要的角色。此外，这一时期，国家将吸引、聚集和培养人才，推动科技界与产业界结合，扩大资源开放共享作为国家实验室建设的重要任务[①]。

进入21世纪，增强自主创新能力逐渐成为我国科技战略的核心目标。通过整合原有科技资源，新一批国家实验室在国家的大力支持下批准筹建。试点国家实验室的筹建工作从组织开展高水平原创性研究、进行知识创新，开展国家战略高技术研究、进行技术创新，积极探索实验室管理体制和运行机制创新，吸引、凝聚和培养创新型科技人才等多个方面开展起来，在国家创新能力的提升中发挥了重要作用。

4. 战略布局阶段——新时代国家实验室建设

党的十八大以来，以习近平同志为核心的党中央高度重视科技创新，对实施创新驱动发展战略做出顶层设计和系统部署。党的十八大报告明确提出“要实施

① 苏熹. 以国家科技发展战略目标为主导——中国国家实验室建设和发展历程述略[EB/OL].（2021-01-11）[2023-04-12]. http://hprc.cssn.cn/gsyj/whs/kjs/202101/t20210111_5243819.html.

创新驱动发展战略”，并指出“科技创新是提高社会生产力和综合国力的战略支撑，必须摆在国家发展全局的核心位置”。党的十九大报告明确提出，“创新是引领发展的第一动力，是建设现代化经济体系的战略支撑”。党的二十大报告明确提出，“必须坚持科技是第一生产力、人才是第一资源、创新是第一动力，深入实施科教兴国战略、人才强国战略、创新驱动发展战略，开辟发展新领域新赛道，不断塑造发展新动能新优势”。国家实验室建设是我国深入实施创新驱动发展战略的重要举措，面对新的国际国内环境，我国对新一轮国家实验室建设进行了战略布局。

中国对国家实验室建设一直是高标准、严要求。2006年，青岛海洋科学与技术试点国家实验室（简称“海洋试点国家实验室”）开启筹建；2013年12月，该实验室获科技部批复，由国家部委、山东省、青岛市共同建设；2015年8月，海洋试点国家实验室正式投入使用。自2006年启动筹建到2015年国家验收后投入使用，海洋试点国家实验室的建设历时9年。

然而此时，其他2003年、2006年筹建的试点国家实验室，大部分仍未开展验收工作，主要原因在于：一方面，国家实验室在国家创新体系中的定位及未来发展规划有待进一步探讨，传统的国家实验室管理体制和运行机制尚待完善；另一方面也存在筹建的试点国家实验室重复建设、质量不高的问题。

逐步明确国家实验室的战略定位。2015年10月，中国共产党第十八届中央委员会第五次全体会议明确提出：“深入实施创新驱动发展战略，发挥科技创新在全面创新中的引领作用，实施一批国家重大科技项目，在重大创新领域组建一批国家实验室，积极提出并牵头组织国际大科学计划和大科学工程”。2016年5月30日，习近平在全国科技创新大会上发表讲话时指出，“党中央已经确定了我国科技面向2030年的长远战略，决定实施一批重大科技项目和工程，要加快推进，围绕国家重大战略需求，着力攻破关键核心技术，抢占事关长远和全局的科技战略制高点”。同月，中共中央、国务院印发了《国家创新驱动发展战略纲要》，提出“建设一批支撑高水平创新的基础设施和平台。适应大科学时代创新活动的特点，针对国家重大战略需求，建设一批具有国际水平、突出学科交叉和协同创新的国家实验室”。7月28日，国务院印发《“十三五”国家科技创新规划》，明确提出要“聚焦国家目标和战略需求，优先在具有明确国家目标和紧迫战略需求的重大领域，在有望引领未来发展的战略制高点，面向未来、统筹部署，布局建设一批突破型、引领型、平台型一体的国家实验室”。由此可见，中国国家实验室建设的定位是面向国家重大战略需求和未来科技发展的战略制高点，针对我国经济社会发展中所涉及的核心技术问题开展高水平创新科学技术研究。

在明确战略定位的基础上，我国开始对国家科技创新基地进行优化、整合，在重大创新领域组建一批国家实验室。2017年8月，科技部、财政部、国家发展改革委联合印发了《国家科技创新基地优化整合方案》(简称《整合方案》)，将国家实验室和国家重点实验室的定位进行了明确区分：国家实验室是“体现国家意志、实现国家使命、代表国家水平的战略科技力量，是面向国际科技竞争的创新基础平台，是保障国家安全的核心支撑，是突破型、引领型、平台型一体化的大型综合性研究基地”；而国家重点实验室是“面向前沿科学、基础科学、工程科学等，开展基础研究、应用基础研究等，推动学科发展，促进技术进步，发挥原始创新能力的引领带动作用”的国家科技创新基地。由此可见，国家实验室并不是国家重点实验室的“翻版”或“拼盘”，而是一种层次更高、体量更大、协同性更强、研究领域更前沿的科研组织机构。《整合方案》明确提出，根据整合重构后各类国家科技创新基地功能定位和建设运行标准，对现有试点国家实验室、国家重点实验室等进行考核评估，通过撤、并、转等方式进行优化整合，符合条件的纳入相关基地序列管理。2017年10月24日，科技部、国家发改委、财政部联合印发了《“十三五”国家科技创新基地与条件保障能力建设专项规划》，要求“优化国家重点实验室布局”“适应大科学时代基础研究特点，在现有试点国家实验室和已形成优势学科群基础上，组建（地名加学科名）国家研究中心，统筹学科、省部共建、企业、军民共建和港澳伙伴国家重点实验室等建设发展”。2017年11月21日，《科技部关于批准组建北京分子科学等6个国家研究中心的通知》发布，批准组建6个国家研究中心。这6个国家研究中心此前均为试点国家实验室（筹），其批准建设意味着国家科技创新基地优化整合取得进展。

自2017年下半年开始，国家实验室建设以“成熟一个，启动一个”为原则①，广东、安徽、浙江、北京、上海等多个省、直辖市投入大量经费，打造国家实验室“预备队”。其中，以之江实验室、张江实验室、鹏城实验室、松山湖实验室为典型代表。上述国家实验室“预备队”的建设主要聚焦人工智能、量子计算、网络安全、先进材料、合成生物科技、再生医学等新兴科技领域，瞄准世界科技前沿与国家重大战略需求，有利于我国尖端前沿科技的进一步发展。

① 科技部　国家发展改革委　财政部关于印发《“十三五”国家科技创新基地与条件保障能力建设专项规划》的通知[EB/OL].(2017-10-26)[2023-04-16]. http://www.rnost.gov.cn/xxgk/xinxifenlei/fdzdgknr/fgzc/gfxwj/gfxwj2017/201710/t20171026_135754.html.

国家实验室是国家创新体系的核心和龙头。2018年5月22日，《中共科技部党组关于坚持以习近平新时代中国特色社会主义思想为指导推进科技创新重大任务落实深化机构改革加快建设创新型国家的意见》发布，提出“以国家实验室为引领布局国家战略科技力量，先行组建量子信息科学国家实验室，启动重大领域国家实验室的论证组建工作”。5月28日，习近平在中国科学院第十九次院士大会、中国工程院第十四次院士大会上强调：“要高标准建设国家实验室，推动大科学计划、大科学工程、大科学中心、国际科技创新基地的统筹布局和优化。”

为保证国家实验室建设的顺利推进，国家的财政拨款持续增加。2019年11月，中共科技部党组印发《中共科学技术部党组关于以习近平新时代中国特色社会主义思想为指导　凝心聚力　决胜进入创新型国家行列的意见》，提出“强化国家战略科技力量。围绕国家重大战略需求，抓紧布局国家实验室，形成国家创新体系的核心和龙头。”2020年5月20日，李克强在第十三届全国人民代表大会常务委员会第三次会议上作《政府工作报告》，指出“加快建设国家实验室，重组国家重点实验室体系，发展社会研发机构，加强关键核心技术攻关。”2021年12月11日，习近平在中央经济工作会议上指出，“强化国家战略科技力量，发挥好国家实验室作用，重组全国重点实验室，推进科研院所改革”。2023年2月22日，习近平在中共中央政治局第三次集体学习时强调：“要协同构建中国特色国家实验室体系，布局建设基础学科研究中心，超前部署新型科研信息化基础平台，形成强大的基础研究骨干网络。”

党的十八大以来，科技创新被摆在了国家发展全局的核心位置。在国内发展环境和国际环境变化的背景下，国家实验室的定位得到了进一步明确：体现国家意志、实现国家使命、代表国家水平的战略科技力量，是面向国际科技竞争的创新基础平台，是保障国家安全的核心支撑，是突破型、引领型、平台型一体化的大型综合性研究基地。在明确定位的基础上，我国开始新一轮国家实验室战略布局，打造具有中国特色的国家实验室体系。

总之，新一轮中国国家实验室建设强调围绕国家重大战略需求，力求以国家实验室为核心引领国家创新体系建设。

1.2.3　国家重点实验室发展历程

国家重点实验室是国家组织开展基础研究和应用基础研究、聚焦和培养优秀科技人才、开展高水平学术交流、具备先进科研装备的重要科技创新基地，是国家创新体系的重要组成部分。经过39年的建设发展，已成为孕育重大原始创新、推动学科发展和解决国家重大战略科学技术问题的重要力量。39年来，国家重点实验室坚持面向重大科学前沿和国家重大需求，聚焦重大原始创新和关键核心技术突破，产生了一批具有国际影响力的标志性原创成果，突破了一批制约中国经济社会发展的关键核心技术，培养了一批将帅人才和创新团队，显著提升了中国科技创新能力，推动了中国科技和经济社会的快速发展。国家重点实验室的发展历程相较于国家实验室的发展历程而言，发展时间短、发展脉络清晰，其建设发展历程大体可以分为4个阶段①。

1. 奠基起步阶段（1984—1997年）

1984年，针对中国科研基础设施缺乏、科研条件简陋、基础研究整体建设亟待加强等问题，由国家计委会牵头，国家科委、国家教育委员会和中国科学院等部门共同组织实施了国家重点实验室建设计划。国家投资6100万元人民币，批准建设了首批10个国家重点实验室，同时核拨1660万美元的外汇额度用于购置国外先进仪器。1986年，中国制定了《国家重点实验室建设试行管理办法》。同年，依据该办法对分子生物学国家重点实验室进行了验收，标志着中国第1个国家重点实验室建成。

1984—1997年，先后建成155个国家重点实验室，主要围绕重要科学前沿和国家重大需求，遴选高校和科研院所的优势团队和学科，予以重点支持。在当时的艰苦条件下，迅速凝聚起了一批精干的科研团队，搭建了相对精良的科研平台，为开展长期深入的基础研究创造了基本环境；初步构建了国家重点实验室体系框架，并探索形成了“开放、流动、联合、竞争”的运行机制。

2. 发展成长阶段（1998—2007年）

1998年，国务院机构改革明确了将国家计委负责的国家重点实验室工作及相应的经费安排划归科技部，科技部进一步规范了国家重点实验室体系建设，建立了“优胜劣汰”“有进有出”的建设方针，修订了实验室建设与管理办法及评估规则，并尝试探索新的实验室建设类型。2005年，随着国家重点实验室的国内外影响日益增强，香港一些高校曾多次提出建设国家重点实验室的要求。科技部在此方面做了初步尝试，同意香港大学两个实验室分别作为内地“新发传染病预防控制国家重点实验室”“脑与认知科学国家重点实验室”的伙伴实验室，并挂牌国家重点实验室运行。2006年，为贯彻落实全国科技大会和《国家中长期科学和技术发展规划纲要（2006—2020年）》的精神，营造激励自主创新的环境，促进以企业为主体、市场为导向、产学研相结合的技术创新体系建设，科技部全面启动了在转制院所和企业建设国家重点实验室的工作。2007年，依托军队科研院所和高校，科技部启动建设军民共建国家重点实验室。

① 闫金定. 国家重点实验室体系建设发展现状及战略思考.科技导报[J]. 2021,39(3):113-115.

3. **积累充实阶段（2008—2017年）**

2008年，科技部和财政部联合宣布设立国家重点实验室专项经费，从开放运行、自主创新研究和科研仪器设备更新三个方面，加大了国家重点实验室稳定支持力度。专项经费的设立是国家重点实验室快速稳定发展的重要保障，有利于营造宽容失败、摒弃浮躁、潜心研究的科研环境，标志着国家重点实验室进入了新的发展阶段。2010年，科技部在澳门启动建设澳门国家重点实验室。2011年1月25日，澳门“中药质量研究国家重点实验室伙伴实验室”和“模拟与混合信号超大规模集成电路国家重点实验室伙伴实验室”揭牌成立。这两所国家重点实验室的建成和运行，将促进积聚来自澳门、内地及海外的更多高水平科技人才，同时也标志着澳门特区在基础研究领域开始逐步迈向更高的层次①。2013年，为提升区域创新能力和地方基础研究能力，依托地方高等院校和科研院所，科技部通过创新机制、省部共建、以省为主的方式启动建设省部共建国家重点实验室。2017年，为适应大科学时代基础研究的特点，推进学科交叉融合，在国家实验室（筹）已形成优势学科群的基础上，科技部组建（地名加学科名）国家研究中心，纳入国家重点实验室序列管理。

4. **战略提升阶段（2018年至今）**

2018年，党中央明确提出“抓紧布局国家实验室，重组国家重点实验室体系”，明确了将国家重点实验室体系培育为国家战略科技力量的新目标。2019年，为适应全媒体时代发展需求，科技部批准建设媒体融合与传播等4个国家重点实验室。2020年，为加强疑难重症及罕见病科学研究，科技部批准建设疑难重症及罕见病国家重点实验室。2021年3月，在国务院新闻办公室举行的发布会上，国家发展改革委有关负责人介绍，“十四五”时期，我国将加快推动国家实验室建设，对国家重点实验室的体系进行重组。2021年12月，中央经济工作会议指出，强化国家战略科技力量，发挥好国家实验室作用，重组全国重点实验室。这意味着，全国重点实验室可能接替国家重点实验室，成为重要战略科技力量。2022年全国科技工作会议强调，要更加突出强化国家战略科技力量，推动国家实验室全面入轨运行，完成全国重点实验室重组阶段性任务。2022年1月1日起施行的《中华人民共和国科学技术进步法》规定，“建立健全以国家实验室为引领、全国重点实验室为支撑的实验室体系”。2022年7月15日，科技部组织召开国家重点实验室优化重组工作推进会。来自全国国家重点实验室、依托单位、

① 曹健林副部长赴澳门参加国家重点实验室澳门伙伴实验室揭牌仪式[EB/OL].（2011-02-01）[2023-04-16]. https://www.most.gov.cn/kjbgz/201101/t20110131_84626.html.

主管部门等99个单位，共500余人在线上参加会议。[①]经过重组、推荐和评议，科技部已遴选出首批20个标杆全国重点实验室并批准建设，于2022年集中开展了标杆实验室和能源、制造等领域的国家重点实验室优化重组工作，于2023年集中开展材料、化学等领域的优化重组工作。[②]

经过39年的建设发展，国家重点实验室已形成涵盖科技发展的重要学科领域，具有一定规模且较为完善的体系，已经成为国家科技创新体系的重要组成部分。

1.2.4 中国特色国家实验室体系概念的提出

党中央和国务院高度重视实验室建设工作，对国家实验室和国家重点实验室等建设和发展均做出了战略部署。国家（重点）实验室围绕国家使命，依靠跨学科、大协作和高强度支持开展协同创新的研究基地，已成为主要国家抢占科技创新制高点的重要载体。为此，中国以国家目标和战略需求为导向，瞄准科技前沿，布局一批体量更大、学科交叉融合、综合集成的国家实验室；同时国家重点实验室也要进行战略提升，两者协同，从而形成中国特色国家实验室体系。

1. 组建一批国家实验室

2015年10月，中国共产党第十八届中央委员会第五次全体会议提出，“深入实施创新驱动发展战略，发挥科技创新在全面创新中的引领作用，实施一批国家重大科技项目，在重大创新领域组建一批国家实验室，积极提出并牵头组织国际大科学计划和大科学工程”“提高创新能力，必须夯实自主创新的物质技术基础，加快建设以国家实验室为引领的创新基础平台”“当前，我国科技创新已步入以跟踪为主转向跟踪和并跑、领跑并存的新阶段，急需以国家目标和战略需求为导向，瞄准国际科技前沿，布局一批体量更大、学科交叉融合、综合集成的国家实验室，优化配置人财物资源，形成协同创新新格局。主要考虑在一些重大创新领域组建一批国家实验室，打造聚集国内外一流人才的高地，组织具有重大引领作用的协同攻关，形成代表国家水平、国际同行认可、在国际上拥有话语权的科技创新实力，成为抢占国际科技制高点的重要战略创新力量”[③]。

① 燕山大学参加科技部国家重点实验室优化重组工作推进会[EB/OL].(2022-07-16)[2023-04-16]. https://www.ysu.edu.cn/news/info/5503/15377.htm.

② 燕山大学召开亚稳材料制备技术与科学国家重点实验室优化重组工作推进会[EB/OL].(2023-02-26)[2023-04-16]. https://www.ysu.edu.cn/news/info/5502/17363.htm.

③ 中国文明网. 习近平：关于《中共中央关于制定国民经济和社会发展第十三个五年规划的建议》的说明[EB/OL].(2015-11-03)[2023-04-16]. http://www.wenming.cn/specials/zxdj/xjp/xjpjh/201511/t20151103_2947691.shtml.

组建国家实验室是一项对我国科技创新具有战略意义的举措。要以国家实验室建设为抓手，强化国家战略科技力量，在明确国家目标和紧迫战略需求的重大领域，在有望引领未来发展的战略制高点，以重大科技任务攻关和国家大型科技基础设施为主线，依托最有优势的创新单元，整合全国创新资源，建立目标导向、绩效管理、协同攻关、开放共享的新型运行机制，建设突破型、引领型、平台型一体的国家实验室。这样的国家实验室，应该成为攻坚克难、引领发展的战略科技力量，同其他各类科研机构、高等院校、企业研发机构形成功能互补、良性互动的协同创新新格局。

2. 重组现有国家重点实验室体系

经过三十多年的发展建设，有必要对现有国家重点实验室的学科方向布局进行梳理、调整，也应在一些重要学科新建一批国家重点实验室。同时，现有单个实验室的人员规模普遍偏小，需要加强紧密结合国家需求的工作、协同创新工作。在国家重点实验室布局方面，我国将结合区域发展、行业发展需要，通过产学研结合等形式，新建一批具有规模优势的国家重点实验室。

2018年12月21日，习近平在中央经济工作会议上指出，要增强制造业技术创新能力，构建开放、协同、高效的共性技术研发平台，健全需求为导向、企业为主体的产学研一体化创新机制，抓紧布局国家实验室，重组国家重点实验室体系，加大对中小企业创新支持力度，加强知识产权保护和运用，形成有效的创新激励机制。

2019年1月21日，习近平在中央党校省部级主要领导干部坚持底线思维着力防范化解重大风险专题研讨班开班式上强调，要加强重大创新领域战略研判和前瞻部署，抓紧布局国家实验室，重组国家重点实验室体系，建设重大创新基地和创新平台，完善产学研协同创新机制。

3. 形成中国特色国家实验室体系

2020年9月11日，习近平主持召开科学家座谈会时强调："要发挥我国社会主义制度能够集中力量办大事的优势，优化配置优势资源，推动重要领域关键核心技术攻关。要组建一批国家实验室，对现有国家重点实验室进行重组，形成我国实验室体系。"

2021年5月28日，习近平：在中国科学院第二十次院士大会、中国工程院第十五次院士大会、中国科协第十次全国代表大会上的讲话指出："国家实验室要按照'四个面向'的要求，紧跟世界科技发展大势，适应我国发展对科技发展提出的使命任务，多出战略性、关键性重大科技成果，并同国家重点实验室结合，形成中国特色国家实验室体系。"

2023年2月22日，习近平在中共中央政治局第三次集体学习时再次强调："要协同构建中国特色国家实验室体系，布局建设基础学科研究中心，超前部署新型科研信息化基础平台，形成强大的基础研究骨干网络。"

2021年12月，国家发展改革委规划司在《"十四五"规划〈纲要〉名词解释》中关于"实验室体系"的解释为："实验室体系是以国家实验室为龙头，国家重点实验室等各类科技创新基地协同合作、良性互动的平台体系。建设结构合理、运行高效的实验室体系，一要高质量起步建设国家实验室，建立灵活高效的管理机制，探索重大科技任务定向委托机制，发挥好引领作用；二要通过调整、充实、整合、撤销等方式，完成现有国家重点实验室、国家工程研究中心等国家科技创新基地的优化整合和重新登记；三要围绕重大原始创新和关键核心技术突破，产学研联合共建一批国家重点实验室。"①

通过以上梳理和分析可知，关于"中国特色国家实验室体系"的提法最早在2021年5月28日出现。中国特色国家实验室体系包括两部分，即国家实验室和国家重点实验室。形成中国特色国家实验室体系有三大条件：一是组建一批国家实验室；二是重组现有国家重点实验室，另外围绕原始创新和关键核心技术领域突破，建设一批国家重点实验室；三是新型举国体制下的两者协同攻关。国家实验室体系包括国家实验室和国家重点实验室，属于科学与工程研究类国家科技创新基地，定位于瞄准国际前沿，聚焦国家战略目标，围绕重大科学前沿、重大科技任务和大科学工程，开展战略性、前沿性、前瞻性、基础性、综合性科技创新活动。②其中，国家实验室是体现国家意志、实现国家使命、代表国家水平的战略科技力量，是面向国际科技竞争的创新基础平台，是保障国家安全的核心支撑，是突破型、引领型、平台型一体化的大型综合性研究基地。国家重点实验室是面向前沿科学、基础科学、工程科学等，开展基础研究、应用基础研究等，推动学科发展，促进技术进步，发挥原始创新能力的引领带动作用。

---

① "十四五"规划《纲要》名词解释之12|实验室体系[EB/OL].（2021-12-24）[2023-04-16]. https://www.ndrc.gov.cn/fggz/fzzlgh/gjfzgh/202112/t20211224_1309261.html.

② 财政部 国家发展改革委关于印发《国家科技创新基地优化整合方案》的通知[EB/OL].（2017-8-25）[2023-04-16]. https://www.most.gov.cn/tztg/201708/t20170825_134601.html.

第2章　科技人才的培养规律及国家实验室体系的载体作用

人才是实现民族振兴、赢得国际竞争主动权的战略资源。国家实验室是吸引和汇聚优秀人才，集聚和彰显学科发展优势的重点领域①。国家实验室体系是人才培养的重要载体，是实现科技强国和提高我国科技竞争力的战略抓手。加快建设创新型国家，就要培养和造就一大批具有国际水平的战略科技人才、科技领军人才、青年科技人才和高水平创新团队②。本章将重点阐述科技人才的特殊性、培养的规律、国家实验室在科学技术活动中的角色，以及培养国家实验室体系人才的重要性。

2.1　人才培养的规律

人才是我国经济社会发展的第一资源，人才通常被认为是人力资源中能力和素质较高的劳动者。实际上，不同领域、不同层次的人才成长规律不尽相同。例如医学职业和航空工业人才成长规律不一样，科技领军人才和一般科技人才成长规律也不一样。总体来看，人才成长既有一般共性的规律，也有其自身的个性特征和成长的特殊性。

2.1.1　人才成长的共性规律

2006年，著名的人才学专家王通讯把人才成长的一般规律归纳为师承效应、共生效应、期望效应、积累效应、综合效应、扬长避短、最佳年龄、马太效应等八大规律。2018年，国务院研究室全刚将人才成长的一般规律归纳为人才素质全面性、内外因共同作用、教育优先、人才个体差异性、实践成才、人才成长螺旋式上升等六大规律。

做好人才培养工作要遵循人才成长规律，同时还要关注与之密切相关的规律，包括社会主义市场经济规律、创新发展规律、科技管理规律、科学发展规律、教育规律、人才流动规律，等等。遵循规律事半功倍，有利于提升人才工作

① 姜莹，韩伯棠，张平淡. 科学发现的最佳年龄与我国科技人力资源的年龄结构[J]. 科技进步与对策，2003，20(12)：22-23.

② 万劲波. 积极打造国家战略人才力量[EB/OL].(2021-12-02)[2023-04-16]. https://m.gmw.cn/baijia/2021-12/02/35353186.html.

效率；违背规律则事倍功半，甚至给人才事业造成损害。认真研究人才成长规律，在改革开放近40年人才发展战略、人才理论和人才制度等成就的基础上，探索并尊重人才成长规律，有利于更好地开展人才工作。

2.1.2 新时代的人才培养规律

结合习近平总书记关于人才成长规律的重要论述及人才培养规律的相关文献，本书将人才培养规律的内容归纳为四个方面，即学习铸才、实践砺才、厚德育才、竞争成才。人才需要通过修身提高道德水平和综合素质，通过参与人力资源市场竞争脱颖而出。

1. **学习铸才**

“成天下之才者在教化，教化之所本者在学校。”人才培养是一个系统过程，教育是人才成长的重要环节，也是学习的主要方式，要重视教育对人才成长的不同作用；文化环境是人才成长的重要载体，要重视不同社会文化对人才成长的影响。要树立“以人为本”的教育理念，尊重个体差异，因材施教。人才培养必须尊重每个人的个体差异。一方面要在人才成长的起步阶段就因材施教，根据每个人的禀赋特点选择适合的教育学习内容，用科学的方法引导其按照兴趣爱好和自身优势成长、成才；另一方面，个人要通过自我评估、潜能评价等方式确定职业发展方向，在工作中通过组织内外的培训、专题研讨、实践锻炼等方式提升业务能力，锲而不舍、持之以恒，打造能发挥自身独特优势的核心竞争力。

2. **实践砺才**

“下棋找高手，弄斧到班门。”只有经过艰苦环境磨炼和逆境挫折考验，才能锻炼本领、磨炼意志。习近平指出：“知识是每个人成才的基石，在学习阶段一定要把基石打深、打牢。”人的潜力是无限的，只有在不断学习、不断实践中才能被充分发掘出来。在逆境时能够坐得住“冷板凳”，经得住“长考验”；在顺境时能够保持住“匠心”，经得起“风浪”的人才，才会赢得新起点。

3. **厚德育才**

“才为德之资，德为才之帅。”只有德才兼备，方能科技报国。所谓“德”，强调科技人才要有正确的价值理念。一要弘扬科学家精神，二要践行社会主义核心价值观。此外，作为科技人才还得讲究学术道德、科研诚信。所谓“才”，一是要有真才实学，就是习近平所说的“扩大知识半径”，“掌握真才实学”；二是作为科技人才还必须有三个导向的能力。三个导向能力：问题导向，在科技创新过程中具有发现问题、分析问题、解决问题的能力；目标导向，在科技研发过程中达成项目目标的执行能力；战略导向，在科技强国建设过程中对关系根本和全局的科学问题的研究和部署能力。

4. **竞争成才**

“天下英才聚神州，万类霜天竞自由。”对于个人而言，要想成才，要想体现自己的价值，就必须参与人才市场的竞争；对于我国而言，必须遵循社会主义市场经济规律，构建具有国际竞争力的人才制度体系。

社会主义市场经济规律是社会主义市场决定资源配置的一般规律，反映了市场经济运行和发展的客观要求，主要包括价值规律、供求规律和竞争规律等。社会主义市场经济规律和人才成长规律相互联系、密不可分。人成长为人才，必然涉及人才的价值问题。所以在人才成长和培育过程中，除了社会主义核心价值观的教育和熏陶之外，对市场经济规律也要加以灵活运用。同时还必须遵循国际人才流动规律。了解和运用国际人才流动规律，有助于吸引和培养国际化人才。一般情况下，国际人才流动呈现出受经济动力影响的规律。在社会主义市场经济条件下，引进国际人才须引入市场机制。

2.2 科技人才的特殊性及其培养规律

尊重规律、按规律办事向来是我们党的优良传统。人才培养规律是人才成长过程中带有必然性的客观要求，尊重人才培养规律是开展人才工作的核心方法。人才是创新的根基，是创新的核心要素。①创新驱动实质上是人才驱动。科技人才是科技创新和科技成果转化最关键的因素，我国要在科技创新方面走在世界前列，就必须在创新实践中发现人才、在创新活动中培养人才、在创新事业中凝聚人才和发挥科技人才的聪明才智。

2.2.1 科技人才的特殊性

1. **科技人才的界定**

“人才”这个概念的内涵与外延一直在随着时代的发展而不停地变化着。中、外历史上有关人才的史料很多，“人才”这一概念在国外通常被译作genius，即“天才”之意，往往指具有超凡智力才能的人。1987年出版的《人才学辞典》上曾对“科技人才”做出如下界定：“科学人才和技术人才的略语。在社会科学技术劳动中，以自己较高的创造力、科学的探索精神，为科学技术发展和人类进步做出较大贡献的人。”笔者认为，科技人才（scientific and technological talents）是指有品德有科技才能的人、有某种科技特长的人，是掌握知识或生产工艺技

① 孙静波. 习近平：人才是创新的第一资源[EB/OL].(2016-03-03)[2023-04-15]. https://www.chinanews.com.cn/gn/2016/03-03/7782297.shtml.

能，并有较大社会贡献的人。科技人才的概念大致包含四个要点：具有专门的知识和技能、从事科学或技术工作、较高的创造力、对社会做出较大的贡献[①]。

2. 科技人才的特殊性

科技人才是科学技术与创新人才的结合，是实际从事或有潜力从事系统性科学和技术知识的生产、促进、传播和应用活动的创造性人力资源。国家实验室是培养高层次创新人才的重要基地，而科技人才队伍是实验室发展的核心和支柱，也是国家科技创新的重要组成部分。科技人才是知识型人才，通常表现出探索性、创造性、精确性、个体与协作性特点。相较于其他人才，科技人才除了要有系统的基础知识、良好的基本训练和专业理论知识、进行科学实验的实际操作能力外，还需具备一些特质，如丰富的实践经验、敏锐的观察能力、丰富的想象力和理论概括能力、广博的科学知识；有坚韧不拔的意志，具备探索未知的热情，敢于打破陈规、向权威挑战，有良好的科学道德、科学态度和求实精神等[②]。相较于其他人才，科技人才的特殊性表现在以下几个方面。

（1）科技人才具备较高的素质和专业知识储备。

科技人才通常具有较高素质、丰富的专业储备和实践经验，能够担当和完成重要的工作任务。科技人才往往承担重要科研任务，能在新的研究领域中独当一面，既能形成自己独立的学术方向，又能为学术带头人和研究团队提供重要支撑。通常，科技人才还具有专业变动少的特点。大部分科技人才一直从事本学科研究，没有发生专业变动，在本专业领域的知识储备丰厚，具备较高的专业水平和过硬的业务素质。

（2）科技人才具有卓越的预见力和创新力。

科技人才，是新知识的创造者、新技术的发明者、新学科的创建者，他们往往立于时代发展和变革的最前沿，具有很强的预见能力，能够准确把握学科发展的方向。科技人才还具有较强的组织、协调和沟通能力，并具有非凡的创新能力，能用先进的管理理念管理团队，能建立起结构合理的人才梯队，为团队源源不断地补充新鲜血液；能凝聚和带领团队勇于创新，不断进取和拼搏。科技创新具有很强的探索性和风险性，科技发展到今天，特别是在应用领域，要产生重大成果，就需要多学科的交叉融合，汇聚不同人才的智慧，发挥团队的整体合力，因而，科技人才也必须具备汇聚和整合团队资源的能力。

（3）科技人才的创造力在青年时期达到峰值。

科学劳动是一种复杂的创造性活动，需要旺盛的精力和高度的创造力。研究

---

① 刘茂才. 人才学词典[M]. 四川：社会科学出版社，1987：39-39.

② 秦发兰，章荣德. 浅析国家重点实验室在科学技术创新中的地位和作用[J]. 实验室研究与探索，2000(06)：3-5.

表明，科技人才的创造力在青年时期达到峰值。世界上杰出科学家做出贡献的最佳年龄区间通常为25～45岁。从我国航天事业的发展可以发现，探月工程五大系统的主任设计师甚至总设计师，大多数是三四十岁的年轻人；欧美国家在此领域最年轻的副总设计师年仅32岁。

（4）高层次科技人才的流动性较强。

在科技人才职业生涯发展过程中，科技人才在机构之间流动是普遍现象，绝大多数都曾在两个及以上机构中从事过科研活动，并且这种流动大多发生在高校之间或高校与研究所之间，高层次科技人才的流动性更强。从国际上看，相当比例的科技人才有在不同国家从事科研活动的经历，尤其是在美国或者其他发达国家从事过科研活动。从国内看，我国的科技人才也呈现出流动性强的特点。

3. **科技人才的阶段性特征**

在不同的成长阶段，科技人才的创新能力发展速度是不同的。科技人才的发展阶段可以划分为孕育期、成长期、成熟期、旺盛期和衰退期，处于不同阶段的科技人才所表现出来的特征有很大差异①。

（1）孕育期。

这一阶段是科技人才素质积累期，这个阶段的科技人才往往对新事物敏感，容易投入但也容易盲目行动，他们对于自己的职业目标尚不太明确，但有极大的工作热情，认为自己有很大的科技潜力，可塑性强。这个阶段的科技人才一般都掌握了比较扎实的专业基础理论知识，主观上希望能够尽快承担具体的科研任务，发挥自己的聪明才智并得到认同，但他们还必须经历一个理论与实践结合的过程。这个阶段是人才成长过程中奠定专业基础的重要阶段，也是科技人才创新能力成长的重要基础和前提。科技人才通过这一阶段的培养和锻炼，逐渐能够将自己的专业理论知识与特定的科研领域和特定的工作岗位紧密结合起来②，较熟练地掌握与工作岗位相关的各项专业技能，较好地继承前人的研究成果和经验总结有较好的继承，并积累了一定的实践经验，基本具备将自己或他人的思维结果付诸实现的能力。

（2）成长期。

这个时期是科技人才了解社会环境、学习工作技能和技巧、正式开始接触社会的阶段，也是所学理论与实践的“磨合期”，其间需要科技人才对理论、实践及其关系进行“反思”，需要他们在知识、信念、态度和行为上做出调整，以克

---

① 江美慧. 科技创新人才的个体特征探析[D]. 长春：吉林大学，2020.

② 郭广生. 创新人才培养的内涵、特征、类型及因素[J]. 中国高等教育，2011，(5)：12-15.

服对于社会工作的不适应。在本阶段中，科技人才主要是在社会环境中求生存，探索应对策略，调整个人的专业目标，逐步地适应岗位角色。成长期的时间依据人才个体差异而不同，有的科技人才需要1年，而有些科技人才需要2～3年，甚至更长的时间。经过一定的实践锻炼后，科技人才能较熟练地掌握专业技能，经验和能力有所提高。在此阶段，科技人才一方面希望能够承担更具挑战性的任务；另一方面，所处的单位也希望他们能发挥更大的作用。这就要求科技人才对其知识结构进行进一步的调整和完善，进一步深化专业理论知识，拓宽知识面。①

（3）成熟期。

这个时期，科技人才从各种信息渠道广泛学习各种专业知识，积累了丰富的实践经验，进入一个相对稳定的创造性角色中，他们往往关心工作，乐于接受有挑战性的任务。

①实践知识和智慧逐渐丰富。随着实践知识和智慧的逐渐增长，科技人才能够依据自己的计划，对所选择的信息做出反应，并能够对所做的事情承担更多的责任。一般来说，处于本阶段的科技人才，往往具有较大的创造力，他们开始逐步摆脱常规的羁绊，寻求新的理论，并逐渐形成更为成熟的、适合自己的工作方法。

②专业角色渐渐形成。在本阶段，科技人才逐步挣脱对他人的依赖，具有创新意识和自主精神，对科技研究的思路及一些关键性的问题能够应对自如，能够独立、自主地开展复杂的工作，承担更多的角色，会逐步成为科研任务中的主要承担者，甚至充当领导者的角色。他们有较强的洞察力，勤于思考，对自己的科技创新能力有信心，职业定位更加明确，重视工作获得感和成就感，处于自身职业生涯的成熟期。

（4）旺盛期。

这个时期，许多科技人才在强烈的职业发展动机和良好的发展环境支持下，加上持之有效的教育模式和学习经验，一直保持着成长和进步。由于工作经验和各种知识的积累，以及在科研活动中形成的较为成熟的工作思路和方法，积累了较强的科研项目管理能力。这个阶段的科技人才综合能力发展程度达到巅峰。此后，随着生理和其他非人为因素的作用，最终会走向职业生命周期的衰退期。

（5）衰退期。

经历了上述四个时期之后，科技人才的成长速度变得相对缓慢，在创造性方

① 李长萍. 影响创新人才成长的主要因素[J]. 中国高教研究，2002(10)：34.

面的能力出现了一定的衰退。由于持续成长期一般很短，而且科技人才在成长过程中最终会由于年龄、生理及其他因素等的影响，科技人才成长最终会慢慢进入衰退期，他们的能力发展速度及接受新生事物的速度会变得缓慢甚至停滞。因此，随着时代的变迁、科技的进步和社会的发展，科技人才将面临新挑战。

纵观科技人才成长的发展历程，可以发现，不同发展阶段的科技人才，他们自身的信念、发展能力和驱动力都会有所差异。但不管处于哪一个阶段，科技人才都要拥有专门学科的知识和技能、深厚的科技理论修养、广阔的科技前沿视野、敏感的科技问题意识、过硬的科研能力[①]，他们永远不会满足于自己目前的成果，而是会持续不断地探索，不断更新自己的知识结构，并寻求更多更新的策略和方法来改善自己的科研工作，从而适应社会需求和新的发展环境[②]。

2.2.2 科技人才的培养规律

事物的发展都存在着内在的客观规律，科技人才的培养也需要遵循人才成长过程中的客观规律。习近平在科学家座谈会上提到："加强创新人才教育培养，需要尊重人才成长规律和科研活动自身规律，培养造就一批具有国际水平的战略科技人才、科技领军人才、创新团队。"[③]因此，要找到培养科技人才的有效路径，首先需要深刻把握人才的成长规律。中国科学院人力资源管理研究组根据科技人才年龄特征和成长规律，提出了科技人才成长"三波段理论"。[④]第一波段为35岁以下的青年科技人员，他们创新热情高、创新活力强、敢于挑战权威且流转频繁；第二波段为36～55岁，已取得一定的科研成就的科技人员，他们一般在高级岗位上承担更大的科研活动的组织与领导责任，但创新热情与活力有所减弱；第三波段为55岁以上的科技人员，他们虽已过创新高峰期，但功底扎实、经验丰富。

科技人才的培养包括人才的培养、引进、使用、评价和激励全过程，在此过程中需要遵循的培养规律主要有以下几个。

1. 科技人才价值规律

科技人才价值规律是科技创新和社会发展中不可忽视。根据人才学研究和实际经验，科技人才的成长过程可以大致划分为三个阶段：萌发期、发展期和鼎盛期。

---

① 金宏章，闰韬. 浅谈人才成长的阶跃现象[J]. 中国人才，1996，(4)：14-15.

② 郑永明，蒋振贤. 信息时代特征与人才成长的变化[J]. 人才开发，2006(10)：18-19，22.

③ 新华网. 习近平：在科学家座谈会上的讲话[EB/OL].(2020-09-11)[2023-04-16]. http://www.qstheory.cn/yaowen/2020-09/11/c_1126484063.htm.

④ 中国科学院人力资源管理研究组. 关于我院创新三期人力资源管理的若干思考[J]. 中国科学院院刊，2007(05)：355-373.

（1）萌发期。这一阶段通常涵盖博士生阶段及毕业后5～7年。此阶段科技人才正处于知识积累与科研基础训练的关键时期。虽然此阶段成果产出相对较少，但是科技人才通过系统的学习和科研训练，逐步建立起扎实的学术基础，为后续的科研活动奠定坚实基础。

（2）发展期。在发展期里科技人才能力迅速提升，知识体系逐步完善，对专业领域的理解加深，开始独立承担并完成科研项目，成果产出逐渐增多。同时在这一阶段，科技人才通常遵循循序渐进的科研规律，重视知识积累与科学合作。此阶段是科技人才价值迅速提升的关键时期，科技人才通过持续的努力和不断的创新，在这一阶段逐步建立起自己在专业领域内的地位，为社会贡献更多的科技成果。

（3）鼎盛期。在鼎盛期这一阶段里，科技人才成为行业领军人物，引领学科发展方向，推动科技进步与社会发展，其科研成果具有广泛的影响力和应用价值，实现了个人价值与社会价值的最大化。鼎盛期是科技人才价值最大化的阶段，他们的科研成果具有广泛的影响力和应用价值，对科技进步和社会发展的贡献达到顶峰。科技人才通过不断的学习、实践和创新，逐步提升自身价值，同时吸引更多资源聚集，形成效应放大，进一步推动科技创新与社会进步。

2. 科技人才供求规律

科技人才供求规律是科技产业和经济社会发展中不可忽视的重要经济法则。在科技人才市场中，供给和需求之间相互作用，形成了动态平衡。

当供给大于需求时，科技人才市场竞争激烈，就业压力增大，可能会导致一部分科技人才流失或转行；而当需求大于供给时，则会出现人才短缺的情况，企业难以招聘到合适的科技人才，可能会影响科技创新和产业升级的进程。

这一规律可以揭示科技人才市场中供需双方的相互作用和动态平衡，以及这种平衡如何影响科技产业的发展和整体经济的增长。

首先，科技人才的供给受到多种因素的影响。教育资源的投入、高等教育机构的培养能力、科技研究机构的实力等都会直接影响科技人才的供给数量和质量。随着科技产业的快速发展和科技创新的日益重要，对于高素质、专业化的科技人才需求不断增加，这也促使了教育机构和科研机构不断加大对科技人才的培养力度。

其次，科技人才的需求同样受到多种因素的影响。科技进步是推动经济发展的重要动力，而科技人才则是实现科技进步的关键因素。随着新兴产业的崛起、传统产业的转型升级以及全球科技竞争的加剧，对科技人才的需求呈现出爆发式增长。这种需求不仅体现在数量上，更体现在对科技人才综合素质和专业技能的高要求上。

为了保持科技人才市场的稳定健康发展，需要政府、企业、教育机构和社会各界共同努力。政府应加大对科技人才培养的投入，提高教育质量和科研水平；企业应积极营造有利于科技人才发展的环境，提供具有竞争力的薪酬待遇和职业发展机会；教育机构应加强与企业的合作，根据市场需求调整人才培养方向；社会各界应加强对科技人才的尊重和认可，营造有利于科技创新的良好氛围。

总之，科技人才供求规律是科技产业和经济社会发展的重要经济法则。只有充分认识并遵循这一规律，加强科技人才培养和引进，优化科技人才市场环境，才能为我国的科技进步和经济发展提供有力的人才保障。

3. 科技人才竞争规律

科技人才竞争是一个复杂而动态的过程，其中蕴含着多条重要的规律。

首先，市场需求与创新驱动紧密相连。新兴技术领域的快速发展直接催生了对具备高度专业技能和创新能力的科技人才的迫切需求，这种需求导向促使科技人才向最具活力和潜力的领域流动。具体来说，随着科技的飞速发展和新兴产业的不断涌现，市场上对具备特定技能和知识的科技人才需求急剧增加。当某一领域或行业出现人才供不应求的情况时，企业为了保持或提升自身的竞争力，会不惜代价地吸引和争夺顶尖科技人才。这种市场需求的变化直接影响了科技人才的流动方向。

具备高度专业技能、创新能力和实践经验的科技人才，往往会成为企业竞相追逐的对象。他们可能会根据市场需求的变化，选择更具发展前景和吸引力的领域或行业，从而实现自身价值的最大化。同时，市场需求还通过薪酬水平、工作环境、职业发展机会等多种因素，对科技人才的流动产生深远影响。当某一领域或行业提供更具竞争力的薪酬、更优越的工作环境和更广阔的职业发展空间时，会吸引更多的科技人才向该领域或行业流动。

其次，政策环境与制度保障在科技人才竞争中扮演着至关重要的角色，政府通过制定一系列优惠政策、完善科研环境和激励机制，为科技人才提供了广阔的发展舞台和稳定的成长环境，进一步加剧了科技人才市场的竞争态势。

这两大规律相互交织、相互作用，共同塑造了科技人才竞争的格局，推动了全球科技产业的持续繁荣与发展。

4. 科技人才个体差异性规律

科技人才个体差异性的规律，是指在不同科技人才之间普遍存在的、具有规律性的差异特征，这些特征对科技人才的成长、创新及团队协作产生深远影响。例如年龄、学历、职称差异规律等。

（1）年龄差异规律表现科技人才在45岁之前，随着年龄的增长，其创造倾向越来越强。这可能是因为随着年龄的增长，科技人才积累了更多的知识和经验，具备了更强的创新能力和解决问题的能力。然而，在45岁之后，创造倾向逐渐下降，这可能与年龄增长带来的生理、心理变化及职业发展阶段的变化有关。

（2）学历与职称差异规律通常表现在这两个方面。

一是学历越高，科技人才的创造倾向也越强。高学历往往意味着更深厚的知识基础和更广阔的学术视野，这为科技人才提供了更多的创新灵感和可能性。

二是技术职称越高，科技人才的创造倾向也越强。职称是衡量科技人才专业技能和贡献的重要指标，高职称的科技人才通常具备更强的创新能力和实践经验。

科技人才的个体差异性是多个维度差异的综合体现，包括年龄、学历、职称及地区等因素。这些因素相互交织、相互影响，共同塑造了科技人才的独特性和创造力。

2.3 实验室在科学技术活动中的角色与特征

实验室是国家科技创新体系的重要组成部分，是国家组织高水平基础研究和应用基础研究、聚集和培养优秀科技人才、开展高水平学术交流、科研装备先进的重要基地，在科学技术活动中扮演着重要的角色。

2.3.1 实验室在科学技术活动中的角色

1. 实验室是科技创新的重要基地

实验室，特别是国家级的实验室，在国家科技创新中更是起着举足轻重的作用。

20世纪中期，世界各国在美国“曼哈顿计划”成功后，认识到集中国家力量组织大科学工程在发展国家战略性关键技术中的巨大推动作用，于是，纷纷启动建设了不同形式的学科综合交叉科研基地，即国家实验室，围绕经济、社会和科技发展中的重大科学问题开展科学研究和前沿科技探索。

国家实验室既是体现国家意志、实现国家使命、代表国家水平的战略科技力量，又是重大科技基础设施集群的主要建设者和运行者，是汇聚新技术、新产品、新产业的创新增长极。国家实验室在引导科技活动发展方向、组建高水平学术科技活动、打造科学作风严谨的科研团队、布局国家重大科技项目方面发挥着举足轻重的作用。例如，美国国家实验室具有丰富的人力资 本、世界性大型科研装置等核心设施、充足且持久的财政投入及合作共赢的协同创新能力。[①]在美国的科技创新体系中，国家实验室居于核心地位，发挥着引导科技发展方向，保持科技领先优势的关键作用。

国家重点实验室主要任务是针对学科发展前沿和国民经济、社会发展及国家安全的重要科技领域和方向，开展创新性研究。我国高度重视国家重点实验室建设，通过科研实践为国家培养了大批高素质的、创新型的科技人才，促进了我国整体科技创新水平的提高。国家重点实验室的建立，在短时间内就充分显示了其在我国重大基础研究中的主力军作用，国家重点实验室已成为我国从事重大基础研究和应用基础研究的重要研究基地。以1993年年底我国建成的80个国家重点实验室为例，在1988年到1993年间承担了国家攻关项目1407项、863项目1093项、国家攀登计划100项、国家基金2521项、国际合作356项、省部委项目2439项及其他项目数千余项，取得了一批具有国际水平的科研成果；获得省部委以上研究成果762项，国家三大奖占其中的16.5%，三大奖中一等奖16项，二等奖42项，其他国家级一等奖十几项，通过科研成果鉴定760项，获得国家专利270项，发表了大量高水平的学术论文。

2. 实验室是知识创新创造的源泉

发展知识经济，创新是灵魂，人才是根本。高水平、高素质的青年科技人才是开展科研活动的主体，同时也是科学技术的载体和知识创造的主体。实验室是一个具有代表性的、集成性的学科综合交叉科研基地。通常实验室的学术带头人往往掌握前沿科研动态，可以及时向国家提出有战略性的建议，为国家重大科研政策、发展目标的制定献策献力；同时，又可以组织科研人员积极申报并完成国家各项科研课题，为国家获得创新性的科技成果。实验室还可以通过营造开放的交流环境，让科研工作者在一个轻松的环境中结合所学知识进行科技创新，不仅有利于各类科技人才自主发挥聪明才智，形成自我创新的良好氛围；而且还有利于科技人员加强科技交流，提高科技创新的兴趣、增强科技人员的创新能力，从而充分发挥科技创新的自觉性、独立性和创造性。

实验室是研究型高校学术组织体系中的重要组成部分，有利于发挥高校学科门类齐全、基础设施完善和人才集中的优势，整合优势资源、构筑优势平台。

以我国作物遗传改良国家重点实验室为例，该实验室于1994年通过国家验收并正式对外开放，经过30年坚持不懈的努力，在水稻、玉米、油菜、棉花等主要作物的基因组和重要性状遗传和分子机理研究、基因挖掘和新种质创制、新品种培育与产业推广应用等方面取得了系列成果；形成了作物遗传改良理论与实

① 鲁世林,李侠.美国国家实验室的建设经验及对中国的启示[J]. 科学与社会,2022,12(02):43-62.

践相互促进、"上-中-下游"一体的优势和特色，已成为我国乃至全球农业领域具有重要影响的科学研究、人才培养、学术交流和机制管理创新的基地之一；已在世界范围内建立起了广泛的合作网络，以第一单位完成的科研成果获国家科技进步一等奖1项、国家自然科学二等奖2项、国家科技进步二等奖5项，参与完成的科研成果获国家科学技术奖励6项。①

因此，实验室不仅可以起到向全国辐射的作用，提高其在国内同领域研究水平；而且可以扩大我国在国际上的影响力，便于及时了解和掌握国际最新的科技信息和动态，增强科技创新水平和创新意识，加快知识创新和创造的速度；同时，实验室与高校、企业等各方合作，促进科技成果的转化和应用，拉近与发达国家科学技术水平与创新能力上的差距，从而更好地促进科技进步。②

3. 实验室是培养创新人才的摇篮

我国物理学家中国科学院资深院士冯端曾指出："实验室是现代化大学的心脏"，是培养创新人才的摇篮。现代化的大学实验室，它的任务不但是进行知识的传授，更重要的是知识的创新，人才的培养也要落实在创新人才的培养上，而且它要一代一代地发展下去。③高校是青年科技人才的主要聚集地，也是高校自主创新活动的主力军。高校实验室是实验教学、科技研发、社会服务、培养学生实践能力和科技创新精神的重要基地。通过实验，学生不仅可以加深对理论知识的理解，还可以加强动手能力、独立思考能力和创新能力的培养。而国家实验室作为综合素质教育的重要平台，在人才培养过程中发挥着相当重要的作用。在激烈的国际竞争和全球知识经济一体化发展的形势下，国家综合国力的竞争实际上就是科学技术的竞争，而科学技术的发展和不断创新最终体现为科技人才的较量，因此实验室不仅仅是高校办学的重要支撑，还是培养创新人才和产出创新成果的重要平台。譬如，英国国家实验室之一的卡文迪许实验室，就是专门从事创新研究和培养创新人才的实验室，培养出了很多位诺贝尔奖获得者，他们在物理学上做出了非常杰出的贡献。

实验室的智力资源是科技创新的根本保证。在我国国家重点实验室中，有100多个是依托高等院校建设的。高等院校拥有实力雄厚的学科基础和大量的优秀人才，为国家重点实验室从事基础性研究奠定了扎实的学科基础，并且同时储备大量的优秀人才。目前国家重点实验室的固定研究人员一般在20～40人之

① 华中农业大学作物遗传改良全国重点实验室简介[EB/OL]. [2023-4-17n/about/sysjj.htm

② 秦发兰，章荣德. 浅析国家重点实验室在科学技术创新中的地位和作用[J]. 实验室研究与探索，2000(6)：3-5.

③ 冯端. 实验室是培养创新人才的摇篮——从卡文迪什实验室看实验室的作用[J]. 实验室研究与探索，2008，27(10)：1-3.

间，在国家重点实验室的总固定研究人员加在一起不足5000人，从数量上来说是个很小的群体；但从质量上说，他们是我国基础科研领域中最优秀的人才，他们具有开创性思维、有较高学术造诣，他们中有相当一部分人员是我国的两院院士。大多数国家重点实验室少则有1～2个，多则有7～8个院士，他们中的大多数是我国重大（点）科研项目的主持人。国家（重点）实验室还有大量思想活跃能够直接参与完成课题的一群年轻的研究生及客座研究人员。因此，国家（重点）实验室具有其他一些单位不可比拟的智力资源优势。①

可见，实验室不仅是科学研究的场所，更是培养科技人才和创新思维的摇篮。实验室可以集中多种人才的力量，发挥科技人才优势，通过良好的创新氛围和团队合作，培养年轻的科技人员成为科技创新的中坚力量。

2.3.2 实验室在科学技术活动中的特征

不同类型的实验室作为科技创新的重要科研机构，在不同的专业、学科和领域中都发挥着重要的作用，是推动科技创新、形成重大原创成果的关键载体。尽管实验室的类型较多，其性质和目的也不相同，但它们在科学技术活动中有着鲜明的特征，主要体现在以下几个方面。

1. 综合性

当前，国际科学发展呈现学科界限模糊、学科相互渗透、科学问题全球化、科学家国际化四大特征。②因而，许多实验室，尤其是国家实验室，明显呈现出学科高度交叉、原创研 究能力强、综合性强的特点。美国能源部（DOE）认为，“国家实验室应当更注重科学领域的交叉点，而不是各学科内部。它们可以从事大学或民间研究机构无法或难以开展的交叉学科的综合性研究”。许多其他类型的实验室也呈现“一业为主，惠及其他”的综合化发展特征。

2. 协同性

“大科学时代”对科学研究极其复杂分工提出了更为严格的要求，复杂程度、创新成本、安全保障、协同创新多元性等已经超出一国之力。③因而，实验室不能封闭运行，必须与高校、企业等紧密合作，协同运行。许多实验室规定，项目经费应按一定比例分配给其他合作单位，尤其是高校。这就从制度上强化了实验室与高校等部门的紧密合作，不仅有利于人才的培，也有助于地方经济、科技的协同发展。

① 张小蒙，阎冰，何畔等. 基于创新人才培养的实验室管理研究[Z]//中国现代教育装备. 2015：68-70.

② 柴之芳院士：国家实验室应具备的主要特征. https://www.sohu.com/ a/115809441_465915.

③ 陈套. 科学研究范式转型与组织模式嬗变[J]. 科学管理研究，2020，28(6)：53-57.

3. **原创性**

产出更多“从0到1”的原创性成果是实验室建设的目标。对于从事重大前沿交叉科学问题研究的实验室而言，其产生的科技成果不是以每年发表多少篇SCI文章，也不是以影响因子有多少点来衡量，而是以拥有多少重大的、原创性科技成果，产生多少诺贝尔奖得主，或中国科学院、中国工程院和医学院院士进行衡量。它们的目标就是实现科学问题的原创性、颠覆性的突破。

4. **开放性**

实验室不仅是科技创新的重要载体，也是国际科学中心和国际学术交流中心，来自世界各国的科学家、科技人员会汇聚于不同类型的实验室平台，立足于国际科技前沿进行思想交流和碰撞，因而实验室必须是一个开放性的组织机构。

2.4 国家实验室体系是人才培养的重要载体

加快建设创新型国家，就要培养和造就一大批具有国际水平的、战略科技人才、科技领军人才和高水平创新团队。国家实验室体系是科技创新的重要基地、是知识创新创造的源泉，也是创新人才培养的摇篮。

2.4.1 国家实验室体系是培养优秀科技人才的有效载体

国家实验室体系是培养优秀战略科技人才和科技领军人才的有效载体。一方面，它有助于不断地加强平台、项目、团队和领军人才的有机结合，进而通过高水平的科研管理和实践活动，引导和激励战略科技人才、科技领军人才组建高水平的科研团队开展和实践科研项目，充分挖掘其创新潜力；并充分利用他们的国际视野和思想，培养和提高具有丰富实践经验的创新管理意识和能力，以便充分发挥其在基础研究领域的引领作用，从而促进各个学科均衡、协调、可持续发展，为推进国家实验室建设贡献自己的力量。另一方面，战略科技人才和科技领军人才是在特定的领域做出重大贡献者，他们是著名的科学家、发明家、工程技术专家，是引领实验室科研团队快速发展的核心力量。他们在其研究领域中往往具有较强的学术影响力和知名度，能够组织大团队作战，承担国家重大科技项目，并在国家战略规划和标准制定等方面发挥重要作用。在高水平大团队合作和国家大项目运作中，国家实验室体系有利于发现、培养和挑选出一批战略科学家和具有战略科学家潜质的高层次复合型人才和科技领军人才。在高科技发展与进步中，学科的交叉与融合往往是创新的前沿领域，国家实验室体系成为推进跨学科、多学科融合和培养高质量科技人才的重要途径和有效载体。

2.4.2 国家实验室体系是科技人才的交流平台

在科技日新月异的今天，国家实验室体系不仅承载着国家科技战略的重任，更成为了科技人才交流互动、思想碰撞的璀璨舞台。这一体系以其独特的资源汇聚能力和开放包容的科研环境，为科技人才搭建了一个跨越领域、跨越国界的交流平台，极大地促进了科技创新的发展与进步。

（1）汇聚顶尖科技人才。

国家实验室体系作为国家级科研平台，汇聚了来自全球各地的顶尖科技人才。这些人才在各自的领域内拥有卓越的成就和深厚的造诣，他们的加入不仅提升了国家实验室的整体科研实力，更为科技人才的交流提供了宝贵的资源。在这里，科技人才可以近距离接触和学习到最前沿的科技成果和研究方法，拓宽视野，启迪思维。

（2）促进跨学科交流。

国家实验室体系注重跨学科、跨领域的合作与交流。在解决复杂科技问题时，往往需要多学科、多领域的协同攻关。国家实验室通过组织跨学科研讨会、合作项目等方式，为科技人才提供了广阔的交流平台。在这里，不同学科、不同领域的科技人才可以畅所欲言，共同探讨科技前沿问题，碰撞出新的思想火花，推动科技创新的深入发展。

（3）加强国际科技合作。

国家实验室体系还积极加强与国际科技界的交流与合作。在全球化的今天，科技创新已不再是单一国家的独角戏，而是需要全球科技人才的共同努力。国家实验室通过参与国际科技合作项目、举办国际学术会议等方式，为科技人才提供了与国际同行交流互动的机会。这种国际性的交流平台不仅有助于引进国外先进的科技理念和技术成果，更促进了中国科技人才在国际科技舞台上的影响力和话语权的提升。

（4）激发创新思维与灵感。

国家实验室体系作为科技人才的交流平台，还承担着激发创新思维与灵感的重要使命。在这里，科技人才可以接触到最前沿的科技成果和研究方法，受到来自不同领域、不同背景的专家学者的启发和影响。这种多元化的交流环境有助于打破传统思维的束缚和局限，激发科技人才的创新思维和灵感，推动科技创新的突破与发展。

综上所述，国家实验室体系作为科技人才的交流平台，在汇聚顶尖科技人才、促进跨学科交流、加强国际科技合作以及激发创新思维与灵感等方面发挥了重要作用。这一平台的不断完善和发展将为我国乃至全球的科技创新事业注入新的活力和动力。

2.4.3 国家实验室体系是打造高水平创新团队的试验场

在当今全球科技竞争日益激烈的背景下，国家实验室体系作为科技创新的制高点，不仅承载着国家重大科技任务的攻坚克难，更是打造高水平创新团队的重要试验场。这一体系以其独特的运行机制、丰富的科研资源和深厚的创新土壤，为培养和汇聚顶尖科技人才提供了得天独厚的条件。

（1）新型运行机制的探索与实践。

国家实验室体系的建设，首要任务是构建新型运行机制。这种机制强调目标导向、绩效管理和协同攻关，通过破除一切制约科技创新的思想障碍和制度藩篱，发挥社会主义市场经济条件下新型举国体制的作用。在这一机制下，国家实验室不仅成为科技创新的策源地，也成为高水平创新团队成长的摇篮。通过实行科研业务与监督管理分离的运行模式，国家实验室能够更加专注于科研任务的实施和创新成果的产出，同时确保资源的合理配置和高效利用。

（2）高水平创新团队的汇聚与培养。

国家实验室体系以其独特的吸引力和影响力，汇聚了来自全国乃至全球的顶尖科技人才。这些人才在各自领域拥有深厚的学术造诣和丰富的实践经验，他们的加入不仅提升了国家实验室的整体科研实力，也为高水平创新团队的打造提供了坚实的人才基础。在国家实验室的平台上，这些人才能够充分发挥自己的专长和优势，通过跨学科、跨领域的合作与交流，共同攻克科技难题，推动科技进步和产业发展。

（3）产学研用深度融合的创新生态。

国家实验室体系还注重构建产学研用深度融合的创新生态。通过与高校、科研院所和企业的紧密合作，国家实验室能够充分利用各自的资源优势和创新优势，形成协同创新的强大合力。在这一生态中，企业能够及时了解市场需求和技术趋势，为科研方向提供重要参考；高校和科研院所则能够为企业提供前沿的技术支持和人才保障。这种深度融合的创新生态不仅加速了科技成果的转化和应用，也为高水平创新团队的成长提供了更加广阔的空间和舞台。

（4）面向未来的战略布局与规划。

国家实验室体系还注重面向未来的战略布局与规划。通过紧跟国际科技前沿和发展趋势，国家实验室能够准确把握科技创新的方向和重点，为高水平创新团队的打造提供明确的指导和支持。同时，国家实验室还注重培养具有国际视野和战略思维的科技领军人才和创新团队，为国家的长远发展提供有力的人才支撑和智力保障。

综上所述，国家实验室体系作为打造高水平创新团队的试验场，不仅具备独特的运行机制、丰富的科研资源和深厚的创新土壤，还注重产学研用的深度融合和面向未来的战略布局。在这一体系下，高水平创新团队将不断涌现并发挥重要作用，推动科技创新和产业发展迈向新的高度。

2.4.4 国家实验室体系是大学与工业界科研合作的桥梁

在当今全球科技竞争日益激烈的时代背景下，国家实验室体系不仅承载着国家科技创新的重任，更成为连接大学与工业界科研合作的坚实桥梁。这一体系通过其独特的定位、功能以及运作模式，有效促进了知识创新与技术应用的深度融合，为科技进步与产业升级注入了强劲动力。

（1）促进知识流动与共享。

国家实验室体系作为科研合作的高地，首先体现在它促进了大学与工业界之间的知识流动与共享。大学作为知识创新的摇篮，拥有深厚的理论基础和前沿的研究成果；而工业界则贴近市场需求，具备丰富的实践经验和敏锐的市场洞察力。国家实验室通过搭建平台、组织项目等方式，打破了传统界限，使得大学与工业界能够顺畅地进行知识交流与共享，共同推动科技进步。

（2）推动跨学科协同创新。

国家实验室体系还注重推动跨学科协同创新，这恰好契合了大学与工业界科研合作的内在需求。在解决复杂科技问题时，往往需要多学科、多领域的交叉融合。国家实验室通过汇聚来自不同学科、不同领域的顶尖科学家和工程师，形成了强大的协同创新网络。这一网络不仅促进了大学内部不同学科之间的合作，也加强了大学与工业界之间的协同创新，为攻克科技难题提供了有力支撑。

（3）加速科技成果转化与应用。

科技成果转化是科研合作的重要目标之一。国家实验室体系通过其强大的科研实力和丰富的资源优势，为科技成果的转化与应用提供了有力保障。一方面，国家实验室能够筛选出具有市场潜力和应用前景的科研成果进行重点培育和推广；另一方面，通过与工业界的紧密合作，国家实验室能够及时了解市场需求和技术趋势，为科研成果的转化提供方向性指导。这种合作模式不仅加速了科技成果的转化速度，也提高了科技成果的应用效益。

（4）培养复合型人才。

国家实验室体系还是培养复合型人才的重要场所。在科研合作过程中，大学与工业界的互动不仅促进了知识的交流与共享，也促进了人才的培养与成长。国家实验室通过提供实践机会、搭建交流平台等方式，鼓励大学生和工业界人士共同参与科研项目和技术创新活动。这种合作模式不仅有助于大学生将理论知识与实践经验相结合，提高综合素质和创新能力；也有助于工业界人士了解前沿科技动态和市场趋势，拓宽视野和思路。这种复合型人才的培养对于推动科技进步和产业升级具有重要意义。

综上所述，国家实验室体系作为大学与工业界科研合作的桥梁，在促进知识流动与共享、推动跨学科协同创新、加速科技成果转化与应用以及培养复合型人才等方面发挥了重要作用。这一体系的不断完善和发展将为我国科技创新事业的蓬勃发展提供有力支撑。

第3章　国家实验室体系发挥人才培养作用的途径与机制

3.1　现代科技人才培养新趋势

随着全球新一轮科技创新和产业革命的深入推进，颠覆性科技、战略性新兴产业的蓬勃发展给人们的生产方式带来了巨大的转变，对政治、经济、文化的冲击也越来越巨大。这种推进、转变及冲击也使科技人才培养的需求发生了重大变化。现代科技人才的培养已经从过去的"被动适应"逐渐向"主动调整"转变，同时，人才培养的需求与经济社会发展的需求更加紧密地结合在一起。现代科技人才培养出现以下六个新趋势。

3.1.1　培养目标上更重视高质量、内驱型人才培养

人才培养的总体目标主要来自内外两个方面。一方面，来自各个国家的经济社会条件和科学技术发展需要，强调人才的强烈的国家荣誉感、社会责任感、职业道德等，在人才培养选拔上也密切围绕着国家经济发展和全人类共同利益需要，着力培养高质量人才，以适应现代化建设和全球化发展的需要。另一方面，来自被培养人才个体的发展需要。从本质上来看，人才成长的内在动力才是人才培养更持久、可持续的力量源泉。随着科技创新发展的深入，新时代人才培养不仅仅要重视社会发展的需要，还要满足人才内在发展的需要。人才培养的目标既要重视人才的高质量，也要强调通过达成人才自我实现需要来激发人才成长的内在动力，从而更好地发挥人才的效能。

人才成长的内在动力主要包括好奇心、兴趣及成就感等，而人才成长的内在动力的来源主要有两个：一是发挥人的天性，使人的志趣爱好与科学研究的需求紧密相结合；二是建立和完善激励机制，通过激励让人才更好地迸发创新创造活力为社会服务。

科技人才兴趣的维持、好奇心得到满足和自我实现能够在最大程度上使其在工作中得到科技创新的满足感，并能够增强其创新意识，提高其独立思考问题的能力，更主要的是能够调动其科学研究的潜能，从而取得一定的科研成就。使个体实现自我的需要与科学研究的需求紧密结合，是激发个体潜能进而促使其成为

科技人才的最佳途径之一。

激励机制的设计注重提高科学研究者的社会地位，科研人员通过参加科学研究，能够获得更多社会尊重从而被社会尊重；能够使个体相信自己的力量和价值，从而更积极地探索世界，发挥自己的创造力。因而，提高科学研究的社会地位，有利于在更高层次上激发科技精英人才的自我驱动力。

总的来说，人才培养目标已由过去单纯强调对于国家的使命感，以及奉献社会和全人类的个人自豪感，转变重视激发科技人才的内在动力，以促使科技人才的价值实现；并更趋向于外在与内在目标协同式发展，是“要我成才”与“我要成才”的统一。

3.1.2 培养方式上更注重实践性、全链条人才培养

在科技人才的培养方式上，从重视教育培养等前端培养，逐渐转向重视培养延伸和全链条整合，更加注重实践中的培养及全链条的培养。

1. “按需培养”与“供求协同”方式

“按需培养”与“供求协同”的人才培养方式表现在实践中，就是重视在教育阶段就融入实践的需求，重视终身学习，重视在实践中培养和锻炼人，重视实用技能的培训，等等。高等院校、部分有培养人才职能的科研院所是当前世界各国高层次创新型人才培养的平台，也是人才市场的重点供给方。面对人才竞争，其有必要采取“供求协同”方法“精确”地掌握社会生产对创新人才的总量、领域与能力的要求，并在此基础之上实施“按需培养”，实现创新人才的“精确”供应。科研院所、企业等用人单位在人才市场上是创新人才的主要需求方，需要通过“供需协调”方式，为创新人才培养平台提供来自实践的关于创新人才需求的信息。例如，我国可以考虑结合当前强基计划、英才计划、奥数竞赛等拔尖人才选拔的基础，做好监督工作，构建一条高考制度以外的拔尖人才选拔通道，使人才需求方在培养过程中就可以适度参与。这方面已经取得的经验：中科大少年班、北京大学数学英才班、清华大学“钱班”“姚班”等，由于它们注重理论与实践相结合，其培养的人才供不应求。这方面进行的有益探索：深圳“零一学院”、西北工业大学“鸿蒙英才班”等与科技创新基地的用人部门合作以资助、提供实习和工作等方式，承担协同培养创新人才的责任，积极参与创新人才培养活动。国际上，也有高校建立科研基地，邀请顶尖科学家参与教学与人才培养的合作机制。

2. 全链条人才培养

如今，世界各国更加重视从科技人才“全链条”培养。主要举措如下。

其一，推动教育与科技有机结合。主要内容：加强对少年儿童科学精神、探索观念的培养，增强优秀少年儿童的自信心和探究心，激励他们开展科学探索工作的积极性；完善优化教学方法，提倡启发式、探索式、探究式等多种教学方法，增强学生的科研创造意识和创造力；完善学科布局、专业和课程设置，在重要和关键领域科学规划全链条人才培养。针对科技发展日新月异、知识更新与时俱进，全世界积极探索全社会继续教育机制与技能提升，推动形成社会教育培训的终身学习机制，服务人才知识更新和支撑人才跨领域工作。

其二，推动科研与培养有机结合。注重在项目实施中培养人才，鼓励科技人才将个人事业追求与国家重大需求相结合、个人优势积累与创新团队构建相结合、人才培养方式与新的科研范式相结合。学术与专业、基础学科与技术领域、行业与市场交叉结合的会聚模式，成为新一轮技术变革的重要方向。支持多专业、多行业、多领域的会聚研究，从而形成不同领域的学术联合体、不同行业的创新联合体、不同领域的创新联合体，以及形式多样的各种国际学术合作网络[①]，将横向为主的会聚科研链条与纵向为主的人才培养链条交叉融合，在会聚生态中培养科技人才。

3.1.3 培养内容上更强调复合型、创新型人才培养

1. 在培养内容上更加注重通识性教育

人才培养的知识范围不再局限于单一学科，而是单一学科知识与通识知识教育共存的状态。那么创新研究成果到底是特定单一学科的结果还是多学科融合的产物？美国心理学家斯滕伯格等人的研究认为虽然拔尖创新的成果往往归属于某一专门学科，但其研究范围往往是涉及多学科的，通过多种学科交叉融合碰撞才形成最终创新成果。[②]斯腾伯格在三元智力论中指出，所有与体验式学习过程有关的认知能力均与某一具体领域知识无关；此外，虽然某一具体领域的良好认知过程可以在学习者完成陌生领域的任务中起到积极作用，但与该领域并无直接关联的通用认知能力能大幅减轻学习者的困难。正如费尔德曼认为的，“真正的技术卓越既包含应用专业技能的卓越，又包含专业应用技能的优秀，而且二者必须相辅相成”。[③]在人才培养的知识系统中，除了对专门学科知识和能力的培育，通识

① 郭铁成. 瞭望丨顶尖创新人才如何培养[EB/OL].(2021-02-23)[2022-08-22]. https://baijiahao.baidu.com/s?id=1692477825485581114&wfr=spider&for=pc.

② N.M. ROBINSON. In Defense of a Psychometric Approach to the Definition of Academic Giftedness：A Conservative View from a Diehard Liberal［C］R.J. STERNBERG，J.E. DAVIDSON. Conceptions of Giftedness. Cambridge：Cambridge University Press，2005：280-294.

③ 张志刚，陈宝明，彭春燕，等. 现代科技人才培养趋势研究 [J]. 全球科技经济瞭望，2022，37（11）：71-76.

性教育也已逐步成为培育重点。

2. 更加注重交叉融合培养和创新创造能力的提升

随着纳米、脑科学、信息、认知等前沿科学的进展，更多科研机构开始重视学科交叉所产生的巨大影响。学科交叉本质上是一种科研行为，主要包括跨学科研究和反学科研究。跨学科研究融合了多个学科领域的研究理念、方式与技能，其特点不仅在于强调不同学科知识的交叉，而且在于强调不同学科知识通过融合产生质变，生成新的知识。它是处理复杂科学现象和解决新兴学科复杂领域难题的一种重要方法。反学科研究是指科学家探索不同学科之间及各学科之外的共同问题。

20世纪下半叶以来，科学正从高度分化转向高度综合，学科体系变化加速。2001年年底，美国国家科学基金会、美国商务部、美国国家科学委员会纳米科学分委会在其共同开展的座谈会上联合提出大力推进四个高新科技领域的协同发展和应用，包括纳米科学与技术、认知科学、生物技术与信息技术等，"NBIC会聚技术"由此诞生。"NBIC"是纳米（nanotechnology）、生物（biotechnology）、信息（information technology）、认知（cognitive science）四大前沿科技的英文缩写。这种会聚技术的崛起打破了传统的单学科知识生产方式，学科会聚成为科学技术发展的新趋势。

2014年，美国科学院研究理事会发表了《会聚观：推进跨学科融合》报告，"会聚"由"术"的层次（即技术、科学层级）提高至"道"的层次（即哲学、思想层次）。该报告认为，应整合脑科学技术、健康科学、材料科学、几何，以及计算机技术、系统工程等多个学科领域的研究方法、通用知识与思考模式，以形成一套完整系统的架构，以处理更多领域叠加的科学技术研究和社会发展问题。[①]2018年，美国国家科学院、医学科学院和工程院发布了一份关于在高等教育过程中将艺术、科学、工程技术、医学整合的报告。在会聚技术基础上萌生的学科会聚，逐渐成为学科发展的新理念新范式，[②]学科会聚强调打破学科之间的研究和发展壁垒，推动知识体系的交叉融合，以发现突破性创新领域，这种交叉、跨越、融合的方式也成为未来复合型、创新型科技人才培养的新路径。因此，当今世界一流大学都将交叉融合培养和创新创造能力提升作为核心任务。

① 段宝岩，李耀平. 人工智能趋势下，工程拔尖人才培养应破传统模式[N]. 中国科学报，2021-03-30(7).

② 吴伟，徐贤春，樊晓杰等. 学科会聚引领世界一流大学建设的路径探讨[J]. 清华大学教育研究，2020,(05)：80-86.

3.1.4 培养结构上更突出多层次、梯度化人才培养

1. **重视科技人才的多层次培养**

在人才培养结构方面，日益重视科技人才的分层培养。科技人才分层源自“社会分层”，这种现象是客观存在的。朱克曼通过帕累托鉴别精英的技术，研究了美国科学家的分级系统，把所有居于顶层的诺贝尔奖得主和院士都定为“美国超级精英”，并由此向较低的层级类推，在最顶层的一位诺贝尔科学奖得主之下，对应13名国家院士、2400名博士科研人员、2600名科学家（《全美男女科学家》在列）、4300名科技人员（《美国技术人员登录册》入选），还有6800名无任何机构认可的、自称的科研人员。[①]默顿将科学研究的学术荣誉分为赋名、授奖、认可、引用四个层次。而西斯蒙多将此分为引用、奖励和命名。科尔兄弟以科研职位、科学名誉、科学奖项、社会声望等科学共同体的划分标志描绘了美国大学物理科学共同体的分层架构，最顶层的是科学范式创始人，如爱因斯坦等；第二层的是重大荣誉得主，如诺贝尔奖得主等；第三层的是高产专家；架构的最底层是极少提出创新理论、很少产出成果的专家。[②]

2. **更加注重人才结构的合理布局**

在形成多层次科技人才结构的基础上，更加重视科学技术活动人员、工程技术人员、科技成果转化人员的结构和协同布局。按照联合国教科文组关于科学技术活动的定义，是指在各科学技术领域内，即自然科学工程和技术、医学、农业科学、社会科学及人文科学中科学技术知识的产生、发展、传播和应用密切相关的全部有计划的活动。[③]

科学技术活动人员即直接参加科学技术活动，或者专门从事科学技术活动管理或者为科学技术活动进行直接咨询等服务的工作人员；工程技术人员是指承担重大工程与技术管理任务并具备一定工程知识水平的技术人员；科技成果转化人员是在取得科技研究成果之后，对该技术及产品在以后的生产、研究、使用、推广等过程中发挥作用的人。在科技人才的培养上，除了培养一大批科学研究人才、工程技术人才之外，还应该培养大量的科技成果转化人员，从而形成合理的科技人才结构。

3. **更注重科技拔尖人才的培养**

在知识创造与技术革新的现代世界，拔尖人才培养的规模、素质、结构及效

---

① 尹志欣，王宏广. 顶尖科学人才现状及发展趋势研究[J]. 科学学与科学技术管理.2017（6）：23-30.

② 尹志欣，朱姝，由雷. 我国顶尖人才的国际比较与需求研究[J]. 全球科技经济瞭望，2018（8）70-76.

③ 戴钧陶. 关于科学技术的活动分类 [J]. 科学管理研究，1986，（03）：29-30

能的实现状况，直接关乎我国占领现代化强国的战略制高点。如今，美国、德国等国已经开始布局人工智能高等教育发展计划，美欧制造业强国在智慧城市、新世纪人工智能领域，不但深植STEAM教育的学科基础［STEAM是科学（science）、技术（technology）、工程（engineering）、艺术（art）、数学（mathematics）四门学科的英文首字母缩写］，而且加强CDIO［构思（conceive）、设计（design）、实现（implement）、运作（operate）四个阶段英文缩写］，积极探寻打造未来拔尖人才的新模式，以期在世界一流人才培养竞争中获得优势。[①]我国也已经将拔尖人才培养提高到国家重要战略部署的层面。2018年，由我国教育部、科技部等六部门共同出台了一份关于拔尖人才培养的指导意见，主要针对基础专业学科拔尖学生培养方案的实施。2020年，教育部又进一步推出了“强基计划”，致力于遴选、培养有志于为国家重大战略需要服务的综合素养优良或基础学科能力冒尖的学生。2021年，中央人才工作会议指出，要锚定长期目标，有意识地发掘和培育更多具备战略科学家能力的高级复合人才，建立战略科学家培养梯队。可见，在科技人才的层级培育上，更加注重拔尖人才的选拔和培养。

3.1.5 培养主体上更着重多主体、多元化联合培养

1. 多主体联合培养模式

传统的科技人才培养主体，包括高等院校、科研机构、企业等，在实践中，越来越多的科技人才培养已经从单一主体或主体之间链条式的培养转变为同一阶段多主体的联合培养，多主体、跨学科联合培养的体系逐步形成，并在科技人才培养上发挥越来越重要的作用。

例如，为了发挥各种学科优势，麻省理工学院与哈佛大学合作开办了医疗科技学院，把科学、工程与临床医学领域的合作研究与培训教育紧密结合在一起，共同创造了一个健康科学与疾病研究相结合的新概念，探索了一条培育杰出生物技术人才和医疗专家的新路径。

它将突破跨学科研究与协同研发的技术障碍，将在实验室内的创造性探索成果带入临床医学；将医学实践信息和知识带到实验室促进科研发展和人才成长，并由此建立了从“试验室”到“病房”，从“医师”到“基础科学家”“工程师”的互动循环；更加注重临床教学，从而造就掌握现代先进医学知识与文化，具备丰富临床经验，并深入掌握基础医学、工程技术的专业知识，理论基础深厚，同时具备杰出实验技能的新型的医生、科研人员与工程师。[②]近年来，我国也开始

①段宝岩，李耀平. 人工智能趋势下，工程拔尖人才培养应破传统模式[N]. 中国科学报，2021-03-30(7).

② 原帅，黄宗英，贺飞. 交叉与融合下学科建设的思考——以北京大学为例[J]. 中国高校科技，2019(12)4-7.

重视多主体的人才联合培养模式。

2. 多元化人才协同培养模式

多元化人才协同培养模式是指从多个途径进行人才培养，其形式包括科教融合、产学研联合培养等多种协同培养模式。科教融合模式在促进科技人才培养上发挥越来越重要的作用。科研院所和高等院校在培养科技人才上优势互补。科研院所拥有先进的硬件设施，具有较强科研实践能力的科技人才，他们着力解决国家和行业重大需求、攻关国家重大科技任务。高等院校则具有优良的师资队伍及正在成长的研究生群体、创新创业氛围浓厚、专业门类丰富适宜学科交叉等优势，是科技人才前端培养的主阵地。通过加强科教融合，有利于解决核心科技力量统筹乏力、行业科技人才资源匮乏等突出问题，形成体系化的行业战略科技力量储备，促进行业科技创新、教育和人才培养取得更大发展。

习近平在2021年中央人才工作会议上提到建设大批一流科技领军人才队伍和创新团队，指出“要围绕国家重点领域、重点产业，组织产学研协同攻关”。对于高等院校，尤其是“双一流”高校而言，要积极推进高等教育变革，探讨建立高等学校和企业联合培育高层次综合型卓越人才的合理激励机制；要将科技人才培养工作前移，让企业参与院校确定人才培养目标、共同制订人才培养计划、协同落实人才培养方案，合作实施校企“双导师制”的培养模式，促进“产学研用”深度融合。

3.1.6 培养渠道上更趋向国际化、协同化分工合作

1. 高等教育呈现国际化发展态势

当前，科技人才培养国际化已成为一个重要的发展趋势。人才培养国际化从人才流动的角度看主要是“引进来”和“走出去”两种方式。它的主体既可以是科技人才个体，也可以是科研组织机构。人才培养国际化的表现之一是高等教育的国际化。随着高等教育市场准入的放开，中国人才的国际竞争范围将逐步地从本土扩大至全世界。一方面，优质教育资源的国际共享将成为一个重要趋向。另一方面，教育资源的流转与布局将越来越频繁与集中，人才在区域间、全球市场之间的不均衡状况也可能越来越明显。世界各国越来越发现，加入高等教育现代化的全球市场、参与国际竞争是全面提高人才培养质量的有效途径。

2. 协同教育国际化程度不断提高

从人才培养的过程与质量出发，一方面，由于先进技术的产生，人才培养的教学模式、教学手段等将呈现出越来越多元化的趋势；另一方面，人才培养使用的课程标准、质量标准、考核规范等将更加向着国际认可度较高的标准趋同。随

着全球化的进一步推进，多元化与趋同性的共存态势将越来越突出。从长远来看，随着全球化教师队伍逐渐形成，我国高校和全球各地高校教师的互聘将越来越多；各国之间的教育协同培养将逐步发展成为一个主要态势；全球化学科建设的力量进一步增强，教学覆盖面将会扩大至所有专业领域，所培养人才的国际化程度将越来越高。[①]

3. 科学研究国际化合作日趋频繁

人才培养国际化的另一个表现是科学研究国际化。世界文明史的许多创新成就，都是在开放、交流、协作的氛围中孕育的。当今世界存在着全球气候变化、燃料资源紧张、粮食与食品安全、互联网安全、生态环境恶化、严重自然灾害、传染性疾病与贫穷等各种严峻挑战问题。对于这种高度复杂、具有不确定性的严峻危机与问题，任何一个大国都不能够独立面对、凭一己之力解决，需要各方建立更为密切的协调机制，需要各方科技界精英的精诚合作。[②]在科学技术研究方面进行全球协作，使更多国家和民众享有和使用科学技术研究成果，这是为世界共塑发展新格局的重要战略目标。各国加大国际科技合作投资，在合作与交流中培养人才，是人才培养国际化的重要渠道。

科学研究国际化可以引进世界顶尖人才或与世界顶尖科研机构合作，以达到以才育才或借巢育才的目的。此处仅以日本“世界顶尖研究基地计划”（简称“WPI计划”）为例说明通过引进人才来培养人才（以才育才）。日本学术振兴会于2007年开始对WPI计划实施资助，主要是为日本打造国际一流的研究基地，构建与国际接轨的科研生态，同时吸引世界顶尖人才、战略科学家，通过他们培养更多的高层次人才。截至2019年12月，该计划共吸引了全球13位战略科学家作为WPI基地负责人，分属于13个获批的WPI基地。该项目为每个基地吸引7～10位世界顶尖级学术带头人并提供资金。东京大学神经智能国际研究中心就属于WPI基地之一，辉夏孝男是基地引进的美籍战略科学家（于2017年被WPI计划引进并担任基地主任，属于该领域的国际顶尖人才[③]）。目前由其带领的创新团队属于国际一流水平，为日本在脑科学领域培养了一批高层次人才，同时吸引了数位世界顶尖级学术带头人。

现代科技人才培养除了以上六种趋势外，还有一些趋势值得关注。例如，近年来部分国家在人才培养过程中开始更加重视对人才科研价值观的培养，在创新型人才培养过程中更加注重科研与艺术的融合、未来人才培养与人工智能等新技

① 李文. 未来大学人才培养的五种趋势[J]. 北京教育：高教版，2018(9)14-18.

② 求是网. 加强科技开放合作 共同应对时代挑战[EB/OL].(2021-09-28)[2022-08-22]. http://www.qstheory.cn/wp/2021-09/28/c_1127913319.htm.

③ 张志刚. 日本对科研人才项目资助的做法[J]. 中国人才，2020(8)33-35.

术的适应、拔尖人才培养生态系统营造，等等。对全球现代科技人才培养的发展趋势有一个准确把握，并根据我国科技人才队伍的实际情况来谋划我国的科技人才培养体系，有益于更好地培养我国科技事业发展所需要的人才，有益于我国在未来全球人才竞争中立于不败之地。[①]

3.2 国家实验室体系人才培养的内容、途径与机制

国家实验室和国家重点实验室是国家战略科技力量的重要组成部分，是实现高水平科技自立自强的有力支撑。习近平强调："国家实验室要按照'四个面向'的要求，紧跟世界科技发展大势，适应我国发展对科技发展提出的使命任务，多出战略性、关键性重大科技成果，并同国家重点实验室结合，形成中国特色国家实验室体系。"[②]而国家实验室体系要多出战略性、关键性重大科技成果，就需要探究实验室的管理模式，把握实验室的发展趋势，以及实验室人才培养的内容、途径和机制等，从而更有效地打造国家科技人才高地。

3.2.1 国家实验室体系人才培养的主要内容

国家实验室体系作为国家战略科技力量的领头雁，面向世界科技前沿，积极推动基础研究、应用基础研究和前沿科技研究，凝聚头部力量。国家实验室体系作为国家科研机构，人才是其立足之本，其科研成果离不开科技战略人才的创造。因此，人才培养是国家实验室保持持续创新能力的基础，也是评估其综合实力和科研水平的重要标志。国家实验室体系是人才培养的主要内容包括以下几项。

1. **促进学科交叉融合发展，培养复合高端型人才**

在"大科学"时代，科学研究变得更加复杂、开放和交叉，科技发展呈现多学科交叉的趋势。在全球科技竞争日益激烈的形势下，国家实验室体系是开展基础研究的重要基地。因此，它对人才培养提出了更高要求。它不仅要求科研人员具备基础理论知识、实验技能及科学研究能力，还要求他们掌握管理知识，具备创新思维。国家实验室体系的使命是承接国家重大科研任务，解决国家重点领域的核心技术和关键问题，以促进科学技术的创新和发展。为了实现这一使命，国家实验室体系在基础前沿性的交叉科学研究方向上进行布局。它建立了跨学科、综合交叉的科研团队，将具备不同知识背景或研究方向的专业人员组合在一起，加强协同合作。通过这种方式，国家实验室体系能够促进学科交叉的发展，推动

① 张志刚，陈宝明，彭春燕等. 现代科技人才培养趋势研究[J]. 全球科技经济瞭望，2022（11）71-76.

② 习近平. 在中国科学院第二十次院士大会、中国工程院第十五次院士大会、中国科协第十次全国代表大会上的讲话[J]. 中华人民共和国国务院公报2021，（16）：6-11.

不同领域之间的知识交流与创新。这种综合性的合作和交流为解决复杂问题提供了有力的支持。

跨学科、综合交叉的科研团队具有多领域的专业知识和技能，能够深入研究复杂问题，并从多个角度进行思考和分析。这样的团队能够将不同学科领域的理论和方法相结合，产生新的创新思路和研究方向。通过加强协同合作，团队成员之间可以相互借鉴、互相促进，推动科学研究的进步。例如，为鼓励合作，发挥学科互补优势，在筹建期间，北京大学化学与分子工程学院及中国科学院化学研究所双方合作的研究成果，不论排名，双方共同认可，并属于“北京分子科学国家实验室”所有。为进一步提升实验室的内外合作力度，实验室先后设立了开放课题和前沿交叉重点项目，促进分子科学与生命科学、材料科学等学科的交叉，培育了新的研究方向，也培育了大量复合型、高端型科技人才。

2. 着力打造科技创新团队，培养学术带头人

科技创新、基础研究等团队的主体，主要由领头人物及各个实验骨干相互配合组成的，其中学术带头人是人才培养的核心，团队培养取得预期效果在很大程度上都依赖学术带头人。[①]在国家实验室体系中，学术带头人承担着培养团队青年成员的重要任务，他们的角色不仅是指导年轻人在团队中找到自己的研究兴趣，还要帮助他们将自己的兴趣与团队的研究目标相结合。学术带头人既要确保年轻人在研究中不偏离主方向，又要为他们培养新的成长点。这种指导和培养的方式有助于激发年轻人的研究潜力，推动团队的创新和发展。另外，国家实验室体系非常注重发掘团队中优秀的青年骨干，并勇于委以重任，让他们牵头承担任务并参与实验室的决策工作。这一做法旨在培养新的团队带头人，从源头上增强实验室的创新实力。通过给予青年人才机会，国家实验室体系能够持续培养和输送具有领导能力和创新能力的科研骨干。这样的做法为实验室的长期发展提供了强大的人才支持。例如英国剑桥大学的生物实验室是世界上获得奖项最多的试验团体，其核心人物就是诺贝尔奖项的获得者佩鲁兹；德国马普学会共有86个研究所，约300名研究所所长（每个研究所有3～4名）。这些所长都是学科方向的领头人，也是相关领域国际大奖的重要角逐者。[②]

3. 重视创新实践能力培养，激发科研人员创新潜力

创新人才是国家提高核心竞争力的关键资源。这些人才具备创新精神和创造能力，他们通过创造性劳动取得创新成果，并为社会发展和人类进步做出重要贡

① 吴忠迁. 如何依托国家重点实验室加强科技创新团队人才培养[J]. 长江丛刊，2020(3)：131-132.

② 肖小溪，代涛. 国立科研机构培养使用战略人才的国际经验及启示[J]. 科技导报，2022，40(16)：46-54.

献。因此，国家需要投入人力、物力和财力来培养和支持这些创新人才，以增强科技创新能力和提升整个国家的竞争力。以美国为例，他们采取了重要的措施来激发创新人才的潜力。通过法律法规，赋予了研究人员自主确定创新性研发课题的权利，并设立了实验室定向研究与开发项目，要求这些项目与国家任务相关，并与前沿科技领域紧密关联。①

国家实验室体系作为世界科技创新领域内最重要的主体之一，是优秀人才的聚集地，也是科学研究的核心载体，以占据世界科学前沿、引领科学发展方向为目标。因此，其科学研究具有前瞻性、创造性等特征，这也要求国家实验室体系需要培育更多思想灵活、具有极强的自主性、创造性的创新人才，从而提升实验室、国家实验室体系甚至国家的竞争力。例如能源清洁利用国家重点实验室鼓励本科生以浙江大学学生科研训练项目（SRTP）、浙江省大学生科技创新活动计划项目、国家大学生创新创业训练计划项目等形式接触国际前沿课题，并指导学生参加全国大学生节能减排竞赛、全球重大挑战峰会学生日竞赛、东元科技创意竞赛等，培养学生自主创新能力及动手实践能力。

4. 推动系统的知识传承，持续保持创新能力

研究发现，高层次人才的成长周期与其师承关系有重要的关联，师从有影响力的导师更容易成为高层次人才。积极的师承关系和科研习性能够促进科研团队的发展和科研成果的产出。通过传承经验丰富的专家的知识，新一代的研究人员能够快速获得宝贵的经验和专业知识，从而更好地开拓核心技术领域。例如圣地亚国家实验室一直资助知识传承计划。针对即将入职的新员工，提供知识传承计划，通过设计系统的课程，传递资深导师和领导者的经验；为每位入职6个月内的新员工定制培养计划，确定研究方向，为将其培养成为具有竞争力的技术带头人和领导人打好基础。通过知识传承，保留和传承核心技术知识，使实验室能够有效解决关键技术人才退休或流失后所带来的知识断层问题，确保组织在人才流失后仍能够持续保持技术优势和创新能力。

5. 营造自由的学术氛围，催生更多科技人才

在国家实验室体系中，营造自由的学术氛围，催生更多科技人才是至关重要的。国家实验室体系通过提供各种自由的学术环境，激发研究人员的创新潜力，促进跨学科的合作与交流，从而催生出更多具有创造力和前瞻性的科技人才。

首先，自由的学术氛围允许科研人员根据自己的兴趣和科研方向自由选择研究课题，而不是被束缚在固定的框架内。这样的学术氛围鼓励他们进行跨学科的

① 鲁世林，杨希. 高层次人才成长周期及其对科技人才培养的启示[J/OL]. 黑龙江高教研究，2021，39(9)：1-5.

研究和创新。国家实验室体系通过设立多样化的研究项目和资金支持，鼓励科研人员自主选择研究课题。这种机制允许科学家们根据自己的兴趣和专业特长，自主决定研究方向，而不必拘泥于特定的学术或应用目标。例如，中国科学院设立的“前沿科学重点项目”和国家自然科学基金委的“自由探索类项目”，都为科研人员提供了广阔的自主研究空间。这种自由选择的机会不仅能激发科研人员的创新思维，还能带来更多意想不到的科研成果。

其次，国家实验室体系通过搭建开放的学术交流平台，打破学科之间的壁垒，促进知识的传播和共享。这样的科研环境使科研人员能够更轻松地进行学术讨论、分享研究成果和探讨新的研究方向。国家实验室体系定期举办各类学术会议、研讨会和讲座，邀请国内外知名专家学者进行交流和指导。通过这些平台，不同领域的科研人员可以充分交流合作，产生思想的碰撞，激发新的科研思路和灵感，推动跨学科的创新研究。以美国麻省理工学院（MIT）的媒体实验室为例，该实验室通过汇集计算机科学、工程学、艺术设计等多个学科的专家，推动了诸多前沿科技的诞生。

最后，国家实验室体系注重营造包容与多样性的学术氛围，鼓励来自不同背景、不同领域的科研人员共同参与。这种包容性能够带来更多元的思维方式和研究视角，从而促进创新。国家实验室体系通过多种途径吸引国际化人才，引入不同国家和文化背景的科研人员，形成多样化的学术氛围。同时，多元化的团队能够在科研过程中充分利用各自的优势和特长，从不同角度分析和解决问题，从而取得更为丰硕的科研成果。例如，斯坦福大学的人工智能实验室（SAIL）汇聚了计算机科学、认知科学、神经科学等多个领域的专家和学生，他们在自由交流和合作中，不断推动人工智能技术的发展，培养了一大批在AI领域具有全球影响力的科技人才。

为了激发科研人员的热情和动力，国家实验室体系还提供了各种资源和支持，确保科研人员能够专注于自己的研究工作。科研人员在自由的环境中，能够充分发挥自己的潜力，追求自己的科研梦想。例如，中国的中国科学院物理研究所营造了自由宽松的科研环境，提供了先进的实验设备和丰富的科研资源，许多青年科学家在这里找到了自己的研究方向，取得了重要的科研成果，成为国家科技事业的中坚力量。

综上所述，国家实验室体系通过提供自由选择研究课题的权利、搭建开放的学术交流平台、营造包容与多样性的环境以及提供各种资源和支持，营造了自由的学术氛围。这种自由的学术环境不仅能够促进科研人员的创新能力和科研热情，还能催生出更多具有国际竞争力的科技人才。

3.2.2　国家实验室体系人才培养的主要途径

1. 提供稳定经费与技术支持，助力科研人才成长

战略性基础研究具有周期长、难度高、不确定性大、短期难以取得明显突破等特点，需要长期稳定的研究环境。国家实验室体系通过优越的科研资源和条件保障科研人才开展系统性、持续性、长期性研究。一方面，国家实验室体系对应的政府主管部门作为实验室研发经费投入的主体，持续稳定地向实验室投入研发经费，使实验室聚焦于面向国家战略需求的研究工作，并在政府主管部门的统一管理下，实现科技资源的统筹分配与优化。另一方面，国家实验室体系不断完善经费保障体系，提供可以吸引和稳定一流科研人员的有竞争力的经费，同时提供必要的条件保障。国家实验室体系在基本科研业务经费中会设立新人基金，科研人才可以依托实验室先进科研装备，利用基金搭建自己的特色研究平台。例如，汽车安全与节能国家重点实验室从自主课题和开放基金中，为青年科研人员提供资助。汽车安全与节能重点实验室对于计划引进的海外青年科研人员给予开放基金课题资助，资助强度10万／项，资助期2年，帮助他们在国外从事研究工作期间围绕我室主要研究方向开展科学研究。德国联邦政府和州政府共同为马普学会提供稳定的机构拨款，并保持每年3%的增长率；2019年机构拨款占马普学会预算总量的74.68%。[①]法国国家科研中心2021年的经费总量约38亿欧元，其中财政稳定拨款约74%。此外，技术支撑保障对于战略人员顺利开展工作也是至关重要。马普学会重视技术支撑人员对研究工作的保障作用，技术支撑人员占全部雇员的比例常年保持在40%左右，保障大量日常科学实验操作和数据运算等任务。[②]

2. 加强合作，培养复合型人才

国家实验室体系与一流大学和研究机构相辅相成，共同推动科研发展。国家实验室体系作为科技创新的重要组成部分，与一流大学和研究机构之间形成紧密的合作与互补关系。一流大学和研究机构提供了丰富的学术资源和学科专业知识，为国家实验室体系的科研项目提供了坚实的学术基础和人才支持。同时，国家实验室体系通过自身的研究成果和科技创新能力，为一流大学和研究机构提供前沿的科研设备和技术支持，推动其科研水平的提升。这种合作关系促进了科研成果的共享和交流，加快了科技创新的步伐，为国家的科技发展和进步做出了重要贡献。我国建设的几个国家实验室周边区域内拥有大量的创新型大学和研究

---

① 肖小溪，代涛. 国立科研机构培养使用战略人才的国际经验及启示[J]. 科技导报，2022，40(16)：46-54.

② 白春礼. 人才与发展：国立科研机构比较研究[M/OL]. 人才与发展：国立科研机构比较研究，2011[2023-04-11].

所，为开展学科交叉研究提供了资源。表3-1为国家实验室所在地高校和研究所资源配置情况。

表3-1 国家实验室所在地高校和研究所资源配置情况

国家实验室所在地	创新型大学和研究所
北京怀柔	中国科学院大学(怀柔校区)、德勤(中国)大学等
上海张江	上海科技大学、中国科学院上海高等研究院、中国科学院上海生命科学研究院、复旦大学(张江校区)、上海交通大学(张江校区)等
安徽合肥	中国科技大学、中国科学院合肥物质研究院、合肥工业大学等
广东深圳	南方科技大学、哈尔滨工业大学(深圳校区)、中国科学院深圳先进技术研究院等

国家实验室体系注重学科融合，引进和培养交叉学科人才。面对日益复杂和多样化的科研问题，单一学科的研究已经无法完全满足需求。国家实验室体系积极引进和培养具有交叉学科背景的复合型人才，打破学科壁垒，促进不同学科之间的融合和合作。这种复合型人才团队能够汇集不同学科领域的专业知识和研究方法，为科研工作提供创新思路和解决方案。通过学科融合，国家实验室体系能够更好地应对复杂问题，开展前沿性的研究，推动科技进步。通过培养复合型人才，国家实验室体系构建了跨学科的研究团队，有效推动了学科交叉的发展，提升了科研团队的创新能力和科研水平。这些复合型人才在国家实验室中扮演着重要角色，既能够深入探究自己的专业领域，又能够积极参与跨学科项目，促进知识的交流和共享。他们的存在和发展不仅推动了国家实验室体系的学科交叉发展，也为国家的科技创新提供了源源不断的人才支持。

3. 培养与引进并重，拓宽人才培育途径

开放合作已成为实验室发展的必由之路。国家实验室体系通过一系列举措，实现了对科技人才的培养和发展，推动科技创新和国家发展。国家实验室体系通过开放合作的方式，加强战略研究和拓宽战略视野，组织管理重大科技创新活动，并致力于培养优秀科研人才。这种开放合作的模式使国家实验室体系能够吸引和汇聚各领域的优秀人才，促进多学科交叉融合，提高科研能力和创新水平。国家实验室体系通过积极开展国际合作、鼓励科技人员留学深造、开设博士后和访问学者等方式，加强与国际科技界的交流与合作。这种国际化的合作方式有助于引进国外先进的科研理念和技术，促进科技人才的交流与合作，提升国家实验室体系的研究水平和国际影响力。通过与国际顶尖科研机构和学者的合作，国家实验室体系能够与世界科技前沿保持同步，为国家的科技发展走在前列。

国家实验室体系采取了一系列支持政策，积极引进高端人才和紧缺人才，为他们提供安家补贴、周转房安置等福利，创造良好的工作和生活环境。这些支持政策的实施为优秀人才提供了便利条件，吸引和留住了一大批优秀人才，促进了人才的集聚和成长。优秀人才的加入和发展进一步提升了国家实验室体系的科研水平和创新能力，为国家实验室体系的长远发展提供了坚实的人才基础。

此外，国家实验室体系注重学生联合培养，与国内外优秀高校合作，共同培养具有国际视野和创新能力的硕士生和博士生。通过建立联合培养计划和项目，这些实验室为学生提供了广阔的学术舞台和研究资源，同时也为实验室引进了年轻有为的科研人才。如青岛海洋科学与技术试点国家实验室实行“鳌山人才计划”。“鳌山人才计划”旨在重点选拔培养一批能引领海洋重大基础科学前沿研究、关键技术发展的高层次中青年科技人才和技术骨干，以推动海洋国家实验室尽快建成国际一流的综合性海洋科学研究中心和开放式协同创新平台，跻身全球科研机构前列。

4. 鼓励创新文化建设，营造差错管理氛围

国家实验室体系始终坚持创新文化建设，鼓励科研人员自由提出学术观点和参加学术讨论，不受资历、职务等限制，努力营造崇尚创新的宽松学术氛围，宽容失败，鼓励首创。国家实验室体系要求内部有和谐的人际关系、良好的意见沟通、自由的学术争鸣、紧密的团结协作；对外提倡人际互交，加强科技知识交流，提高科技人员视野。

国家实验室体系在科技创新的评价过程中，不仅关注结果，而且重视创新过程。团队成员应该意识到差错在创造性想法探索中的必要性，并且在降低差错带来的负面影响的同时，发掘差错的积极作用，认识到差错是创新过程中的一部分，它们可以促进反思和改进，推动创新成果的不断发展。为了营造宽容失败和差错的团队氛围，国家实验室体系采取了积极的措施。团队成员被鼓励释放压力，并将失败视为学习和成长的机会；不必担心失败会受到惩罚或批评，而是被鼓励将失败作为反思和改进的机会，以更好地推动科技创新。

3.2.3 国家实验室体系人才培养的相关机制

1. 实行双向流动，建立科学合理的人才聘用和退出机制

为保证自身的可持续发展，激发科研活力，国家实验室体系采用开放与流动的人才聘用机制，形成了周期固定、优胜劣汰的人才进出机制，保证了高水平人才的聚集度与活力。例如青岛海洋科学与技术试点国家实验室按照岗位、需求，实行了差异化考核评价方式。即科研人员实行“双聘制”，采用同行专家评议制；管理服务人员实行“职员制”，采用目标责任考核制；实验技术人员实行全职聘用，主要以服务对象评价为主。不同的考核评价方式可最大限度激发人员的积极性和创造性，促进建立开放、流动、竞争、协同的用人机制。

2. 设立强有力的激励机制，保障科研人员成果转化

强有力的激励机制对于实现科技人才培养具有重要意义，是吸引人才的决定因素。国家实验室体系通过灵活运用物质和精神激励机制来吸引和留住科技人才。让团队内形成了一致的价值观，激发科技人才对成功的渴望；在取得成就后给予直接的鼓励，以保障科研人员专心从事研究工作。这种一致的价值观为团队提供了明确的目标和方向，激励着科技人才积极投入创新研究中，并推动他们不断追求卓越。在激励机制中，薪资待遇是一个重要的方面。国家实验室体系保证，在科研成功后给予科研人员适当的补助，以更好地保障他们的利益，激发他们的工作热情。合理的薪资待遇可以有效地回报科研人员的辛勤付出，增强他们的工作动力，并为他们提供稳定的生活保障，进而提升他们的工作满意度和创新潜力。

除了物质激励，国家实验室体系也重视精神激励的作用。强有力的激励机制对于科技人才培养具有重要意义，也是吸引人才的决定因素之一。国家实验室体系通过综合运用多种激励手段，为科研人员提供良好的发展环境和机会，包括学术交流、学术荣誉、职业晋升等方面的激励措施。

保障科研人员获得较高的科技成果转化收益，在一定程度上可以提高科研人员进行知识产权保护及技术成果转移转化的积极性。例如，布鲁克海文国家实验室把每年净许可收入的绝大部分发放给专利发明人，劳伦斯伯克利国家实验室科研人员可以获得净许可收入的35%，斯坦福大学科研人员可获得科技成果转化净收益（85%）的三分之一，马普学会发明者可获得科技成果转化收益的30%，以色列将科技成果转化收益的40%分配给研发科学家。

3. 建立评价考核机制及“留人成人”的管理机制

依据国家任务完成情况，前瞻性基础研究、原始创新成果和关键技术水平等整体目标的实质性贡献，国家实验室体系为科研骨干、技术骨干、技术支撑人员、管理人员等各类人员分别制定考核内容和考核标准，实行分类考核。基础研究和应用基础研究评价，以解决重大需求问题和发展关键技术为准则；技术转化评价以转化效益为准则；技术支撑和管理人员评价，以提供优质服务为准则。[①] 同时，为确保科学研究服务国家战略需求的持续有效性，国家实验室体系采取了一系列措施来倾斜薪酬待遇，并特别支持那些具有创新能力的科技骨干。通过建立重要人才终身制和年薪制，国家实验室体系有效地调动了创新型人才的积极性和创造性，确保他们在科研工作中得到适当的回报和激励。终身制鼓励科技骨干

① 郑滢滢，邹小伟. 国家实验室管理体制及运行机制构建研究[J]. 科技创业月刊，2022，35（08）：80-84.

在长期的科研道路上持续发展和探索，给予他们稳定的职业发展保障和更大的研究自由度。年薪制则将重点放在激励创新和科研贡献上，根据科研人员的表现和成果，提供有竞争力的薪资待遇，进一步激发他们在科研工作中的积极性和创造力。

4. 发挥竞争机制的作用，提高人才综合素质

竞争机制是国家实验室体系运行机制的“核心”和“灵魂”。竞争贯穿于国家实验室体系立项、建设、运行的全过程。通过立项竞争确保国家实验室体系“优生”；通过建设和运行竞争机制，运用优胜劣汰机制和马太效应，可以调整和优化国家实验室体系，建设一支高水平的基础研究和应用基础研究的科技人才队伍。尽管人才是从竞争中脱颖而出的，但与此同时，国家实验室体系又保持实验室整体的和谐、凝聚力，其作用集中体现在使科研人员有很强的成才意识，很强的学习欲望，很强的事业心、责任心和锲而不舍的精神，从而提高人才综合素质。

第4章 国际上其他国家国家实验室体系人才培养的做法及启示

4.1 美国国家实验室体系运营及人才培养

4.1.1 美国国家实验室体系概况

美国从20世纪前半期开始建立国家实验室，第二次世界大战结束以后，其国家实验室体系才逐渐完善，并逐渐形成了涵盖不同基础与前沿领域的国家实验室体系。历史上，美国国家实验室的数量曾在冷战时期达到顶峰（1969年最多有74所实验室同时运行）。这些联邦政府资助的实验室多为公共科学实验室、公共科学技术实验室及公共技术实验室。

美国国家实验室是由联邦政府资助的，为大规模多学科研究和大型设施提供资金，服务联邦政府的使命，解决基础科学、能源、国家安全、环境、卫生等方面的重要问题，以及设计、建造、操作独特的科学仪器和设施，以促进科学的进步和技术创新，提高美国的国家竞争力为目标的科学研究组织模式。①

从美国国家实验室发展来看，目前美国已拥有44家受联邦政府资助的国家或联邦级研发机构，构成了广义上的美国国家实验室体系，其中以国家实验室命名的有18家。这些国家实验室分别隶属于美国的能源部、国防部、航空航天局、安全局、公共健康和社会福利部及商务部等11个联邦政府部门，隶属单位覆盖较广且均衡。美国实验室体系的构成框架如图4-1所示。②

---

① 李玲娟，王璞，王海燕. 美国国家实验室治理机制研究——以能源部国家实验室为例[J]. 科学学研究，2022，40(09)：1668-1677.

② 鲁世林，李侠. 美国国家实验室的建设经验及对中国的启示[J]. 科学与社会，2022，12(02)：43-62.

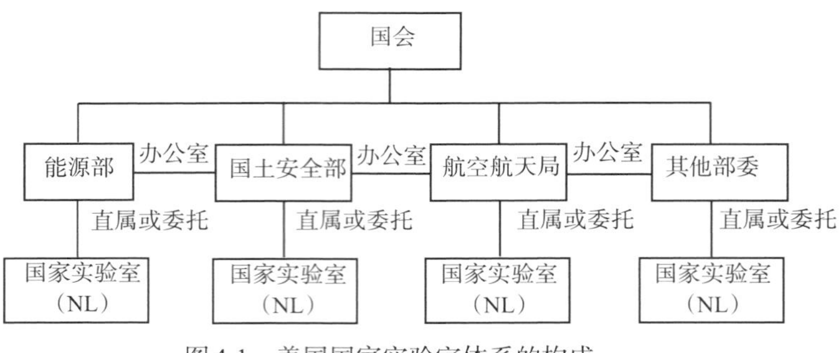

图4-1　美国国家实验室体系的构成

4.1.2　美国国家实验室体系的运营模式

1. 管理模式

美国国家实验室是美国政府按照国家战略任务的要求，以“国家使命”为目标设立的一批科学研究中心，其中既有由联邦政府及相关组织统一出资、统一经营的，也有联邦政府出资、委托高校或其他机构共同经营管理的。联邦政府对国家实验室的管理，按照隶属联邦政府部门的不同，管理模式各有区别，主要有如下三类。①

（1）GOGO模式。

GOGO（government-owned and government-operated）模式是指联邦政府拥有资产，并直接管理运营的国家实验室模式。实验室土地和研究设备为联邦政府所有，其雇员和管理者均为联邦政府公务员，遵循公务员管理制度，主要开展战略性、探索性及涉及国家安全的保密性研究工作，管理方式相对简单直接，由主管部门根据国家需要制定实验室研究计划，并负责执行，例如美国国家能源技术实验室。GOGO模式主要优点：第一，政府直接管控多数关键实验室，最大程度保证关键实验室研究活动体现政府意志、服务国家利益；第二，在政府强有力的支持下，实验室拥有充足的经费和先进的科研设施，可以有效规避市场变化带来的风险，有利于建设一支稳定高水平的研究队伍长期从事科学研究。

（2）GOCO模式。

GOCO（government-owned and contractor-operated）模式是指联邦政府拥有资产，但委托承包商管理的国家实验室模式。这类实验室的土地和设备通常由联

① 方圣楠，黄开胜，江永亨等. 美国国家实验室发展特点分析及其对国家创新体系的支撑[J]. 实验技术与管理，2021，38(06)：1-6.

邦政府拥有或租用，而管理工作由联邦政府以合同方式委托给企业、研究型大学和非营利机构等承包方，联邦政府部门通过竞争方式选取承包方。美国能源部国家实验室除国家能源技术实验室之外，全部采用此类管理模式。通过对国家实验室多年的管理经验总结，这类管理模式更有利于快速响应广泛多样的国家和社会需求，更有利于灵活配置各种科研资源；而且，可以将大学和企业对科技研发工作的优秀管理经验带入政府管理系统。

（3）COCO模式。

COCO（contractor-operated and contractor-operated）模式是指联邦政府投资为主，同时委托承包商管理的国家实验室模式。联邦政府依托大学、工业界或非营利机构资源设立实验室，签署协议委托其负责运营管理。美国国防部下属的11个联邦资助研发中心和14个大学附属研究中心采用此类模式，如依托麻省理工学院设立的林肯实验室和依托约翰霍普金斯大学设立的应用物理实验室。

COCO模式通常根据政府的需求设立，实验室研究任务根据资助部门的需求产生相应变化，一旦进入战时或有国家层面的需要，就会从“预备役”迅速转化为“正规军”。这类型实验室灵活度高，其运行管理也按私营企业模式来实施。

美国的国家实验室大多属于GOGO和GOCO模式，例如能源部下属17个国家实验室中，国家能源技术实验室是GOGO实验室，其余16个为联邦资助研发中心（Federally Funded Research and Development Center，FFRDC），都为GOCO模式。

2. 管理机制

（1）筹建流程。

美国国家实验室的成立，一般由议员提案，参议院讨论通过，众议院成立筹款委员会，总统签署基于某个部门的授权法，然后辅以当年财政拨款令，按照机构法、国家资产数据库、技术转移法等参照标准成立并运营，并由参议院组成的实验室核心审核小组考核实验室运营和成果。总体来讲，在具体筹建国家实验室的过程中，临时组建的各种委员会对国家实验室的成立起到促进作用，相关法律法规则起到规范作用。例如，美国国家实验室雇员的雇佣、人数上限、管理等由《美国联邦法规法典》第5卷《政府机构与雇员法》详细规定；一年一度的拨款法案则决定了各实验室的经费、项目计划等。依照这些规范，临时委员会或者专家组、实验室核心小组等制定具体筹建、遴选、评审和监督方案。美国国家实验室的筹建流程如图4-2所示。

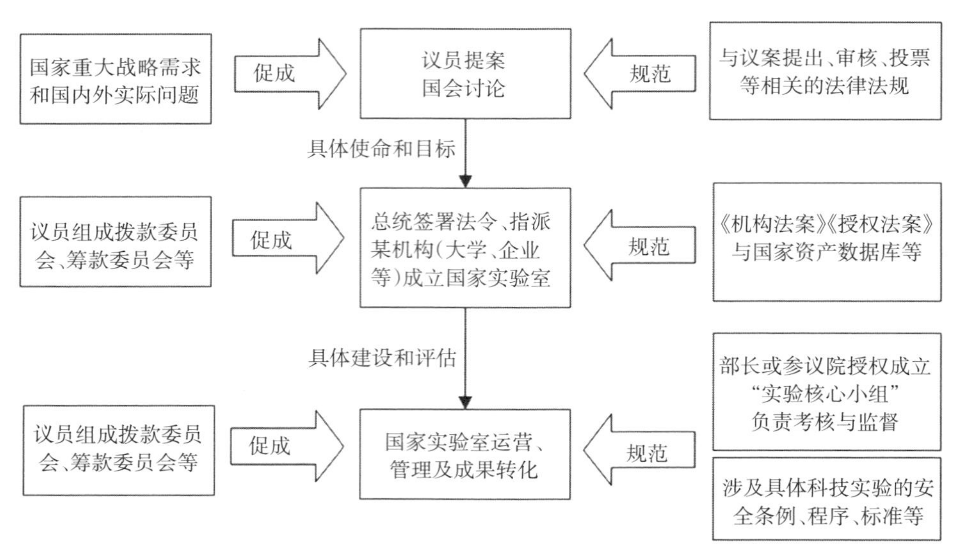

图4-2　美国国家实验室的筹建流程①

（2）内部管理机制。

在内部管理机制上，美国国家实验室一般设有董事会、学术与咨询委员会、监督委员会和运作管理委员会，聘任学术水平高、社会影响力大的知名学者担任，根据专家委员会评议结果决定项目立项和投入。实验室在人事、财务、招聘、资产等方面享有充分的权力，而这些权力又会受到依托单位、主管部门、国会以及实验室自身等多主体的各种监督。

根据《联邦采购条例》，资助单位决定国家实验室的研究方向和领域，国家实验室要依照资助单位的特殊要求或章程来执行研发任务。运营单位负责国家实验室的日常管理，包括实验室主任等高级管理人员的选聘等。资助单位通过驻地办公室对国家实验室运行中存在的风险和绩效进行评估，并根据评估的结果来确定国家实验室的绩效收入和补贴。②同时，美国国家实验室采用董事会领导下的实验室主任负责制，即董事会拥有国家实验室管理的最高决策权，管理上实行主任负责制，主任在实验室发展事务方面拥有较大的权力，这些发展事务主要属于服务性事务而不是学术性事务。

政府拥有并直接管理的国家实验室，其主任由职能部门总管理办公室直接任命或聘任；政府拥有、承包商管理的国家实验室，其主任由董事会会商联邦政府职能部门共同确定后进行任命或聘任。如劳伦斯伯克利实验室托管单位是加州大学，

① 整理自美国国会研究处发布的报告《拨款授权程序概观》

② 钟少颖. 美国国家实验室管理模式的主要特征[J]. 理论导报，2017（05）：48-49.

实验室主任由加州大学董事会任命，进驻实验室的美国能源部雇员仅有20余人，主要行使联邦政府对实验室的监督权。劳伦斯伯克利实验室设立由学术界、产业界和政府人员构成的顾问委员会，对实验室建设、科研活动方向和运行方面提供建议。

3. 组织结构

美国国家实验室实行纵向矩阵型组织结构，层次分明、权力分散。该机构的主管部门由联邦政府的各个部门组成，其依托单位是一个错综复杂的机构，其资金预算是由国会批准的。比如，国土安全部下设国家实验室办公室，专门对所属国家实验室进行管理，并协助处理不同主管部门之间的关系，并开展相关任务和项目的设计、合作与交流。美国能源部的国家实验室，其中以“国家”为名的都是多用途实验室，其余的都是单一用途的。美国能源部国家实验室的组织结构如图4-3所示。[①]

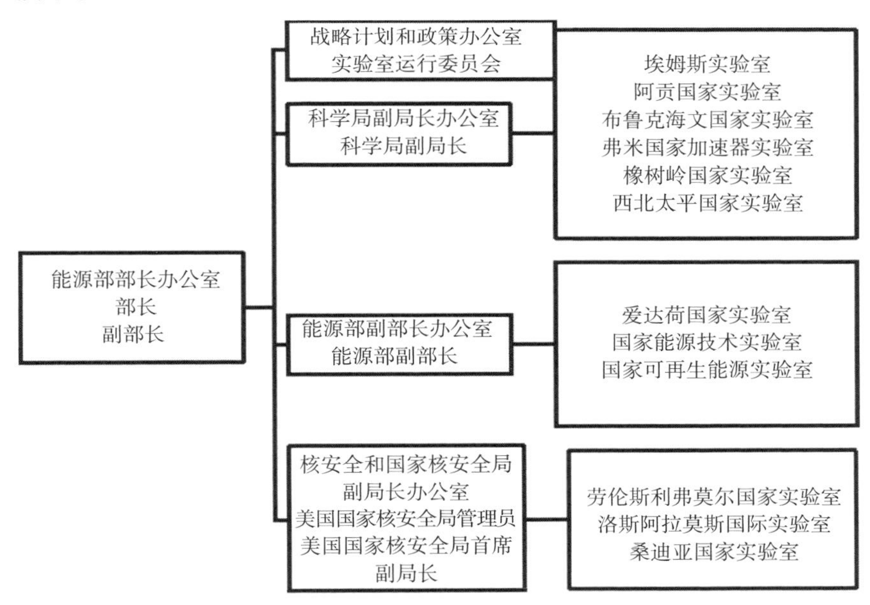

图4-3 美国能源部国家实验室的组织结构

美国能源部下设的6个办公室管理了17个能源部国家实验室，所支持的经费逐年稳步上涨，2020年能源部国家实验室从能源部获得的总经费达161.7亿美元。2017—2020年美国能源部国家实验室的总体经费支持见表4-1所列。

① 方圣楠，黄开胜，江永亨等. 美国国家实验室发展特点分析及其对国家创新体系的支撑[J]. 实验技术与管理，2021，38(06)：1-6

表 4-1　2017—2020 年美国能源部国家实验室的总体经费情况

实验室	金额（百万美元）			
	2017年	2018年	2019年	2020年
艾姆斯国家实验室	53.1	57.9	48.6	47
阿贡国家实验室	640.9	756	835	867.2
布鲁克海文国家实验室	491.1	536	585.6	575.8
费米国家加速器实验室	409.4	482.8	547	584.5
爱达荷国家实验室	1201.8	1362.7	1824.4	1744.7
劳伦斯伯克利国家实验室	736.2	866.7	882.6	888.6
劳伦斯利弗莫尔国家实验室	1454.8	1731.3	1596.1	1887.8
洛斯阿拉莫斯国家实验室	2245.2	2405.3	2534.7	2578.5
国家能源技术实验室	799.2	760.8	686.2	712.8
国家可再生能源实验室	327.1	383.8	364.1	464.3
橡树岭国家实验室	1311.3	1714.2	1887.4	2058.7
西北太平洋国家实验室	592.2	642.1	644	599.2
普林斯顿等离子物理实验室	80.5	108.1	112.1	100.1
桑迪亚国家实验室	1920.1	2219.8	2369	2519
萨凡纳河国家实验室	8.6	6.4	2.6	3.1
国家加速器实验室	552.7	527.3	492.1	404.1
托马斯杰斐逊国家加速器实验室	123.1	137.4	133	139.5
总计	12950	14700	15540	16170

美国国家实验室的组织结构比较灵活，它们都是为了解决科研任务而建立与调整的，许多实验室在执行科研任务时仍然会采取矩阵式的组织结构，按照需要组成具有不同人才业务方向和能力的科研团队。

例如，洛斯阿拉莫斯国家实验室、佛罗里达大学和佛罗里达州立大学共同组建的强磁场国家实验室。从 2021 年的数据来看，该实验室已设立了多个部门，职能覆盖了实验室的所有日常工作。该实验室严格执行系主任责任制，系主任对以服务为主、学术为辅的实验室发展工作具有很大的发言权。同时，以用户为中心，建立了各种不同类型、不同规模的研究机构。此外，该实验室拥有关键领域的三位首席科学家，其研究人员涉及自然科学、工程科学及人文社会科学等 6 个研究领域，其组织结构如图 4-4 所示。

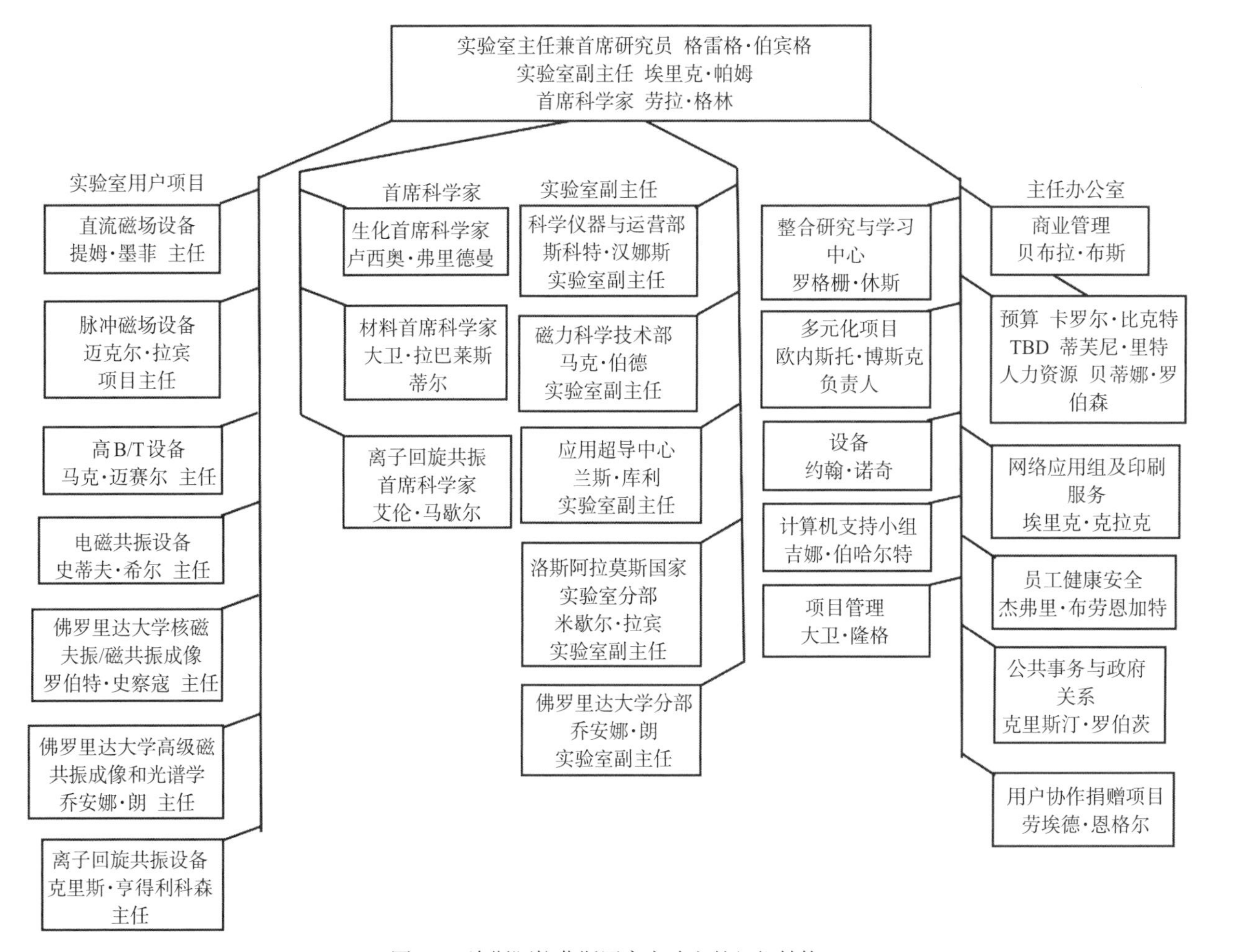

图4-4 洛斯阿拉莫斯国家实验室的组织结构

4. 运行机制

（1）董事会领导下的主任负责制。

董事会拥有对国家实验室管理的最终决定权。由政府所有、由承包商（例如大学）经营的国家实验室的主任，将由研究机构的董事会和联邦政府的职能部门决定，然后由研究机构的领导来任命。在遴选国家实验室主任的过程中，除评估他们的学术水平外，还评估他们的组织和协调能力，发现新的研究方向、开展社会活动和争取经费的能力，等等。主任要承担国家实验室日常管理工作和日常管理工作的主要职责，并应定期向有关部门和依托单位汇报工作。

（2）同行评议制。

美国国家实验室的同行评议制是一种评估和质量控制机制，用于确保科研成果的准确性、可靠性和知识的可信性。它是科学界中公认的一种科研成果评价和学术交流的方式。

同行评议制通常涉及以下几个方面内容。

一是学术论文审稿。在同行评议制中，科学家提交的学术论文通常会经过一至多位匿名的同行专家审稿。审稿专家对论文的方法、结果、推理和结论等进行评估，提出修改和改进意见。审稿专家的角色是保证科学研究的可靠性和可信度。

二是学术会议和研讨会评审。在学术会议和研讨会上，研究人员通常会提交摘要或全文以进行评审。评审委员会由同领域的专家组成，对提交的摘要或全文进行评审。这种评审机制确保了，学术会议和研讨会的学术质量和内容的可信性。

三是项目评审。美国国家实验室的科研项目通常需要通过内部或外部的同行评审来获得资金支持。评审委员会由领域内的专家组成，评估项目的科学质量、可行性和创新性等。评审结果对于决定资助项目、项目规模和期限等具有重要意义。

同行评议制的核心原则是保证研究成果的科学性、客观性和可靠性。通过同行专家的评议，确保科学研究过程中的严谨性和可验证性，提高学术成果的质量和价值。同时，同行评议制也促进学术交流和合作，推动学科的发展和进步的重要机制。同行评议制在美国国家实验室中发挥着非常重要的作用，为科学家和研究人员提供了一个严谨、可靠的科研环境。

（3）人员聘用管理机制。

美国国家实验室灵活地运用聘用管理机制旨在支持人才的职业发展，并提供灵活的聘用方式和机会。以下是它的一些主要特点。

一是灵活地聘用类型。美国国家实验室通常提供多种类型的聘用方式，包括长期聘用、临时聘用、合同式聘用和兼职聘用等。这样的灵活性使得实验室能够根据项目需求和人员特长，选择合适的聘用方式来吸引和保留优秀的人才。

二是跨部门和跨实验室的流动。美国国家实验室鼓励员工在不同部门或不同实验室之间进行流动，以拓宽自己的工作领域和扩展知识面。这种流动性可以提供更多的学习和成长机会，促进技能交叉和创新思维。

三是内部竞聘机制。美国国家实验室通常设立内部竞聘机制，让员工有机会竞争更高级别的职位和更具挑战性的项目。内部竞聘为员工提供了在实验室内部获得晋升和职业发展的机会，激发了他们的工作积极性并增强了他们的职业发展动力。

四是导师制度和合作机会。美国国家实验室注重导师制度和合作机会，通过与资深科学家和技术专家的合作，提供学习和指导的机会。这种导师制度和合作机会可以促进员工的专业发展，并为他们提供跨学科和跨领域合作的平台。

通过灵活的聘用管理机制，美国国家实验室鼓励和支持了员工的职业发展和个人成长，提供了多样化的工作机会和发展路径，为人才的流动性和创新潜力提供了更大的发挥空间。这样的机制使美国国家实验室成为吸引优秀人才和培养科研专家的理想场所。

（4）技术转移机制。

美国国家实验室的技术转移机制旨在促进科研成果的商业化和应用。技术转移机制主要有以下几种。

一是技术合作与许可。美国国家实验室通过与产业界的技术合作、技术许可等方式，将研发成果转移给合作伙伴。借此方式进行商业化开发，有联合研究项目、通用许可、专利许可等形式，供其使实验室的技术得到转化，并在市场上得到应用。

二是创业支持与孵化。美国国家实验室鼓励科研人员利用自身的技术和知识创办企业，并提供创业支持和孵化环境。包括提供商业化指导、提供创业基金和投资、提供办公室和实验室设施等，为科研人员成立自己的公司提供有力支持。

三是技术转让。美国国家实验室积极寻找合适的技术转让机会，通过转让技术和将知识产权授权给合作者或商业方，将科研成果转移到市场中去（通过技术转让协议、研发合同等方式实现），助力实验室的技术走向商业落地。

四是创新生态系统建设。美国国家实验室致力于搭建创新生态系统，以促进实验室与产业界、学术界及投资方之间的互动和合作。通过建立合作伙伴关系、参与技术加速器、举办创新竞赛等方式，营造创新和技术转移的良好环境。

通过这些灵活有效的技术转移机制，美国国家实验室将科研成果与商业需求有效连接，推动了科技创新的应用和商业化。这有利于实验室技术成果的推广和应用范围的拓展，促进科研成果转化为真正的社会和经济价值。

（5）科技资源共享机制。

美国联邦政府以法律规范国家实验室科技资源的开放共享。美国国家实验室通过灵活的科技资源共享机制，促进科研成果的跨机构和跨领域合作，提高科学研究的效率和成果的质量。

一是科研设施共享。美国国家实验室通常拥有世界一流的科研设施和实验平台，包括先进的仪器设备、实验室、数据中心等。这些设施通常对外开放，让其他企业或其他机构的科研人员也能够使用，加速了科研进程和技术创新。

二是数据共享。美国国家实验室在科研项目中生成大量的数据，通过数据共享，科研人员可以访问和利用这些珍贵的研究数据。数据共享可以促进相关领域的合作研究、加速科学发现并避免重复劳动。

三是技术资源合作。美国国家实验室与产业界、学术界及其他机构建立合作关系，通过技术资源共享，共同开展研发项目、合作研究，分享技术知识和创新成果。合作伙伴可以利用实验室的科研资源和专业知识，加速技术研发和应用落地。

四是知识产权管理。美国国家实验室通过灵活的知识产权管理机制，支持科研成果的共享和转移，包括许可技术、签订合作协议、共享专利等。这样做确保了科研成果能够广泛应用社会，使社会受益。

通过这些灵活的科技资源共享机制，美国国家实验室促进了科研成果的协作与共享，推动科学研究的合作交流和技术创新的实现，为实现科技进步和社会发展做出积极贡献。

（6）合作与竞争机制。

美国国家实验室非常重视与高校、科研院所、产业界的合作，利用自身的优势，形成优势互补的局面，致力于研究学科发展的前沿领域，以及与经济、社会、国家安全密切相关的重要科学问题。它的合作方式主要有联合研发、提供科研经费，设备开放和技术服务。例如，劳伦斯伯克利国家实验室和加州大学及工业界的密切合作，推动了加州伯克利大学的科研工作，推动了医学物理学、放射性探测技术、生物有机化学等领域的发展。

除了广泛的合作外，联邦政府与美国国家实验室都鼓励在实验室内部与外部进行有限度的竞争。通过外部竞争，有效地提高科研水平，提高科研经费的利用效率，优化资源的配置，提高科研人员的工作效率。美国国家实验室也鼓励内部员工之间的技术竞争和创新激励。通过竞争激励机制，员工可以积极主动地进行创新性研究和技术开发，并在成果获得上获得荣誉和奖励。实验室还鼓励员工申请专利和发表高水平的学术论文，提高科研成果的影响力和竞争力。通过这些灵活的合作与竞争机制，美国国家实验室有效地整合了资源、共享了知识与技术、促进了科研和技术创新的发展。同时，合作与竞争机制也为实验室员工提供了广泛的学术交流、发展机会和成就突破的平台。

4.1.3 美国国家实验室体系的人才培养

1. 美国能源部国家实验室的人才培养

（1）人才培养模式

美国能源部国家实验室的人才培养模式是通过多元化的人才培养方式和计划，为实验室的战略目标培养、留住和管理科学家、工程师和技术人员，以及员工提供了良好的学习成长环境和职业发展机会。

一是提供学习和发展机会。美国能源部国家实验室提供员工广泛的内部和外部学习发展机会，包括特定领域的专业知识、领导力、管理、沟通、团队协作和创新等相关区域，并通过指定的模块化培训计划、内部课程、训练和研讨会提供良好的学习环境。

二是丰富实践经验。美国能源部国家实验室为员工提供机会接受不同项目的实践经验，这些项目相对具有高度的风险、复杂性和实验性质，旨在为员工提供需要克制面临未知环境下的解决方案和技能，强化员工的技术力量、管理能力、卓越领导能力、沟通能力和团队协作能力。

三是创建创新创意孵化平台。美国能源部国家实验室积极创建和促进创新、科技和光电信息领域的孵化器项目，为员工提供创意平台，发挥他们的创造力。员工可以通过这些创意平台，积极参加实验室组织的创新大赛、技术讲座等活动，从而实现技术转换和知识转移。

四是基于项目的团队合作。美国能源部实验室鼓励员工与其他组织团体建立联系，共同合作开展挑战性的研究项目，增强员工的科学、技术和创新能力，同时提高组织的可持续发展能力。

（2）人才激励机制

美国能源部国家实验室采用多种人才激励机制，以吸引和留住高素质的科学家、工程师和研究人员，并激发他们的创新和发展潜力。

一是设计合理的薪酬体系。美国能源部国家实验室通常采用竞争力较高的薪酬体系，根据个人业绩和贡献进行评估和奖励。这包括基本工资、绩效奖金、职级晋升等形式，以激励员工在科研和技术创新方面取得杰出成就。基本上，美国国家实验室人员的通用基本工资结构分为15级，每级又分为10档，年薪从几万美元到几十万美元不等。通常由人力资源部门根据本地区、本行业平均薪酬或劳动力成本等因素，按照每个职位的职责和任务描述等具体情况为不同级别的科研人员分别确定一个薪酬范围，并针对每个人的学术能力等个体情况在合理薪酬范围内确定最终薪酬。

二是提供科研项目资助。美国能源部国家实验室积极争取和管理各种科研项目的资金支持，包括来自政府机构、产业界和其他合作伙伴的资金。这些项目为科学家和工程师提供了开展科研前沿、探索新领域和实施创新项目的机会。美国能源部国家实验室通常通过积极申请和争取资金，以及与各方合作来确保项目的资金支持和科研活动的顺利开展。其科研项目资助主要包括来自能源部自身以及其他政府机构、产业界和其他合作伙伴的资金支持。美国能源部国家实验室的科研项目资助情况是多样化和多元化的，具体的资助来源和金额可能因项目性质、研究领域和合作关系而有所不同。

三是提供职业发展和晋升机会。美国能源部实验室为科学家和工程师提供多样化的职业发展机会和晋升途径。通过参与高水平的研究项目、领导团队、取得专利、发表论文等，他们可以拓宽自己的科研视野和技能，并在职业道路上取得进步。美国能源部国家实验室通过职业发展和晋升制度来激励和吸引人才，以支持其科学研究和技术创新。美国能源部国家实验室为员工提供个性化的职业发展计划，帮助他们规划和实现职业目标。这些计划包括提供培训和学习机会，支持员工获取新的技能和知识，并发展专业能力。同时鼓励员工在不同的研究领域和职能岗位之间进行轮岗，以拓宽自己的工作领域和知识背景。这样的经历能够提升员工的综合素质，为晋升和职业发展提供更多机会。另外，鼓励员工参加外部的认证考试和培训课程，以提高自己的专业技能和知名度。实验室通常提供经费和支持，帮助员工参加这些活动，并将其应用到实际工作中。通过这些职业发展和晋升机制，美国能源部国家实验室积极激励员工不断提高自己的科研能力与水平，鼓励他们在科学研究和技术创新领域取得卓越成就，并为他们的职业道路提供全面的支持与发展机会。

（3）人才评价体系

美国能源部国家实验室的人才评价旨在为实验室高效地招聘、留住、发展和管理人才，为员工提供良好的工作环境和发展机会。与普通的工作评估不同，能源部国家实验室的人才评估体系侧重于员工的创新能力、协作能力和对实验室使命的服务精神，以实现组织的战略目标。

一是工作业绩。评定员工业绩的标准通常是基于他们和团队在科学、工程和标准化程序开发、技术转移及增值、能源、环境保护和安全方面的贡献。二是专业知识技能。涵盖员工在技术、工程和组织学等专业知识领域的知识，并评估他们卓越的专业能力和贡献。三是创新和创造力。评估员工在施行在实验室中新思想及创新的设计方面的创造力，以及如何利用新技术、合作和商业知识为他们的工作和实验室带来突出表现。四是合作能力，主要评价对团队贡献，包括如何应对复杂问题、识别技术架构和激发其同事潜力一起协作时带来的协作和领导能力。五是服务精神，侧重于员工与实验室多元文化、社会责任感和使命感相呼应的倡议和活动，例如参与组织志愿活动、助学金计划或其他类似的特定领域服务。

总体而言，美国能源部实验室的人才评价体系是一个综合的评价系统，主要关注员工的卓越表现，激励员工的创新能力、协作能力，奖励员工团队贡献和服务精神。这些评价机制帮助员工实现个人职业目标，在实验室中实现职业生涯发展，并向组织做出有效的持续贡献。

2. 美国国土安全部国家实验室的人才培

（1）人才培养模式。

美国国土安全部国家实验室的人才培养模式具体如下。

一是关注重点领域人才的培养。美国国土安全部国家实验室着重培养安全技术专家和分析人员，重点关注在国家安全领域具备专业能力和创新才华的科研人才。包括针对特定安全挑战和需求培养人才，如网络安全、反恐怖主义、边境安全等领域。

二是采取多种措施全面培养人才。为了确保人才具备应对国家安全挑战的能力和专业知识，美国国土安全部国家实验室采取多种具体举措，例如提供定制化的专业培训课程，使人才获得深入的专业知识和技能；让科研人员参与国家安全项目和研究，在实践中应用理论知识并积累实战经验；与其他安全机构合作开展联合研究项目等，以促进人才知识交流和合作，扩大人才视野和影响力。

（2）人才激励计划。

美国国土安全部国家实验室的人才激励计划具体如下。

一是制定有吸引力的物质激励机制。美国国土安全部国家实验室采用薪酬激励、职业晋升和专业发展等方式来激励人才。通过提供竞争力强的薪酬待遇和福利，以及建立明确的职业发展路径，吸引和留住高素质科研人才。此外，美国国土安全部国家实验室设立奖励机制，表彰在国家安全领域取得突出成就的员工，激励他们不断创新和进步。

二是加强文化及精神激励。除了物质激励外，国土安全部国家实验室也重视知识共享和团队合作文化建设。通过鼓励员工分享经验和知识、提倡团队合作和跨学科交流，激发员工创造力和团队精神。

（3）人才评价体系。

美国国土安全部国家实验室的人才评价体系具体如下。

一是制定明确目标及绩效考核体系。美国国土安全部国家实验室采用严格的绩效考核和目标达成评估机制来评价员工。具体而言，他们会针对每位员工设定明确的工作目标和绩效指标，涵盖科研项目完成情况、创新成果产出以及在团队合作中的贡献等方面进行综合评价。这一举措旨在激励员工不断提升工作表现，从而推动实验室整体科研水平的提高。

二是重视员工综合素质评价。除了定量指标，美国国土安全部国家实验室还高度重视员工的综合素质评价，包括专业能力、创新能力和领导力等方面。为了全面评估这些素质，可能会采用360度评价或者定期面谈方式，以全面了解员工在专业知识应用、团队合作、沟通能力等方面的表现。通过这种个性化的评价方法，美国国土安全部国家实验室能够为员工提供更加精准的支持，促进其在国家安全领域的专业成长和创新发展。

3. 美国航空航天局国家实验室的人才培养

（1）人才培养模式。

美国航空航天局国家实验室的人才培养模式具体如下。

一是专业技能培养。美国航空航天局国家实验室通过多样化的培训项目和实践机会，致力于提升员工在航空航天研究、工程技术等领域的专业素养和技能。员工可以参与各种科研项目，接受高水平导师指导，不断拓展自己的专业知识和技能。此外，定期举办技术交流和分享会议也为员工提供了很好的学习和成长平台，使他们能够不断适应快速发展的航空航天技术领域。

二是创新思维和问题解决能力的培养。美国航空航天局国家实验室鼓励员工参与跨学科合作项目，推动不同领域的人才共同探索解决复杂问题的途径。同时，他们还提供创新创业培训和资源支持，激发员工创造力和创新潜力。员工在这样的氛围中培养了敏锐的问题意识、灵活的思维方式以及寻找解决方案的能力。

（2）人才激励计划。

美国航空航天局国家实验室的人才激励计划具体如下。

一是竞争性的薪酬和福利待遇。美国航空航天局国家实验室采用竞争性的薪酬制度，根据员工的表现和贡献程度进行评定，并给予相应的奖励和晋升机会。

这种公平而有竞争力的薪酬制度激励着员工不断提升自己的工作表现，从而推动整个实验室的科研项目持续向前推进。美国航空航天局国家实验室还为员工提供丰富的福利保障，包括健康保险、退休计划、休假福利等，以确保员工能够在工作中得到全面关怀和支持。

二是美国航空航天局国家实验室十分注重员工的个人成长和职业发展，并建立了多样化的培训和发展计划。员工可以申请参加各种专业技能培训课程、学术会议和研讨会。实验室还鼓励员工参与科研项目和创新活动，帮助他们实现个人职业目标并实现自身潜力。

（3）人才评价体系。

美国航空航天局国家实验室的人才评价体系具体如下。

一是重视项目成果等的考核。美国航空航天局国家实验室十分重视员工在航空航天项目做出的成果，针对不同项目等级及不同成果，设立了对应的人才评价指标和评价标准，以评估科研人员在航空航天领域的影响力。

二是强调员工创新能力和贡献价值。美国航空航天局国家实验室的人才评价体系强调员工的创新能力和贡献价值，过对员工创新成果、团队合作、项目推进等方面进行评估，实验室能够客观地评价员工在工作中的表现和贡献，激励他们不断追求科研创新，推动美国航空航天局国家实验室科研项目的持续发展。

4. 其他部委国家实验室的人才培养

（1）人才培养模式。

美国其他部委国家实验室的人才培养模式总结如下。

一是人才培养模式强调跨学科合作和知识共享。美国其他部委国家实验室通常设有跨学科研究团队，鼓励不同领域科研人员共同参与项目，促进知识交叉与融合。通过跨学科合作，员工可以从不同领域专家那里学习新知识，拓宽自己的学术视野，提高解决问题的能力。

二是人才培养模式注重实践与实战结合。这些实验室通常会组织员工参与真实的科研项目和实验任务，让员工在实践中不断积累经验，提升解决问题的能力。同时，美国其他部委国家实验室也会提供必要的支持和资源，确保员工在实战中能够学以致用，将理论知识转化为实际成果。

（2）人才激励计划。

美国其他部委国家实验室的人才激励模式总结如下。

一是注重员工的成就认可和奖励。美国其他部委国家实验室设立了多种形式的奖励制度，如科研成果奖、专利奖、创新奖等，以表彰员工在科研项目中取得的突出成就和贡献。这种成就认可和奖励机制能够激励员工努力工作、追求卓越，促进科研项目的持续发展和提升。

二是针对各领域特点制定不同激励方式。美国其他部委国家实验室通常会根据各部委研究领域特点设立不同的激励机制，鼓励科研人员在特定领域结合自己专长，以及所研究的不同内容，分别设立对应的成果导向奖励机制。例如医疗领域根据药剂研究成果来设立奖励，农业领域根据农作物研究成果来设立奖励，旨在结合各部委研究内容设定具体且贴合的奖励机制。

（3）人才评价体系。

美国其他部委国家实验室的人才培养模式总结如下。

一是注重绩效考核和目标达成。美国其他部委国家实验室通常会根据员工在科研项目中的表现、成果和贡献制定评价标准，定期进行绩效评估。通过量化和定性的方法，评估员工在项目中的表现和成就，确保员工的工作符合实验室的目标和要求。

二是注重员工的专业能力和团队合作能力。除了个人绩效考核外，美国其他部委国家实验室也评估员工的专业知识水平、技能掌握程度以及团队协作能力。通过多维度的评价，全面了解员工的工作表现和能力，为员工提供有针对性的培训和发展机会，促进个人和团队的持续进步。

4.1.4 美国国家实验室体系人才培养的启示

从美国国家实验室体系的运营模式和人才培养内容与途径来看，虽然不同实验室的目标和运营模式存在一定的差异，但是在其人才培养过程中，有许多值得借鉴的共性经验和启示。

1. 采用多元化的人才培养模式

为了更好地实现人才培养目标，美国国家实验室体系采取了多元化的人才培养模式。除了注重员工自身能力的培养，还通过校企合作、多元培训等方式全面提高人员的素质和能力。例如，桑迪亚国家实验室会为员工提供专业培训，同时与高校、政府和业界建立伙伴关系进行交流与合作，拓展人员的视野和学习网络，全面提升员工的综合能力；劳伦斯伯克利国家实验室组建跨学科研究项目、跨学科团队合作，采取导师制度及科研育人等多种培养方式；等等。总体来看，美国国家实验室体系内的实验室能够根据其所涉领域的不同需求，采用多元化的人才培养模式并帮助实验室在这些领域取得创新性的研究成果。多元化的人才培养模式，不仅可以更好地适应人才需求，吸引和留住不同背景的人才；也可以应对科技人才流动带来的挑战，培养更多复合型人才。

2. 制定有效的人才激励机制

为了更好地实现工作目标并留住优秀人才，美国国家实验室体系内的实验室会制定一系列行之有效的人才激励机制。例如，美国桑迪亚国家实验室的人才激励机制，其核心在于更好地留住人才，因此采取了以业绩为中心的奖励制度，同时提供各种教育和培训机会，注重企业文化塑造与提高员工满意度和幸福感。劳伦斯伯克利国家实验室的人才激励机制在于提供丰厚的薪酬待遇和额外的福利，也会通过组织员工接受教育与培训帮助他们实现自己的职业目标，提高员工的获得感；同时，实行灵活的工作时间，鼓励员工深度参与项目，进一步推进员工之间的合作与创新等。这些人才激励机制不仅为员工提供了良好的生活条件，激发了员工工作的积极性，提高了员工的工作效率和创造力，保障了员工自身职业目标的实现；还为员工提供了更多的职业发展和成长空间，有利于实验室吸引和留住优秀人才，提高实验室的整体实力和竞争力。

3. 实行合理的人才评价体系

美国国家实验室体系内的实验室通常会根据自身组织结构特点、运营模式与发展目标，设计合理的人才评价体系，对实验室人员的个人能力、工作绩效、研究成果、领导能力和团队合作等多个方面进行评价。例如，桑迪亚国家实验室采用的是基于绩效的评价体系，以培养高素质的科学家团队和新技术人才，其评估重点主要放在科学、技术和工程的评估方面；而劳伦斯伯克利国家实验室作为大型多项目实验室，其人才评价体系更具有综合性，包括工作目标评估与绩效评估，着重设立恰当的奖励和认可机制，并在评估过程中将科研人员分为终身职与非终身职两大类，采取不同的考核方式和考核标准。总之，美国国家实验室的评价体系注重多元化指标和维度及考核对象的特点，既考虑个人能力和绩效，也考虑研究成果和各具特色的人才培养目标。这种评价体系有助于每位员工展示自己的才能、确保项目的质量、提高项目的完成效率。

4. 重视学科交叉培养复合型人才

美国国家实验室体系为了适应科学技术的跨学科发展和未来的人才需求，十分重视学科交叉培养复合型人才。例如，劳伦斯伯克利国家实验室的项目多为跨学科、综合性的大科学研究项目和工程项目，既包含生命科学等基础科学，也包括回旋加速器、纳米材料、薄膜材料等新兴领域；通过鼓励培养对象参与跨学科的研究项目、与不同学科背景的科学家和工程师进行合作，并提供跨学科培训计划，进行交叉学科的人才培养。这种培养方式可以帮助美国国家实验室体系配备更多具有多学科知识和技能的人才，而这些人才正是解决复杂问题和开展创新性的关键。同时，这些复合型的人才能够更好地应对各种国家安全问题和竞争挑战，帮助国家实验室体系在相关领域保持技术领先。

5. 实行定向培养的导师制度

美国国家实验室体系给年轻科学家和工程师提供了良好的指导和支持，通常会实行定向培养的导师制度。例如，劳伦斯伯克利国家实验室由有经验的科学家和工程师作为导师，导师与培养对象之间会进行定期会议，在讨论中获得较好的问题解决方案以促进项目的推进；导师还会为培养对象提供职业发展支持并共享资源，帮助他们在科研领域建立自己的声誉。美国国家实验室体系实施的这种导师引导制度，不仅可以为培养对象提供个人指导和支持，帮助其更好地融入实验室工作氛围，尽快获得工作经验和实验室所需的专业科研能力；而且，在导师的帮助下，培养对象能够获得更好的职业发展并拥有与校企或国际平台进行深度合作的机会。这将帮助美国国家实验室体系培养出更多具有团队合作精神和科研能力的优秀人才，助力实验室开展更多的科研创新活动。

4.2 日本国家实验室体系运营及人才培养

4.2.1 日本国家实验室体系概况

日本的国家实验室体系是日本政府设立的、具有一定大小和特定研究领域、以促进基础科学研究发展、技术革新和产业促进为主要目标的机构。根据实验室的研究方向、研究领域和组织形式的不同，日本的国家实验室体系主要划分为四类，如图4-5所示。

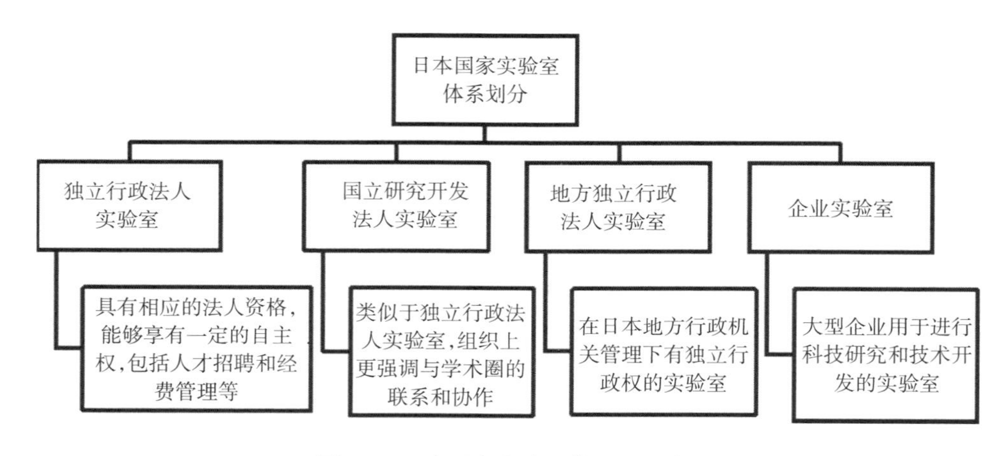

图4-5　日本国家实验室体系的划分

1. 独立行政法人实验室

独立行政法人实验室是日本政府成立的一种特殊类型的国家实验室，其宗旨是为社会提供实用价值和基本的科学知识。这种实验室最大的特点是具有相应的法人资格，能够享有一定的自主权，包括人才招聘和经费管理等。日本科学技术振兴机构和日本广播协会等均是独立行政法人实验室。

2. 国立研究开发法人实验室

日本的国立研究开发法人实验室也是一种类似于独立行政法人实验室的实验室，但是在组织上更加强调与学术圈的联系和协作。其研究领域包括建筑、人文科学、社会科学、医药、物理等多个方面，旨在促进日本的各项基础科研发展。代表性的实验室有日本原子能研究开发机构和日本环境研究所等。

3. 地方独立行政法人实验室

地方独立行政法人实验室是指在日本地方行政机关管理下实现独立行政权的实验室，主要负责该地区的技术研究、产品开发和质量保证等方面的工作。这种实验室主要配合地方立法机关和地方政府进行科技研究和产业振兴工作，实验室的发展往往与地方的繁荣密切相关。日本国立大学连携机构和福岛绿色能源研究中心等均属于地方独立行政法人实验室。

4. 企业实验室

企业实验室是大型企业设立的用于进行科技研究和技术开发的实验室，其研究方向和领域通常与企业的主营业务相关。这种实验室的优点是更加灵活和快速，为企业以及产业发展提供有效的技术保障，如日本电气公司研究实验室。

4.2.2 日本国家实验室体系的运营模式

1. 日本国家实验室体系的管理体制

(1) 外部管理体制。

日本国家实验室体系的管理和运作主要由国家相关部门和委员会来协助和规范管理。日本国家实验室体系内的实验室在开展科技研究和技术开发过程中，经常会涉及预算分配、项目评估、管理标准制订、评估结果公示等事项。这些方面都由政府相关部门和委员会进行协调和规范管理，以确保研究质量和管理标准能够得到保障。日本国家实验室体系内的实验室非常注重与国外同行进行交流和学习，经常会组织国际会议、学术交流、研究合作等活动，吸收先进的管理观念和思想，借鉴国外同行的技术创新和管理经验，不断提高与国际接轨的水平和创新能力。

（2）内部管理体制。

日本国家实验室体系的首要目标是提高科研实力和技术能力。为达到这一目标，日本国家实验室体系内的实验室往往设立一系列的部门和职能核心，例如负责科研管理和项目招募的研究战略部、设备和实验器材的管理部门、管理人事和财务的行政部门等；同时，根据实际需求，还会设置一些特殊职能的小组，例如负责社会服役或知识产权管理的小组。这些部门和小组间存在较强的协作关系，日本国家实验室体系内的实验室通过制定明确的规章制度来保障内部运作效果的高效和管理的专业。在这些实验室，助理研究员、研究员和首席研究员的级别比较重要，他们的技术实力和项目经验都会对实验室的运作产生较大的影响。

2. 日本国家实验室体系的运行机制

（1）产学融合机制。

日本国家实验室体系的研究和开发项目是针对日本学术和产业界的需求和实际问题展开的。日本国家实验室体系内的实验室与许多大学、研究机构和企业建立了广泛的合作关系，包括与电脑制造商、电信巨头以及金融、医疗、制造等各个行业的企业建立紧密的联盟。例如，东京大学、京都大学、名古屋大学、大阪大学等大学，日本东芝公司、富士通集团、日本电气公司等企业。这些合作伙伴与实验室在不同领域进行合作，提出实际的研究方向和需求，帮助日本国家实验室体系开展有意义的研究工作。

（2）高素质人才培育机制。

日本国家实验室体系高度重视人才培养和专业技能的提高，给予研究员、工程师和技术人员广泛的训练和实践机会，鼓励他们探索前沿技术和科学，为未来的科学技术发展培养出一批高素质的技术和科研人才。日本国家实验室体系内的实验室鼓励研究员和工程师积极参与国际学术交流和合作，通过与国际团队的合作，扩大了他们的国际视野和人际网络，加深对最新技术的认识和理解；会定期组织各类研究生和技术人员的培训课程，这些课程涵盖了从基础的计算机科学知识到前沿技术的深入学习；鼓励研究生和技术人员积极参与科研项目和技术实践，为他们提供关键技术和研究经验的锻炼平台。日本国家实验室体系还非常重视对于潜力人才的发掘和培养，尤其是对于早期职业的技术人员和年轻的研究生，会为他们提供更多的技术和学术支持，并集中资源和带领他们完成技术项目。通过建立良好的学术和人才培育机制，日本国家实验室体系为社会培养了一批高素质的人才。

（3）技术成果转化机制。

日本国家实验室体系支持相关技术成果的推广和商业化，帮助研究成果成功地转化为实用的商业产品。日本国家实验室体系内的实验室不仅有自己的技术孵化器，也与各类企业建立紧密的合作关系，以加速技术成果的推广和商业化。该技术孵化器为初创企业提供必要的技术支持和商业化服务，包括技术开发和市场推广等，并为企业提供合法的知识产权支持和保护。这些实验室还与企业和投资人建立合作关系，推动技术成果的商业化和落地；为他们提供更为全面的技术服务，包括技术咨询、技术转移等，对技术成果进行深入研究和判断，以及提供相关技术转化支持等。此外，这些实验室还经常组织技术研讨会、知识产权讲座等活动，为企业和其他机构提供必要的技术信息和专业知识。

4.2.3 日本国家实验室的人才培养

下文以日本宇宙航空研究开发机构及日本国立材料科学研究所（KIMS）为例，介绍日本国家实验室体系内不同的人才培养方案。

1. 日本宇宙航空研究开发机构的人才培养

（1）人才培养目标。

日本宇宙航空研究开发机构是负责日本航空、太空开发事业的独立行政法人，其主要工作包括研究、开发和发射人造卫星、小行星探测以及未来可能的登月工程。2003年由文部科学省宇宙科学研究所、航空宇宙技术研究所、宇宙开发事业团三个与日本航空事业有关的政府机构统合而成，隶属于日本文部科学省。

日本宇宙航空研究开发机构的人才培养目标是为日本宇宙航空企业、各政府机关和学界提供高素质的专业人才。具体来讲，它的人才培养目标包括以下四个方面。

一是培养创新能力突出的研发人才。这些创新能力突出的人才将参与研发任务的各个环节，在各个环节研究创新技术、设计创新仪器、制造创新产品、执行创新策略、运用创新的管理模式等，以充分发挥他们的创新能力。

二是培养高水平的专业技术人才。日本宇宙航空研究开发机构培养高水平专业技术人才用以支撑和维护日本宇宙航空技术的可持续发展和创新。在这方面，日本宇宙航空研究开发机构采取了一系列措施。例如，为专业技术人才提供先进技术和设施的支持，提供高质量的教育和培训并为其员工提供机会，以利用最尖端的开发工具和分析工具开展研究活动。日本宇宙航空研究开发机构格外注重本科生和研究生的培养，积极支持本科生和研究生教育，并与许多大学合作，为学生提供实习和研究合作机会，鼓励年轻人积累经验和获取技能，为未来的人才储备做好准备。

三是培养拥有全球视野和多语言能力的人才。日本宇宙航空研究开发机构对外联系密切，积极参与和支持各种活动，同和平利用外层空间委员会讨论了有关探索与和平利用外层空间的问题，并向联合国大会提出了建议。它还根据协议将其官员送往联合国外层空间事务厅、联合国亚洲及太平洋经济社会委员会、国际空间大学和亚洲理工学院。这些都需要拥有全球视野和多语言能力的人才参与，以帮助日本宇宙航空研究开发机构进行更好的全球合作。

四是培养科普人才。为了提高国民的宇宙观念和对科学的认知程度，促进日本社会对宇宙探索领域的支持，日本宇宙航空研究开发机构培养了大批科普人才。为了加强公众对宇宙和宇宙科学的理解和培养年轻人的科学素养，日本宇宙航空研究开发机构开展了丰富多彩的科普活动。例如，举办公众开放日和展览，定期向公众开放其设施和活动（包括与宇宙相关的实验、观测设备和研究成果展示等）。日本宇宙航空研究开发机构通过与学校合作，开展面向青少年的夏令营、科学营、比赛等活动，鼓励学生参与科技研究和实践。日本宇宙航空研究开发机构还制作了大量的科普资料和教育视频，通过网络和媒体发布，向公众传播宇宙科学知识和相关技术。

（2）人才培养措施。

日本宇宙航空研究开发机构十分注重各种人才的培养，并积极采取多种措施，如支持青少年科学素质培养、支持学术研究和教育培养、建立职业生涯发展体系，以及建立国际交流与合作平台等，以推动人才素质和能力水平的提高。主要措施如图4-6所示。

一是支持青少年科学素质培养。日本宇宙航空研究开发机构与学校和其他组织合作，设计并推广以宇宙工程、空间科学和技术为主题的科普活动项目，以提升青少年的科学素质和创新能力。日本宇宙航空研究开发机构十分注重对青少年的科学素质的培养，每隔一段时间会有不同的青少年素质拓展活动，同时日本宇宙航空研究开发机构十分重视提升青少年们对宇宙、空间、物理的学习兴趣，并鼓励他们进行更深入的了解和学习。

二是支持学术研究和教育培养。日本宇宙航空研究开发机构设有许多实验室和研究机构，同时与日本国内外多所高等院校和研究机构建立了联合实验室，为学生提供实践机会和培训课程，培养未来的专业人才。例如日本宇宙航空研究开发机构与东京大学、名古屋大学、北海道大学、九州大学、筑波大学、日本大学、广岛大学等都有十分密切的联系。与高校联合实验室的建立极大地提升了学生们的专业素养，也为日本宇宙航空研究开发机构培养了一批又一批对宇宙航空研究开发有兴趣且具有专业技能的潜在科研人才。

三是与研究机构保持合作关系。日本宇宙航空研究开发机构与日本国内外的

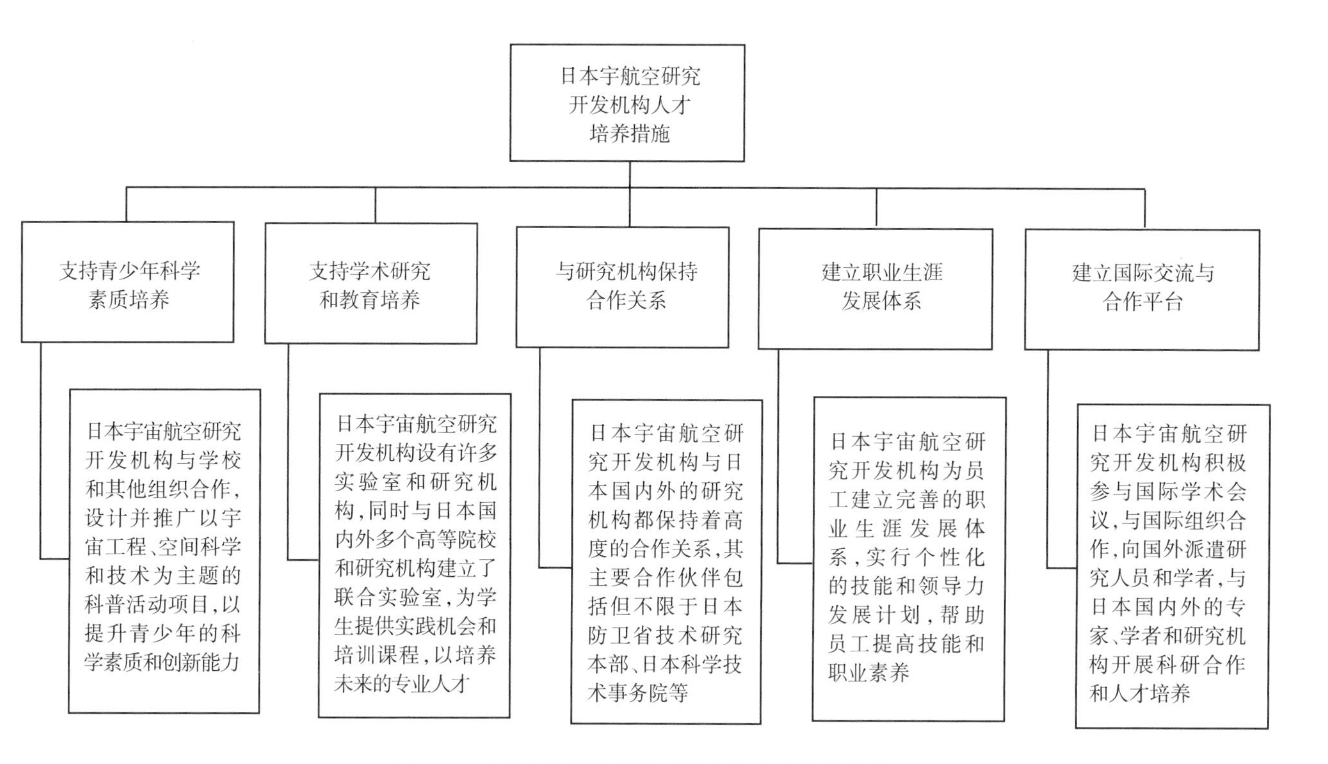

图4-6 日本宇宙航空研究开发机构人才培养措施

研究机构都保持着高度的合作关系，其主要合作伙伴包括但不限于日本防卫省技术研究本部、日本科学技术事务院、日本建设交通省国土技术研究所、日本原子能研究所等。日本防卫省技术研究本部是日本防卫省下设的特殊机构，主要作用是完善日本海陆空军的现代化装备以及适应新时代的全新战术。日本科学技术事务院是日本的独立行政机构，负责推动科学技术的发展和创新，以提高经济和社会的发展水平。它致力于推进国际同行合作、开展前沿科技研究、提供科技咨询服务、推广科普教育等多方面工作。日本原子能研究所是日本的核研究机构，负责研究和开发核能技术以及核材料的利用与处理。该机构是日本政府的代表，负责制定和实施国家的核政策和战略计划，同时也向民间提供核技术服务和科技咨询。日本原子能研究所主要关注安全和可持续发展问题，通过开展基础研究和应用研究，为实现核能的安全使用和有效治理做出贡献。

四是建立职业生涯发展体系。日本宇宙航空研究开发机构为员工建立完善的职业生涯发展体系，实行个性化的技能和领导力发展计划，帮助员工提高技能和职业素养。日本宇宙航空研究开发机构建立了职业发展手册作为科研人员的职业生涯发展指导。这份手册涵盖了多个方面，包括定期的职业生涯规划和评估、参加培训和进修活动的机会、检讨和评价的机制，等等。具体来说，日本宇宙航空研究开发机构的职业发展手册分为6个阶段，见表4-2所列。

表4-2　日本宇宙航空研究开发机构职业发展手册的六个阶段

阶段	职务名称	主要内容
一	初级职务	为新员工设立的职业发展规划，包括了解JAXA的组织和文化、工作范围和目标等内容
二	中级职务	为员工提供探索和进一步发展技能和职业规划的机会，例如赴海外参加研究、参加培训等
三	高级职务	对优秀的员工提供更多的机会，例如管理团队、领导项目等
四	领导级职务	专注于更高层次的领导工作，如制定策略、提升组织能力等
五	专业人员	对获得卓越成就的员工提供更广泛的职业发展机会和多样化的经验
六	退休	为即将退休的员工提供终身职业规划

日本宇宙航空研究开发机构通过定期的规划和评估、灵活的培训和进修机会、有效的检讨和评价机制等方式，建立和完善科研人员的职业生涯发展体系，积极给予员工持续学习、成长和提升的机会，鼓励他们在研究领域内不断发展和创新。

五是建立国际交流与合作平台。日本宇宙航空研究开发机构积极参与国际学术会议，与国际组织合作，向国外派遣研究人员和学者，与日本国内外的专家、学者和研究机构开展科研合作和人才培养。日本宇宙航空研究开发机构积极同例如亚太宇航合作组织、国际空间站、国际卫星观测联盟和国际宇航联盟等国际组织进行合作，促进人才交流和高端技术共享，以促进国际宇航技术的交流、合作和发展。

（3）人才激励机制。

为了吸引和留住人才，日本宇宙航空研究开发机构采取了多种激励机制，包括提供有竞争力的薪酬待遇、丰富的培训和发展机会、良好的工作环境、灵活的工作制度及绩效评估和奖励机制等。

首先，日本宇宙航空研究开发机构为员工提供了有竞争力的薪酬待遇，对研究人员、技术人员、高级管理人员等重点人才的薪酬待遇更加优厚。其次，日本宇宙航空研究开发机构为员工提供广泛的培训和发展机会，包括技术和领导力的培训、专业学术活动和研讨会等，以提高员工的专业技能和职业素养。除了日本宇宙航空研究开发机构的内部培训，它还会为员工提供与众多国际交流合作的机会。另外，日本宇宙航空研究开发机构采取灵活的工作制度，如实施弹性工作制度、工作安排和时间表等灵活制度，以提高员工的工作满意度。除此之外，日本宇宙航空研究开发机构提供了现代化的工作环境和设备设施，特别注重员工健康和舒适度。在员工绩效评估和奖励方面，日本宇宙航空研究开发机构制定了合理的绩效评估制度和奖励机制，鼓励员工在技术研发、项目管理、贡献和创新等各个方面都取得卓越的成就。日本宇宙航空研究开发机构采取了全方位的绩效激励机制，根据员工的贡献和潜力提供薪酬待遇、培训发展、工作环境等的相应的绩效激励，以吸引和留住宇航领域的专业人才。

2. 日本国立材料科学研究所的人才培养

（1）人才培养目标（如图4-7）。

日本国立材料科学研究所作为全球领先的材料科学研究机构之一，其人才培养目标非常清晰和明确。日本国立材料科学研究所为实现目标，一方面坚持人才自主培养；另一方面也与国内外高水平产学研机构进行合作，通过提升科研人员的素质、培养科学家的领导能力，积极推动材料科学的发展和进步。

一是培养具有“国际视野”的高层次人才。在全球化和国际化的背景下，日本国立材料科学研究所积极推动交流与合作，提倡国际化与多元性，培养具有开放视野和国际竞争力的科技人才。通过与外国科研机构的合作，日本国立材料科学研究所不仅可以吸收国际先进技术和管理经验，同时也可以培养材料科学领域的高层次人才，使得研究水平和竞争能力较为接近国际先进水平。

二是培养具有多学科背景的复合人才。作为一门交叉学科，材料科学涉及化学、物理、材料、电子、机电等多个学科领域。在日本国立材料科学研究所人才培养目标中，交叉学科与多学科背景学者的培养是一个重要方向。

三是培养具有管理能力和领导力的综合人才。日本国立材料科学研究所通过不断推出新的培训计划培养科研人员的综合素质，包括口头表达能力、写作能力、商业化转化能力等，同时注重培养科学家的领导能力。日本国立材料科学研究所秉承在人才培养中采用“学习、思考、实践并行”的方法，利用学校的社会资源，培养科学家的管理和组织能力，并增强他们的成就感和创新意识。

四是培养多元化发展的核心人才。作为一家国家级研究机构，日本国立材料科学研究所不但注重科学家的研究能力，还关注科学家的职业发展。日本国立材料科学研究所鼓励员工在学术研究方面不断突破，同时支持员工在其他领域发展，如企业管理、咨询等领域。通过实现多元化的职业道路，科学家可以更好地建立自己的核心竞争力，并在物质利益及职业发展方向上有多方面的保障。

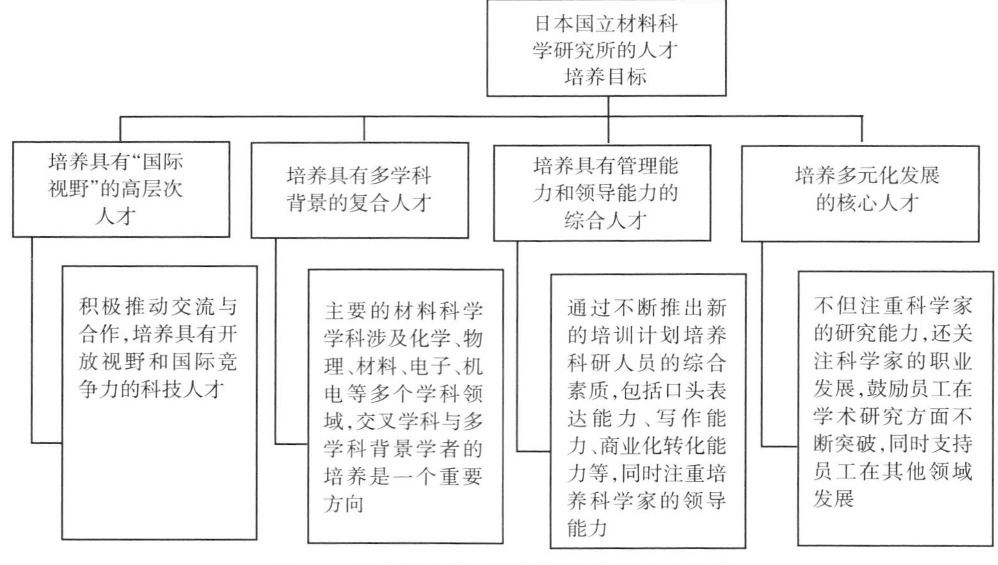

图4-7　日本国立材料科学研究所的人才培养

（2）人才培养措施。

日本国立材料科学研究所的人才培养措施完善，为日本材料科学研究培养了大量优秀人才。其措施主要有以下几项。

一是提供学术研究的扶持。日本国立材料科学研究所在学术研究方面注重培养团队合作能力、严谨治学的基本素质和全面深入的学科理论知识。日本国立材料科学研究所为研究人员提供了从初级到高级的各种学习培训课程和类型，包括暑期学校、专业研修班等。通过这些培训课程，可以提升研究人员的专业素质、业务水平和团队合作能力，使其更好地完成科学研究任务。

二是加强学术交流和国际化合作。日本国立材料科学研究所非常强调国际化科技交流和合作，鼓励研究人员开阔视野，拓展国际化资源。为了加强国际交流，日本国立材料科学研究所组织了许多学术会议、研讨会和展览活动等，邀请海外学者，企业家，官方、产业界和美术界代表等前来参加，以加强国际学术合作交流。

三是挖掘人才潜力，提升领导力。日本国立材料科学研究所注重培养科学家的领导力和管理能力，不仅针对科研人员的专业技术素质进行培养，还着重培养科研人员的领导力和管理能力。为此，日本国立材料科学研究所多次开展了领导干部提升班和管理课程学习，科研人员可以通过各种学习和参加培训提高自己的综合能力，从而更好地承担科研职责和完成科研任务。

四是加强商业知识积累。在经济全球化背景下，日本国立材料科学研究所十分注重对科研人员商业化能力的培养和技能提升。它鼓励科学家参与产业化转化、主动了解市场，为基础材料研究提供更好的应用空间。同时，在商业管理领域内开设更多的培训课程，包括创业课程、管理课程等，让研究人员可以真正做好从基础研究到市场应用的全流程创新工作。

五是建立专业人才库。日本国立材料科学研究所注重建立专业人才库，这既为研究所发展提供了坚实的支持，也为日本国立材料科学研究所的发展储备了优秀的人才。研究所通过多种方式吸引材料领域的优秀研究人才，如在各材料领域内设立研究中心，常年聘请材料科学领域的专家作为咨询顾问，建立长期合作关系，等等。在这些举措之下，日本国立材料科学研究所在人才共享和交流方面拥有更大的优势。

总之，日本国立材料科学研究所在人才培养方面拥有较为完善的体系，从学术研究的扶持、学术交流和国际化、领导力和管理能力的提升、商业化知识培养，到建立专业人才库建设，日本国立材料科学研究所为研究人员提供了一个全过程的、全面的人才培养体系，为加速材料科学技术的推广和转化提供了有力的保障。

（3）人才激励计划。

日本国立材料科学研究所作为日本最具有竞争力的材料科学研究机构之一，其在人才激励方面，实行了多种形式的表彰与奖励机制，使研究员不仅能够有机会在自己的科研领域中获得重要的成果，而且能够感受到他们的工作成就所带来的快乐与满足。

一是丰富的奖励机制。在科学研究方面，日本国立材料科学研究所设置了丰富的奖励形式，例如特别表彰、嘉奖、年度最佳科学家奖、优秀演讲论文奖及国际会议报告奖等。日本国立材料科学研究所每年会设置表彰会，为当年获得表彰的研究人员授予特别表彰并颁发徽章。其中，特别表彰主要是用来奖励那些获得突出的材料科学研究成果的科研人员；嘉奖主要是鼓励研究人员在各个领域所取得的优秀的成果，为嘉奖状和奖励金；年度最佳科学家奖用于表彰在科学技术方面可以进行跨部门合作的科学家，会颁发奖金和证书；优秀演讲论文奖旨在表彰在讲座、国内外学术会议等场合中的优秀发言者；国际会议报告奖旨在对在国际学术会议中发表过优秀报告的研究员进行表彰。

二是丰厚的工作待遇和福利。这主要包括绩效和工作表现的报酬、职业培训、享受日本国家公务员福利待遇等。绩效和工作表现的补偿是指日本国立材料科学研究所实行以成果为主导的绩效工资制度，研究员的工资与绩效绑定，研究员的实际工资水平与其研究成果、学术发表的成果、研究经费等紧密相关。日本国立材料科学研究所的科研人员享有完善的薪水和福利待遇，包括缴纳养老金、劳动保险、医疗保险及工伤保险等，享受日本国家公务员福利待遇。

三是持续的人才引进机制。日本国立材料科学研究所制定了持续的人才引进机制，以吸引国际上的优秀人才到研究所工作，为研究所的持续发展提供源源不断的人才支援。对于已经到岗工作的人才，日本国立材料科学研究所也不断完善内部培养机制，为研究员职业生涯的发展提供支持。

4.2.4　日本国家实验室体系人才培养的启示

1. 储备丰富人才，打造科研人才体系

大科学时代的科技创新活动呈现出广泛的学科领域、多学科交叉融合、多领域协同等特征，在人员规模和结构组成上都不同于普通的科研机构。日本国家实验室体系不仅采取多元化的人才培养方式，从多个方面加强人才培养和提高人才能力，分类培养创新能力突出的研发人才、高水平的技术专家和专业技术人才及科普人才，还在专业技术领域培养和储备了丰富的基础研究人才。

以日本宇宙航空研究开发机构为例，2003年，该机构员工数量就已经达到了1772人（除派遣制员工外），之后虽然人员人数略有下降，但近年来仍然维持在1500人以上的较高水平，以确保有足够的人员规模和人才储备，来支撑其在宇宙航空研究开发领域的基础研究工作。2003—2018年日本宇宙航空研究开发机构员工数量如图4-8所示。

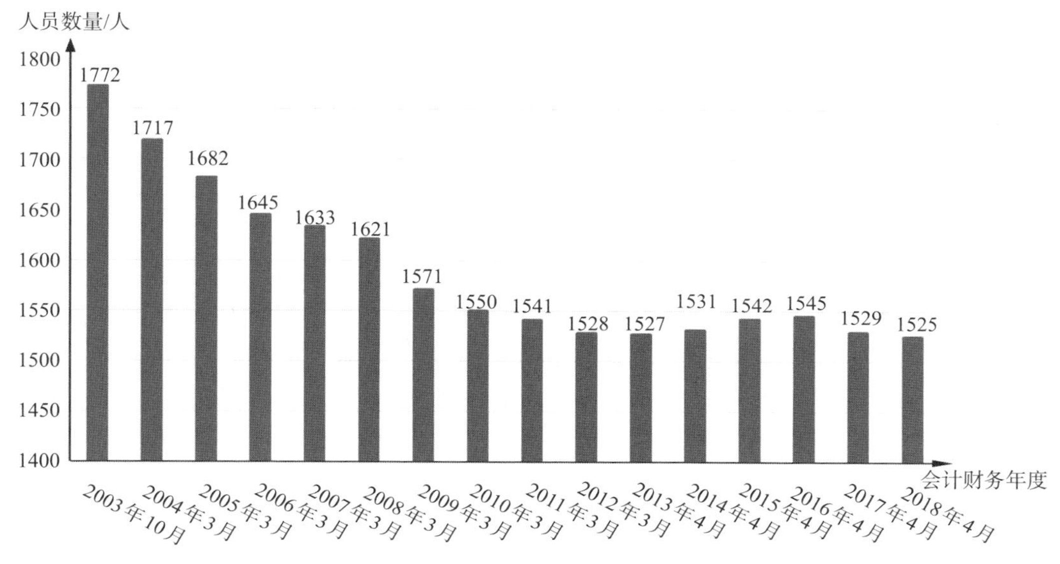

图4-8 2003—2019年日本宇宙航空研究开发机构员工数量

在世界上有影响力的国家实验室或者是大型科研中心中，不仅有科学家、工程师、技术人员，还有博士后、访问学者等其他多元化的人员。其中，科学家和工程师属于国家实验室研究的主要力量，研究辅助人员指的是协助科学家和工程师完成研究的科研力量，技术支持人员主要负责网络及设备维护，博士后研究人员及访问学者主要起到研究辅助和支撑的作用。日本国家实验室体系为创新人才的培养提供了多种方式和机会，该体系内的实验室与日本国内的多所大学合作，不仅在科研、技术、管理、人员流动等方面建立起一套完整的人才培养体系，而且也为大学生和研究生提供了大量的实习机会，为他们提供集合全球先进知识和技术的机会；同时提出青年研究员计划，该计划面向35岁以下的博士生和博士后学者，旨在鼓励他们在日本国家实验室担任研究员，并为他们提供一个可持续创新性研究的平台，让他们实现自己的科学愿望。

2. 构建多个平台，加强国际交流合作

日本国家实验室体系通过建立多个平台来推动国际交流与合作，与世界其他国家和机构共同推动技术的发展。该体系内的实验室通过参与国际学术会议、与国外组织机构进行合作等方式，促进了国际的学术交流与合作，同时也为本国人才培养提供了更广阔的平台。例如，日本宇宙航空研究开发机构为促进国际宇航技术的交流、合作和发展，与亚太宇航合作组织、国际空间站、国际卫星观测联盟和国际宇航联盟等建立了广泛的合作交流。其中，亚太宇航合作组织成立于2008年，由中国、伊朗、印度、蒙古国、巴基斯坦、泰国、土库曼斯坦七个国家组成，总部设在北京，旨在促进亚太地区宇航合作发展；众多日本国家实验室都是其成员，与其他成员共同加强卫星技术、地球观测与空间科学的研究和应用。国际空间站是目前人类研究和开发的最大和最复杂的太空站，日本宇宙航空研究开发机构是其国际合作伙伴之一，在许多方面都有参与，例如国际空间站的供给和支持、研究和测试、人员培训等。国际卫星观测联盟是一个由世界各地的卫星观测机构组成的洲际性组织，旨在促进卫星观测技术和数据在全球范围内的共享和交流。日本国家实验室与该联盟其他成员共同开展了许多地球观测研究和联合管理项目。国际宇航联盟与其他几个机构不同，属于非营利性国际组织，旨在促进全球宇航领域的共同发展。作为国际宇航联盟的成员，可以参与各种展览和会议，与各国宇航机构和企业开展合作，推动宇航技术的交流和创新。

3. 加大财政投入，着力培养创新人才

日本国家实验室体系通过多种方式和机会积极开展创新人才的培养，提供各种政策支持和资金资助，并与日本的大学和其他组织合作，旨在培养优秀的人才并为未来的研究活动奠定基础。1986年，日本政府颁布了《科学技术政策大纲》，指出要“加强基础研究”，此后，据此大纲，日本政府各省厅开始以基础研究为中心，为振兴富有创造性的科学技术而采取各种支持政策，极大地刺激和促进了日本科技的快速发展。在资金资助方面，以日本宇宙航空研究开发机构为例，日本国家实验室不仅有相应的政策支撑，同时还拥有创新研究支援计划，该计划为新思路和研究方向提供资金支持，旨在激发未来研究活动的创新，日本宇宙航空研究开发机构的预算支持一直维持在1500亿日元以上，能够较好地满足创新研究开发的需求。2006—2018年，日本宇宙研究开发机构预算如图4-9所示。

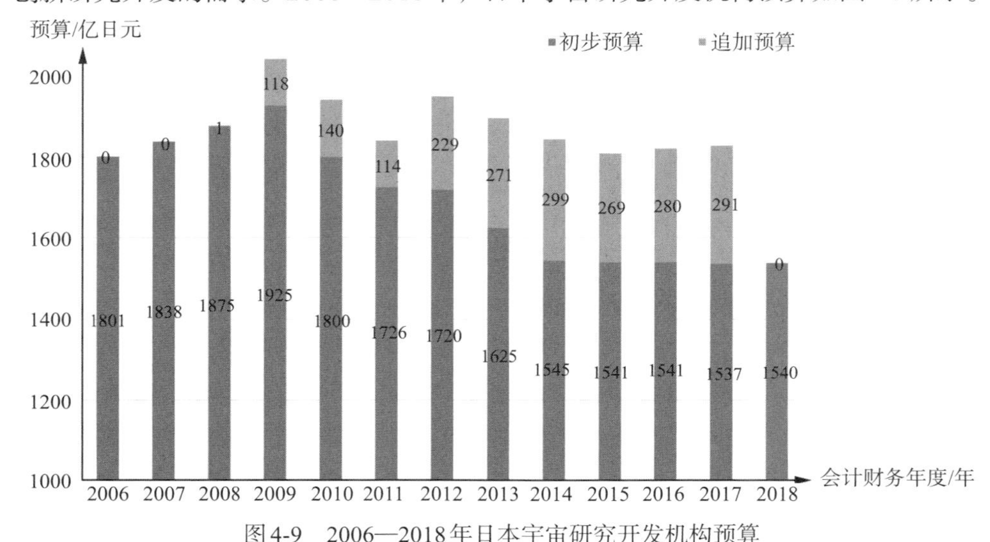

图4-9　2006—2018年日本宇宙研究开发机构预算

4.3 德国国家实验室体系运营及人才培养

4.3.1 德国国家实验室体系概况

德国国家实验室体系，以其多元化结构和高效协同机制为核心，对国家科研创新发挥着至关重要的作用。该体系主要由以下几部分构成。

1. 企业国家实验室

企业国家实验室是德国科研体系中的关键组成部分，由大型企业设立，以市场为导向，专注于产品技术的研发与创新。这些实验室不仅追求企业技术的自我提升，更致力于推动整个行业的技术进步。通过与政府、高校及其他科研机构的紧密合作，企业国家实验室在技术创新与产业升级中占据举足轻重的地位。

2. 高等院校国家实验室

德国高等院校内设立的国家级实验室，是基础理论、应用研究和社会科学研究的重要基地。这些实验室不仅培育了大量科研人才，还通过与企业的合作，成功将科研成果转化为实际生产力，对德国经济社会发展产生了深远影响，成为德国科研体系的中坚力量。

3. 独立非营利公立国家实验室

德国拥有诸多世界知名的独立非营利公立科研机构，其下设的国家级实验室，如马克斯·普朗克科学促进学会（简称“马普学会”）、弗劳恩霍夫应用研究促进协会（简称“弗劳恩霍夫协会”）、亥姆霍兹国家研究中心联合会（简称“亥姆霍兹联合会”）和戈特弗里德-威廉-莱布尼茨协会（简称“莱布尼茨学会”），在基础与前沿领域的研究中处于领先地位。这些实验室凭借独特的科研定位、先进的科研设施及高水平的科研团队，为德国科研事业做出了巨大贡献，成为国家实验室体系中的核心力量。

4. 联邦与各州直属国家实验室

联邦与各州直属国家实验室由政府直接管理和资助，承担着国家级科研任务，为政府部门提供专项科研服务。这些实验室在国防、环境、能源等多个领域开展前沿研究，通过技术创新为国家的可持续发展提供坚实支撑。同时，通过合作与交流，不断提升科研水平，为德国科研事业注入新的活力。

综上所述，德国国家实验室体系由企业国家实验室、高等院校国家实验室、独立非营利公立国家实验室及联邦与各州直属国家实验室等多元化组成部分构成。这些实验室通过紧密的合作与高效的运行机制，共同推动了德国的科研创新和科技进步，为国家经济社会发展做出了重要贡献。

4.3.2 德国国家实验室体系运营模式

1. **管理体制**

（1）外部管理体制。

在宏观层面上，德国国家实验室体系外部管理体制采取的是“一级管理体制”，这一管理体制的核心特点是政府直接管理和监督科研机构的运作。大部分德国国家科研机构（实验室）由政府所有、政府管理，这些政府部门可以是联邦政府的教育和研究部门、经济和能源部门，或者是地方政府的相关部门。政府在管理中扮演着主导的角色，负责制定科研政策、提供经费支持和监督管理。[①]

在一级管理体制下，政府对国家实验室体系的管理具有较高的集中度。政府通过设立专门的管理机构或部门来负责科研机构的管理工作。这些管理机构通常由政府官员或专业人士组成，有专门的科研管理经验和知识。政府在一级管理体制下对国家实验室体系的管理包括但不限于以下方面。

一是制定科研政策。政府负责制定科研政策，确定国家实验室和科研机构的发展方向和重点领域。二是经费投入和分配。联邦政府和州政府负责为国家实验室体系提供经费支持，并根据科研机构的需要进行合理的分配。三是人员管理。政府负责制定相关人才引进计划及立法，以此保障实验室人才培养制度的落实，并对引进的优秀人才提供各种奖励措施。四是监督管理。政府对国家实验室体系的运作进行监督管理，确保其按照政府的政策要求和规定进行科研活动。

一级管理体制下，政府直接参与和主导国家实验室体系的管理，旨在提高管理效率和科研质量。政府的直接管理能够保证国家实验室体系的发展与国家科技发展战略的一致性，并为科研机构提供稳定的政策支持和资源保障。同时，政府的监督和管理也有助于科研机构的规范运作，提高科研成果的产出和应用效果。

（2）内部管理体制。

德国国家实验室体系内的科研机构的内部管理体制一般由理事会、学会会长、执行委员会、学会会员大会、科学咨询委员会和科学学部组成。其组织管理实行理事会决策、机构法人代表负责（学会会长）、监事会监督、科学委员会咨询的管理体制。德国的国家科研机构大多属政府创建、学会自治的形式。理事会包括政府部门、科技界、工商界和劳工界的代表及部分推选人员。理事会是德国国家级实验室和科研机构的最高决策机构，负责实验室的战略规划和预算管理，确定科研方向、审议预算和经费分配方案，审议年度工作报告和财政决算报告，任免科研机构（研究中心）主任等；学会会长是最高行政主管，对理事会负责，

① 刘文富. 国家实验室国际运作模式比较[J]. 科学发展，2018，No.111（02）：26-35.

管理包括财政、行政和科研的日常事务；监事会是实验室的监督机构，负责监督它们的财务状况和科研活动；咨询委员会负责向国家实验室提供研究方向、发展目标、财务状况及其他需要咨询的意见；另外还设有行政管理部门，如马普学会设行政管理部主持学会日常事务，亥姆霍茨联合会设专门管理协调机构[①]。

在管理体制方面，目前德国国家级实验室和科研机构的管理存在着三种模式。一是由政府拥有的、由政府管理的实验室（GOGO）；二是由政府拥有的、受委托经营的实验室（GOCO）；三是由合同当事方拥有和经营的实验室（COCO）。[②]不同的实验室在经营方式、科研方向等方面存在着显著的差异。德国的国家实验室和科研机构，目前基本上都采用GOGO管理模式。政府会与各重点实验室签署科研协议，明确各重点实验室的科研方向、科研目标及经费保障。在学术、管理和经济关系等方面，实验室与依托单位相互促进，相辅相成。

2. 运行机制

德国国家级实验室和科研机构在运行机制上实行经费竞争制、所长选聘制、开放流动的用人制、设备资源共享制、绩效评估制等。

（1）经费竞争制。

德国目前使用的是一种以联邦政府和地方政府为主，以社会组织为主体，以社会团体为主体的多元化投资模式，并以此为基础，对国家实验室体系进行投资。而德国的国家级实验室和科研机构一般都是以独立法人的方式来运作的。[③]在经费支持上，主要由联邦政府和州政府进行支持，占比通常为联邦政府90%、州政府10%。政府的经费支持用来确保实验室的稳定发展，但同时引入竞争机制。比如，德国政府为亥姆霍兹联合会的运作提供了相对稳定的财政资助，但通常政府不会完全资助。2013年德国亥姆霍兹联合会的资金预算中，联邦与各州以9：1的比例承担70%的预算，其余的30%则是从第三方资金中获取，即各个研究中心以竞争的形式（包括与外界的公私合作）获取。[④]除了德国亥姆霍兹联合会，德国马普学会、莱布尼茨学会和弗劳恩霍夫协会在政府提供支持的基础上，也存在着经费竞争机制。这种模式在保证国家级实验室和科研机构平稳运行的基础上，也能促进它们的有效竞争，有利于国家科研的可持续发展。

① 黄继红，刘红玉，周岱等. 英德法国家级实验室和研究基地体制机制探析[J].实验室研究与探索，2008，(4)：122-126.

② 刘文富. 国家实验室国际运作模式比较[J]. 科学发展，2018，(2)：26-35.

③周华东，李哲. 国家实验室的建设运营及治理模式[J]. 科技中国，2018，No.251(08)：20-22.

④ 李宜展，刘细文. 国家重大科技基础设施的学术产出评价研究：以德国亥姆霍兹联合会科技基础设施为例[J]. 中国科学基金，2019，33(03)：313-320.

（2）所长选聘机制。

德国国家级实验室和科研机构一般在世界范围内选聘研究所所长或主任，由该机构的理事会投票决定任命和撤销研究所所长。在德国，研究所所长或主任必须是博士学位获得者，并拥有长期的科研经验。另外，实验室和研究机构也可通过聘请外籍人员担任所长以扩展或丰富研究团队的多样性。德国研究所所长拥有对研究方向和研究内容的自主选择权，并不受该机构及相关学部的限制。

（3）开放流动的用人制。

德国的国家级实验室和科研机构，大多采取了固定和流动相结合、全职和兼职相结合的工作方式。它们下属的研究所所长享有人员聘用和解聘权限。一般情况下，德国的国家级实验室和科研机构会根据研究工作的实际需求情况，自主设置岗位，招聘人员数量；面向全世界招聘科研人员，以岗位、能力、学历、贡献为依据，支付其工资，其工资水平比国家公务员要高。德国的国家级实验室和科研机构通常采用合同制的方式，以明确单位与被聘人员之间的权利与义务。大多数情况下，使用的是任期年限制。通常情况下，聘期为3～4年，期满之后，会对被聘人员进行定期评估，以决定是否继续聘用。流动人才主要是指博士生、博士后和访问学者等在国外有突出贡献的科研人才，如果有必要，可以把这些流动人才转变成固定人才。德国的国家级实验室和科研机构也会针对重大课题、新课题等组建临时性研究团队，其成员可以由多个单位组成，也可以从研究所内部和外部招募临时性研究人员。项目完成后，合作关系终止，研究者返回各自的工作岗位，继续从事相关的研究。因而，德国的国家级实验室和科研机构人员流动性较高，有助于其开展各项研究，也一定程度上对世界各地的人才产生吸引力，对国家实验室体系的人才引进有所帮助。

（4）设备共建共享。

大型仪器设备的建设使用与管理是国家科研机构的一项重要任务。德国联邦教育和研究部会根据欧盟路线图制定适合德国国情的《研究基础设施路线图》，详细介绍德国重大科研设施的建设、运行情况，明确重点设施项目建设方向。在重大研究设施的共享方面，建立在德国的欧盟联合研究中心基于两种共享模式进行了试点。一是关联共享模式。此模式适用于科学研究或经济相关的科研基础设施的开放共享，主要有项目征集和同行评议等方式，针对高校、科研机构和中小企业，科研设施单位收取一定费用，但费用支付方式灵活，具有一定的公益性。二是市场共享模式。它主要针对企业，使企业支付运行费用进行设施共享。[①]此

① European Commission. Joint research centre[EB/OL].(2022-11-27)[2022-11-27]. https://joint-research-centre.ec.europa.eu/knowledge-research/open-access-jrc-research-infrastructures_en#paragraph_114.

外还通过多学科交叉、国际合作方式和网络化通信等手段与国内外科学家共同开展高新技术研究等方式，最大限度使用高精尖仪器等。如亥姆霍兹联合会受联邦政府委托负责建造、运行和管理大型科学实验装置和试验中心，对大学和工业界开放、对国外研究机构开放。

（5）评估机制。

德国已经形成了一个涵盖高校、科研院所和各种科研机构的科研评价体系，并组建了一个由德国科技咨询委员会组成的专业评价咨询机构集团，遵循公开透明、全面参与、真实可信、公开一致的原则，采用内部评价和外部评价相结合的方式，重点关注科研能力、成果产出、运行情况、应用效果、咨询服务、社会影响力等方面，对科研机构（包括国家实验室体系）进行制度化评价。德国的科研评价包括对研究项目的评价、对同领域研究所的评价、对研究机构的整体性评价。每两年进行一次评价，评价结果将为下一步的科研计划提供参考。评价分为事前评价和事后评价，基本方法是采用同行专家评议。专家评价的程序通常是首先阅读以定量资料为主要内容的研究报告；然后进行现场调研，对项目进行深入的了解；之后进行小组讨论；最终形成评价报告。

4.3.3 德国国家实验室体系的人才培养

本节以亥姆霍兹联合会和马普学会为例，介绍德国国家实验室体系的人才培养方案。

1. 亥姆霍兹联合会的人才培养

亥姆霍兹联合会是德国最大的科研组织，主要从事中长期国家科技任务导向和基于大型科学设施的研究，站在国家和国际科研群体的层面设计并运行大型综合科研设施和技术装备，并且实施每5年为1周期的战略研究计划。目前，亥姆霍兹联合会下设18个研究中心，负责多个重大科技基础设施的运营和管理工作，建设有能源、地球与环境、健康、航空航天与运输、物质和关键技术六大研究的观测、考察、光源、风洞、卫星、计算、强磁场、显微、加速器、聚变等设施。①

（1）人才引进与招募。

亥姆霍兹联合会是世界著名的科研机构，在科学研究、工程技术、医学及生命科学领域都有非常强的实力，近年来，该组织在招聘和引进人才方面取得了重要进展。2017年5月，亥姆霍兹联合会发布了《关于提升新形势下高水平研究人员招聘和引进能力的战略规划》，其主要目的是在全社会范围内寻找未来科技创新所需的高水平科研人员，并对其进行长期的、持续的培养。亥姆霍兹联合会在

---

① 整理自德国亥姆霍兹官网。

人才招聘和引进方面取得了重要进展，具备以下特点。

一是招聘范围广泛，不仅针对德国国内，还针对世界范围内的人才。亥姆霍兹联合会是欧盟成员国中最大的科研机构，在全球拥有超过7万名员工和近万名博士学位获得者。亥姆霍兹联合会每年招聘约2000名研究人员，其中约600名为外籍研究人员，这些人才的国籍、学历和专业背景各异，在其所属领域都具有很强的竞争力。此外，亥姆霍兹联合会还面向全球招聘机构负责人，每年都有超过2000名来自全球不同国家、不同专业的研究人员加入其科研网络。例如，2016年该组织面向全球招聘了100名来自14个国家、40个不同专业领域的研究人员。

二是以项目为导向，注重人才引进精准化、细分化。亥姆霍兹联合会每年都会与多个国家的相关机构合作，进行多种形式的招聘，旨在寻找具有创新潜力的研究人员。例如，亥姆霍兹联合会与联合国教科文组织合作，每年都会招募至少30名研究人员参与其“社会与环境政策”项目，从事人口、能源和城市发展等领域的研究。亥姆霍兹联合会通过建立数据库，为其开展精准招聘提供了准确依据。其下共有18个独立的科技中心，每一个中心都专注于不同的细分领域，按照每个细分领域精准引进人才。

三是以招聘为主，同时注重做好招聘前的准备工作。亥姆霍兹联合会在招聘过程中通常不直接进行面试，而是通过电话、邮件等方式与应聘者沟通交流，了解其研究兴趣、工作经历、职业规划及求职动机等情况。在亥姆霍兹联合会的人才招聘条件中，不仅要求应聘者拥有博士学位或高级专业职称，还对应聘者的科研成果、学术水平、语言能力等方面提出了较高要求。

（2）人才培养渠道。

亥姆霍兹联合会通过下列途径来培养人才。

①亥姆霍兹领导学院的培养。

亥姆霍兹领导学院的合作伙伴包括OSB国际咨询公司、圣加仑大学公共治理研究院，IBM公司负责其网络学习平台的设计。[①]该计划面向年轻的科学家和管理人员及经验丰富的员工，为其提供一系列的组织及管理专项课程，来提升参与者的科研及领导、组织、协调、应变等能力。在课程和培训过程中，参与者将学会策略性地工作、有效地组织及成功地领导的方法。该计划对亥姆霍兹联合会的管理人员开放，也对合作组织和大学的成员开放。提供的课程种类繁多，适合参与者各自的职业阶段。

亥姆霍兹领导学院教学培养主要有四个方面的重点。一是提供以科学为重点

① 张虹冕，赵今明. 德国亥姆霍兹联合研究会建设特点及其对我国的启示[J]. 世界科技研究与发展，2018，40（03）：290-301.

的管理培训。亥姆霍兹领导学院使用真实材料和真实案例，确保以与科学管理相关的方式应用一般管理技术。该方法侧重于以活动为导向的学习。每门课程最多有15名参与者，2名培训教授。二是提供针对参与者职业阶段核心任务的个性化培训。这些课程根据不同目标群体的需求量身定制。三是提供个人职业发展规划。亥姆霍兹领导学院课程为参与者提供评估其职业道路的机会。四是为参与者提供社交机会。培训课程、有特邀嘉宾的晚会等为学院校友提供了广泛的社交机会。[①]此外，所有的课程参与者与学院的校友建立了联系，为他们之间的未来科学合作建立了重要基石。

②亥姆霍兹青年科研团队计划。

亥姆霍兹青年科研团队计划使优秀的博士后有机会建立他们自己的研究团队。如果有申请该项计划的学者，首先需要直接向亥姆霍兹中心申请自己的研究项目（全年均可联系）。亥姆霍兹中心将进行预选并设定申请截止日期。一旦申请被提名，亥姆霍兹总部通常会对申请人的提案进行至少2次科学审查。最后会有大约18名申请者被邀请参加最后一轮的选拔。入选者需要将自己介绍给由亥姆霍兹联合会主席主持的跨学科国际小组。该小组每年最多选择9名青年研究者科研团队进行资助。[①]凡是具有2～6年博士后学位，并在国外从事研究，且研究方向与亥姆霍兹联合会6个主要研究方向相吻合者，可考虑申请该团队计划。

通过竞争筛选后的团队将获得由亥姆霍兹联合会提供的经费，资助其研究5年，资助总计至少150万欧元。该计划使许多才华横溢的研究人员开始走上独立的科研生涯。那些领导亥姆霍兹青年科研团队的人，还有机会在他们的研究领域进一步确立自己的地位，并在科学界获得很高的知名度。此外，初级科研团队负责人还要参加亥姆霍兹领导学院的培训计划，科研团队与大学合作伙伴也有着密切联系。通过这种方式，科研团队负责人获得了宝贵的教学经验，建立了重要科研的网络，并获得了成功从事科学事业的所有资格。该计划还提供了一个可靠的机会，即经过积极评价后，初级科研团队负责人将在亥姆霍兹联合会获得永久职位。截至2023年，亥姆霍兹联合会已经支持了超过200个青年科研团队，超过250名博士后以这种方式得到支持。他们中的大多数人获得了大学的职位，同时仍在领导他们的科研团队。

③亥姆霍兹博士研究生培养。

亥姆霍兹联合会特别重视对博士生的严格监督和教育，为了保证其培养的博

---

① 整理自德国亥姆霍兹联合会官网。

士生的质量，博士生培养的按照亥姆霍兹博士指导方针进行，例如：通常情况下博士生由3名具有博士学位的科学家（博士委员会）监督；博士期间的任务和职责在一开始的协议中明确定义；博士学位的内容和程序的设计方式通常可以在3～4年后完成；通常在社会保险的基础上雇用博士生；合同期限与博士学位的预计期限一致；博士生定期与导师交流项目进展情况；此外，博士生与整个博士委员会的会议至少每年举行1次等。为了更好地对招收的博士生进行教育，亥姆霍兹联合会还创办了专题博士生班和博士研究生院。专题博士生班以科研项目的形式招收优秀博士生并开展专题研究，博士研究生院则为联合会制定培养后备人才的学历教育计划。所有的博士生有薪水，并由合作大学授予博士学位。

④亥姆霍兹国际研究学院。

亥姆霍兹联合会在2018年成立了为博士生参与国际科学研究提供平台的亥姆霍兹国际研究学院。亥姆霍兹国际研究学院是亥姆霍兹联合会与大学和国际合作伙伴一起创办的学校。亥姆霍兹国际研究学院为学生提供出色的监督、实践培训和量身定制的职业支持。在学院里，最多25名博士生共同专注于一个研究课题。通过这种方式，使博士生获得科学交流的重要经验，并通过团队合作扩展了他们的专业知识和个人素养。

⑤亥姆霍兹联合会提供关键能力培训。

亥姆霍兹联合会与来自伦敦帝国理工学院和萨里大学经验丰富的培训师一起开发了“关键能力培训”。它包括3个持续数天的研讨会，这些研讨会的内容包括工作组织、项目和时间管理、团队合作和沟通，演讲技巧、写作训练和出版策略，个人管理风格的职业规划和发展。

⑥亥姆霍兹信息与数据科学学院。

亥姆霍兹信息与数据科学学院是亥姆霍兹协会信息与数据科学领域知识交流的中心枢纽。它是6个信息与数据科学研究学院的顶层组织，由德国13个国家研究中心和17所一流大学组成。预计到2025年，该学院将培养超过250名全额资助的博士研究人员。在亥姆霍兹信息与数据科学学院的博士研究人员将学习如何将亥姆霍兹6个研究领域的知识与领先的计算机科学和数学学院的数据科学方法相结合。该学院将对年轻科学家进行高水平的培训，并将来自顶尖大学和亥姆霍兹联合会项目的数百名学科带头人联系起来。此外，亥姆霍兹信息与数据科学学院还为科学家提供了有吸引力的机会，让他们可以通过各种方法获得培训和继续教育，并成为国际数据科学网络的一部分。[①]

① 整理自德国亥姆霍兹联合会官网。

除了提供学习的机会，通过亥姆霍兹信息与数据科学学院的实习生网络，亥姆霍兹研究中心的博士研究人员和博士后可以获得资助，并有机会在另一个亥姆霍兹的研究中心进行1～3个月的研究，将他们的专业知识应用于另一个研究项目。亥姆霍兹访问研究员补助金将支持国际科学家及其他机构和行业的研究人员在18个亥姆霍兹研究中心之一入住并进行相关研究。如果对国际交流感兴趣，有机会访问其他国家的合作机构并进行短期研究，并且有机会在自己的研究小组中接待一位访问科学家1～3个月，并一起研究数据科学项目。该学院的数据科学工作委员会有亥姆霍兹社区中所有开放的数据科学职位，可以帮助学院寻找新的适合自己的职位。[①]

（3）人才评价考核与激励。

亥姆霍兹联合会是德国最大的科研机构，拥有德国科研领域最权威的评价体系，从人才评价、考核和激励三方面入手，全方位推进科研事业发展。

①人才评价原则及内容。

亥姆霍兹联合会在人才评价上秉持着“客观、中立、公正”的原则。以同行评议为主，由各大领域的专家组成专业委员会进行评估，保证评价的公正性。评价标准涵盖创新成果的实际意义、社会影响、科研潜力等多个方面。创新成果的实际意义，即创新成果是否具有前沿性、原创性和实用性，这是评价的基础。社会影响，即创新成果是否能够促进人类社会发展。科研潜力，即创新成果是否能够在现有的研究基础上有进一步提升和发展，创新成果是否具有良好的转化前景。

②人才评价关键指标。

在人才考核方面，亥姆霍兹联合会对人才考核时间较长，且呈现周期化的特点。一般制定“5年绩效目标”，以5年为考核单位。评估指标具体包括战略计划完成情况、重点课题实施进度、科研人员素质与结构、科研设施水平与利用率、“竞争性资金”的比例与组成、成果转移数量和收益、客户结构与满意度等内容。在此基础上，文章发表的数量只是一个参考（主要评价的是学术成果的质量）。如果研究团队在某一领域有了重大的突破，那么下一年度就会有更多的资金投入，让研究团队有能力去完成更大的研究任务。

③人才激励机制。

在人才激励方面，亥姆霍兹联合会和德国其他科研组织一样，对科研人员提供了高额的薪酬，科研人员工资和福利都比较稳定。虽然在德国不同地区教授的薪资水平有一定的差距，但是在该联合会工作的研究人员，能保证其薪水基本上

① 整理自德国亥姆霍兹联合会官网。

高于本地平均工资水平的两倍。科研工作者除了有基本的工资待遇之外，还有政府的特殊福利待遇。有些在某一专业领域取得卓越成绩的教授，其薪金待遇可能更高。除此之外，亥姆霍兹联合会为了表达对科研人员卓越创意的认可，每年都会为6个研究领域中最优秀、最具原创性的博士论文颁奖。通过这种方式，为年轻科学家提供有针对性的支持，并吸引有才华的人长期从事研究。获奖者将获得5000欧元的一次性奖金。此外，亥姆霍兹联合会还为科研人员提供每月2000欧元的差旅和材料费用津贴，支持其在国外逗留，这笔款项的期限最长为6个月。[①]此举措有助于鼓励科研人员进行更好的合作交流，为德国的科研发展打下坚实的基础。

2. 马普学会的人才培养

马普学会于1948年成立。该学会主要由德国政府出资成立，在2018年3月前设有91个下属研究所和其他若干的分支机构。该学会主要从事国际前沿的基础研究，在自然科学、人文科学、社会科学方面都享有很高的声誉。它具有扎实的基础研究实力、强大的科技创新能力，以及高水平的优秀科研队伍；它为德国科技进步做出了杰出的贡献，受到了广泛的赞誉。截至2018年，该学院已经培养出了18名诺贝尔奖得主，65名莱布尼茨奖得主，2名菲尔兹奖得主，34名哈纳克奖章得主。[②]

（1）人才的选聘。

马普学会作为德国乃至世界上规模最大、影响力最大的一所基础研究学院，曾有将近300名国际顶尖科学家担任过马普学会下属研究所所长，拥有超过5500名的中青年科学家，是他们组成了马普学会具有强大的创新能力和可持续发展的高质量研究团队，这些都是马普学会发展壮大的基础。[③]

马普学会相信，高度的创造性、独创性和卓越的职业技能是世界上所有专门领域中的领导者的个性特征。一个科研小组是否能取得重大研究成果，除了小组成员自身的努力之外，组长也起着举足轻重的作用。马普学会历任研究所所长任命上一直遵循着哈纳克原则，即由最好的人才来领导研究机构，而不是行政管理人员领导。学会设有84个分院，平均每院有3～6名主任，分院由他们轮值管理，并以小组的形式，对本院的主要事务做出决定。在挑选各个学院院长时，马普学会有着严格的程序和完善的制度。在选择学院院长时，大致的人才选聘流程如下。

① 整理自德国亥姆霍兹联合会官网。

② 郑久良，叶晓文，范琼等. 德国马普学会的科技创新机制研究[J]. 世界科技研究与发展，2018，40(06)：627-633.

③ 王金花. 德国高层次科技人才开发政策和措施[J]. 全球科技经济瞭望，2018，33(07)：5-10.

首先，规划所长职位。该学会规定，老院长在退休之前的4年内，必须为接班人制订今后的研究计划，或者提出意见。

其次，建立一个提名或委任委员会。如果一个所长的职位空缺了，那么这个院长所在的研究领域，就需要成立一个提名委员会，成员包括主任和外聘专家，负责对研究领域的长期前景、研究课题的可行性等进行调查，收集知名科学家的报告，对可能的候选人做出评估，并提出建议。

最后，专家组进行评估。学会的科学会员和外部专家将组成专家组，对候选人成立的项目组进行评估，并从国际知名科学家处搜集相关信息。项目组经过2～3年的试运行后，学会科学会员及外部专家会组成新的评估委员会，对项目可行性、项目组的工作进展和候选人的领导能力进行评估，并向马普学会会长提交推荐，之后学会的会长将和候选人协商，主要是关于工资、研究环境等方面。再经过两个回合的审评会核准之后，再对其进行任命。①

马普学会给了院长很大的自主权，让他有权决定自己的课题、自己的经费、自己的团队，以及自己的管理方式。所以，在选择一个院长的时候，除了要考虑一个人的能力之外，还要考虑他所领导的团队所进行的科研项目是否具备一定的前瞻性和科学性。

（2）人才培养渠道。

马普学会之所以能够取得如此辉煌的成就，主要是因为它拥有一支实力雄厚的科学研究队伍。在人才资源的管理与培养方面，马普学院把扶持与培养年轻的、有创造力的科学家作为中心任务，把重点放在杰出的科学家和课题，特别是杰出的年轻科学家身上。马普学会为青年科研人员的培养提供了以下培养渠道。

①国际马克斯普朗克研究学院。

从2000年开始，马普学会和德国各高校共同建立了一个旨在培训年轻科学家的国际性研究网络——国际马克斯普朗克研究学院。这个学院是马普学会进行博士生教育的一个重要环节，面向全球招募优秀的、有志于攻读博士的研究生，为他们提供一个良好的学习环境，并对他们进行系统化的科学训练，帮助他们走上专业的科学家道路。一般来说，在该学院接受培训的初级研究人员中，约有一半来自德国，另一半来自其他国家。

目前，有68个国际马克斯普朗克研究学院，研究学院通常由一个或几个马普研究所建立，有大约80个马普研究所与该学院相关联。这些国际马克斯普朗克研究学院与大学和其他国内外研究机构也有着密切合作的关系。这为研究所的工作提供了一个非常宏大的框架，并且在跨学科研究项目或需要特殊设备的项目

① 王金花. 德国高层次科技人才开发政策和措施[J]. 全球科技经济瞭望，2018，33(07)：5-10.

中具有很大的优势。

②马克斯·普朗克研究生中心。

作为马普学会培养博士生的渠道之一，马克斯·普朗克研究生中心汇集了来自多个马普研究所及其合作机构的主要讲师，在当前的各种研究领域提供杰出的博士课程。通过创新的、跨地点的、以研究为导向的博士培训，该中心实现了超越传统形式的研究生培训。目前的3个马克斯·普朗克研究生中心于2018年成立，于2019年秋季开始运营。分别是马克斯·普朗克计算机和信息科学研究生中心、马克斯·普朗克量子材料研究生中心和马克斯·普朗克研究生中心。其中马克斯·普朗克计算机和信息科学研究生中心是一个针对计算机和信息科学广泛领域研究的高度选择性博士课程，其教职员工来自4个马普研究所和一些高质量的德国大学。马克斯·普朗克量子材料研究生中心结合了德国和国外7个马普研究所和选定合作机构的教师。马克斯·普朗克研究生中心的录取具有高度选择性，要么通过特殊的选拔程序，要么通过相关研究所录取，成功的候选人将获得全额经济支持，以助力他们开展他们的博士论文研究工作。

③马克斯·普朗克学院。

马克斯·普朗克学院是目前德国24所大学和来自非大学研究组织的34个研究所的联合研究生项目。在其中进行培养的博士生主要从事认知、生命物质和光子学领域的前沿跨学科研究，同时在杰出科学家的密切监督下，在独特的科学网络背景下学习。学士和硕士研究生都可以进入该项目，并在全额资助的博士项目中尽早接触一流的研究基础设施和创新的教学模式。马克斯·普朗克学院的理念是吸引和培养世界上最优秀的博士候选人，并使他们能够对未来产生持久的积极影响。

此外，马克斯·普朗克学院希望进一步发展德国的科学体系，使其能够满足未来的需求。学院汇集了多达50名来自相关领域的顶尖科学家，为来自世界各地的才华横溢的博士候选人提供德国独特的科学环境，并培养他们担任领导职务，尤其是在学术界和工业界。①

马克斯·普朗克研究小组有两种类型：研究所特定小组和开放主题小组。这些马克斯·普朗克研究小组通常在主题上与相关研究所联系在一起。马普学会资助并呼吁博士后们申请开放主题的马克斯·普朗克研究小组。

此外，马克斯·普朗克研究小组所有领导人的任命都要经过严格的选拔程序，特别是小组长，该职位的任命要经过严格的、集中管理的选拔程序。马克

① 整理自马克斯·普朗克科学促进学会网。

斯·普朗克研究小组领导人将获得一份为期六年的合同，如果获得积极评价，合同可以延长3年，最多9年。领导人与研究小组一起使用有关研究所的基础设施，并有自己的人员和资源预算。集团领导可自行决定使用批准的预算。

④注重对女性科学家的培养。

马普学会特别注重对女性科学家的培养，通过一系列措施支持年轻女性的科学潜力开发，如著名的“Minerva 计划”。同时，马普学会还是德国联邦政府与政界、商界、科学界和媒体联合发起的“STEM专业女性国家公约”的合作伙伴。此外，马普学会还为女性提供辅导计划，开展培训研讨会以激发其科研才能和工作热情。马普学会还为女性科学家建立了一个名为“Minerva Femme Net”的网络。其目的是通过指导初级女科学家，传递经验丰富的女科学家（包括前研究所成员）的专业知识。

（3）人才评价考核与激励。

①人才评价方法。

马普学会人才评价机制的核心是“同行评议”。该制度规定，只有在相同领域中做出突出贡献的科学家才能获得评审的资格，且评议过程具有高度的透明性。马普学会会向全球各地的相关专家发出邀请，要求专家们不仅要对研究结果进行评价，还要对协会的组织结构和资源配置提出相应的建议。每年会有超过250名著名的学者参与马普学会的评议工作。由于马普学会在国际研究领域的威望，许多专家自愿免费参与该学会的同行评议；作为回报，马普学会也会派出学会中国际知名的科学家为其他科研机构进行义务评估。这种以最少的投入和最大的产出为目标的合作模式，不但提升了马普学会的国际影响力，也推动了德国在科学研究领域的领先地位。①

在同行评议的基础上，马普学会在评价时还会考虑该被评价项目论文的数量、争取到的第三方资助数量、科研成果质量、学生培养情况、硕士/博士/博士后的比例、科研人员在年轻学生身上的投入、科研成果的数量、科研奖励等指标（这些都是可量化的数据指标），将其作为对同行评议的一种补充。

②人员的考核激励。

在人员考核方面，马普学会采取了严厉的监管措施，对于那些从事不属于前沿性、国际性研究项目的研究小组，要么解散，要么关停。在这样的考核体系下，更重要的是研究成果的质量，而不是研究成果的数量。

在人才的支持与激励上，马普学会与德国的科研机构一样，为科研人员提供

① 廖方宇，邓心安. 马普学会研究所评价对我国研究所评价工作的启示[N]. 科技导报2003(2)：22-25.

了稳定的薪资支持及相关奖项、政策的激励。马普学会的每个研究所基本都有自己的实验技术员，且都是永久职位，属于公务员编制，拥有较高的退休金。马普学会在2015年4月发布了一条关于博士研究生资助的规定，从2015年7月起，将为新加入该学会的博士研究生提供一份资助合同，以合同聘用的模式取代以往的奖学金资助模式。马普学会因此在科学人才研究方面的储备资金相应地提高了40%，这意味着该学会每年的开支将会增加5000万欧元。该学会下属的分院每年培养约5000名博士生，这些博士生中有半数并非德国公民。根据此制定，马克斯·普朗克学院与博士生们签订一份为期3年的资助合同，在该合同期满时，视情况可延长12个月。①如此一来，大部分年轻的科学家都能在政府的资助下，得到一个月1750～1950欧元的补贴，以及更高的科研自由度。此资助条例也包括了对博士研究生进行更深层次的专业化指导，即除了对博士研究生负有主要责任的指导老师之外，博士研究生还可以受到另一名独立的科学家的指导和咨询。另外，马普学会对博士研究生的就业也给予了更多的帮助。马普学会会长说，学会会把更多的资金投入科研人员的培训中。

除了博士研究生的资助合同，马普学会也设置了许多奖项来对在各领域有突出贡献的科研人员进行认可和鼓励。例如：马普学会和亚历山大·冯·洪堡基金会设计的联合研究奖——马克斯·普朗克-洪堡研究奖，该奖获得者将被授予150万欧元，自2018年以来一直颁发给德国以外的研究人员。该奖项旨在奖励具有杰出表现的科学家，且意图吸引杰出的和具有创新精神的科学家到德国大学和科研机构进行研究实习。奥托·哈恩奖，该奖每年由马普学会颁发给奥托·哈恩奖章的特别有价值的获得者。该奖项旨在为德国的长期科学事业铺平道路。

4.3.4 德国国家实验室体系人才培养的启示

德国国家实验室体系在人才培养方面给我国国家实验室体系建设的启示主要包括以下几个方面：人才培养高度专业化、坚定地实施导师制度、强调学术自由和独立性、重视国际交流与合作、提供资源支持和职业发展。

1. 人才培养高度专业化

德国国家实验室体系非常注重人才的专业化培养。他们提供先进的实验设备和资源，让实验人员有机会接触最新的科学研究。这种高度专业化的培养能够培养出具备深厚专业知识和技能的科学家。以亥姆霍兹联合会为例，该联合会拥有多个研究中心，每个研究中心都专注于特定的科学领域。例如，亥姆霍兹环境研究中心致力于解决环境问题，而亥姆霍兹生物医学研究中心则专注于生物医学研

① 王金花. 德国高层次科技人才开发政策和措施[J]. 全球科技经济瞭望，2018，33(7)：5-10.

究。这些研究中心提供了世界一流的实验设备和研究资源，为学生提供了良好的学习和研究环境，使他们能够深入探索自己的专业领域。在这些研究中心中，实验人员可以接触到最前沿的科学研究，了解最新的研究进展和技术，有机会与世界顶尖的科学家合作，参与具有国际影响力的研究项目。这种专业化的培养让学生能够深入研究自己感兴趣的领域，并在这个领域中取得突出的成就。

此外，德国国家实验室体系还注重对人才实践能力的培养。科研人员不仅可以在实验室中进行科学实验，还有机会参与科研项目，亲身体验科学研究的全过程。这种实践能力的培养使得科学家们能够将所学知识应用于解决实际问题，并培养他们独立开展科学研究的能力。

2. 坚定地实施导师制度

德国国家实验室体系在人才培养上坚定地实施导师制度，这一特点在德国的科研机构中非常普遍。导师制度的实施旨在为学生提供个别化的指导和支持，培养学生的独立思考和解决问题的能力，帮助他们发展自己的研究方向，并获得实践中的宝贵经验。例如，马普学会为每位学生配备一位导师，导师通常是经验丰富的科学家。导师会负责指导学生的研究项目，并分享自己的专业知识和实践经验。导师与学生定期开会讨论研究进展和问题，并提供指导和反馈意见。通过个别指导，导师鼓励学生自主思考和研究，提出独立的观点和解决方案。导师会引导学生思考科学问题的深入性和复杂性，培养他们分析和解决问题的能力。此外，马普学会还鼓励学生参与学术会议和研讨会，提供展示其研究成果的机会。导师还会推荐学生与其他专业领域的专家进行交流，扩大学生的学术网络。这种学术交流和合作能够为学生提供更广阔的研究平台和机会，促进科学知识的传播和创新的产生。导师制度的实施使得学生能够获得个别化的指导和支持，培养独立思考和解决问题的能力。

3. 强调学术自由和独立性

德国国家实验室体系非常注重学术自由和独立性。德国国家实验室体系鼓励学生在研究中保持学术自由。学生在选择研究方向和方法时有较大的自由度，并且能够自主设计和开展研究项目。实验室的导师通常会提供指导和建议，但不会对学生的研究方向和方法过多干预。例如，马普学会鼓励学生自主选择研究课题，并在导师的指导下独立进行研究。他们可以根据自己的兴趣和热情来确定研究方向，并探索新领域的科学问题。这种学术自由和独立性激发了学生的创造力，同时也培养了他们在科学研究中持续进步的能力。这种学术自由和独立性培养了学生的创新思维和解决问题的能力。

除此之外，在学术评估上，德国国家实验室体系采用公正、客观和透明的学术评价和评估机制，确保学术独立性得到充分尊重。学生的研究成果会经过同行评审和学术委员会的评估，评估结果会直接影响学生的学术发展和职业前景。例如，马普学会会定期邀请国际知名专家对学生的研究进行评估，以确保评估的客观性和公正性。

4. **重视国际交流与合作**

德国国家实验室体系在人才培养上重视国际交流与合作。通过国际交流项目、学术合作与联合研究、学术交流与学者访问，以及国际课程与培训等方式，为学生提供了与国际同行合作、交流学习的机会，培养了学生的国际视野、科研能力和跨文化交流能力，为他们未来在国际科学界的发展打下了坚实的基础。

德国国家实验室体系鼓励学生参与国际交流项目。例如，亥姆霍兹联合会提供了丰富的国际合作项目，如与其他国家的研究机构合作的研究项目、国际研究交流计划和联合培养项目等。并且在人才培养的过程中积极开展学术合作与联合研究，鼓励学术交流与学者访问。例如，马普学会的研究生项目提供了国际交流的机会，并邀请国际知名学者举办讲座和进行学术指导。

除此之外，在人才培养的过程中，该体系内的实验室还开设了多种国际课程和培训项目，吸引了来自世界各地的学生参与。这些课程和培训项目旨在培养学生的国际视野和跨文化交流能力，提供了与国际学生和教师交流学习的平台。

5. **提供资源支持和助力职业发展**

德国国家实验室体系在人才培养上会提供资源支持和职业发展。通过研究资金和奖学金、实验室设施和资源，以及职业发展和就业支持等方式，他们为学生提供了科研所需的经济和实验条件，帮助学生发展自己的科研能力，并为他们的职业发展和就业提供了支持和机会。

德国国家实验室体系为学生提供广泛的研究资金和奖学金支持。例如，马普学会提供了各种类型的奖学金，包括博士奖学金、研究生奖学金和科研项目资助等。这些奖学金为学生提供了经济上的支持，使他们能够专注于研究工作。并且，德国国家实验室体系拥有先进的实验室设施和资源，为学生的科研工作提供了有力的支持。例如，亥姆霍兹联合会的研究所配备了先进的实验仪器和设备，为学生提供了进行研究的条件。此外，实验室还提供了丰富的图书馆资源和数据库，使学生能够进行深入的文献研究和学术交流。除此之外，德国国家实验室体系为学生提供职业发展和就业支持。例如，马普学会的研究生项目提供了职业发展辅导和就业指导，帮助学生规划自己的职业道路和就业方向。亥姆霍兹联合会为优秀的实验人才提供奖金。实验室还与企业、研究机构和学术界建立了广泛的合作关系，为学生提供了就业机会和职业发展的平台。

4.4 英国国家实验室体系运营及人才培养

4.4.1 英国国家实验室体系概况

英国的国家实验室体系起源于1899年创建的物理研究实验室（NPL）。随着时间的推移，英国的国家实验室体系逐渐扩展到其他科学领域。例如，国家生物医学研究中心（NIBSC），成立于1972年，负责确保生物药品的质量和安全性；国家环境研究所（CEH），成立于1992年，致力于环境科学研究。

英国的国家实验室体系由多个独立的研究机构和实验室组成，每个实验室都在特定领域内具有专业知识和设施。例如，国家海洋研究所（National Oceanography Centre, NOC），成立于2010年，它是英国的海洋科学研究机构，通过研究海洋与地球系统，推动对海洋资源的可持续利用和保护。

英国的国家实验室体系注重协作与合作。这些研究机构与学术界、工业界、政府部门以及国际合作伙伴合作，共同开展研究项目、分享知识和资源，并为解决重大挑战提供解决方案。英国国家实验室体系的发展也涉及新兴领域和技术。例如，国家能源研究中心（UKERC），成立于2004年，专注于能源技术和政策研究，以应对能源安全和气候变化挑战。

总体而言，英国国家实验室体系的发展经历了从单一实验室到多领域的扩展，并注重协作与合作。这一体系在推动科学研究、支持技术创新和解决重大社会问题方面扮演着重要的角色。通过为科学家和工程师提供先进设施和资源，国家实验室体系为英国的经济发展、社会进步和环境保护做出了重要贡献。

4.4.2 英国国家实验室体系的运营模式

1. **管理模式**

（1）英国科研管理体系框架。

1988年，英国政府推动了“未来行动”科技体制改革运动，通过把国家实验室体系内实验室和研究机构出售给私营企业或改为国有私人承包制的方式来减轻财政负担。原基础研究公共研究机构全部合并重组为非营利性研究机构或企业，原有的应用型公共科研机构将直接私营化，转为私营企业。目前，英国科研管理体系主要由五个部分构成：一是英国政府首席科学顾问及政府科学办公室，该部门首席科学顾问主导进行科技规划，同时对全社会科技发展进行顶层设计，负责执行科技预见与规划职能；二是商业、能源和工业战略部，该部门主要负责执行国家科研体系统筹与管理职能；三是英国研究与创新署，负责推进统一的产学合作研发资助和项目管理；四是国防科学技术办公室，主要负责制定国防科技计划和管理部分项目；五是英国政府统一的科研预算管理体系，负责科学管理科研经费预算。①

（2）英国国立研究机构的管理机制。

英国国立研究机构的管理可以分为两个部分：一个是机构的自我管理；另一个则是研究机构与政府之间的合作管理。英国大部分的国立实验室及研究机构采取的是“三方制衡”的自我管理体制，即理事会是决策机构，执行委员会是决策执行机构，监督委员会行使监督责任的三方制衡模式。②

其中，理事会是最高决策机构，由主席、首席执行官和若干名委员组成。委员来自学界和企业界、政府部门，主要负责对研究战略、目标和主要资源的配置等重要事宜进行决策，并且需要承担对预算使用和目标完成等方面的责任。执行委员会是理事会的支持性机构，也是理事会决策的执行者，由首席执行官担任主席。成员来自各下属的研究机构，负责对理事会决策和政策的执行及委员会的日常管理。监督委员会其管理体系中占据非常重要的地位，它的成员来自学术界、企业界和政府，既接受内部监督，也接受外部监督。它的主要职责是对预算、经费使用、科研项目的选择等进行监督。此外，还设有一些专门为理事会提供咨询建议的委员会（如公共关系委员会等），这类咨询型的委员会虽然不是国家级实验室及研究机构自我管理体系的构成部分，但它们为理事会制定科学决策、提高管理效率发挥了积极作用。

总体来看，英国国立研究机构因为资金、管理等方面的原因，多数都经过了机构化改造。随着私营化改革的深入，政府拥有、政府经营的GOGO模式在该体系内实验室中的应用很少；只有很少一部分实验室，例如原子武器实验室和国家物理实验室采取了GOCO模式；大部分该体系内实验室都采用COCO模式，如国家化学实验室、建筑研究实验室、交通研究实验室、工程研究实验室和国家资源实验室等。③

2. 运行机制

英国的国家实验室体系在经历了数次的调整和变革后，已经初步形成了一种

① 丁上于，李宏，马梧桐. 脱欧后英国科研管理体系的新概况及其启示[J]. 全球科技经济瞭望，2021，36（10）：35-42.1.

② 顾海兵，李慧. 英国国立研究机构及其借鉴[J]. 科学中国人，2005（04）：33-35.

③ 周华东，李哲. 国家实验室的建设运营及治理模式[J]. 科技中国，2018，No.251（08）：20-22.

有效的运行机制，特别是对科研院所的监管和评价，已成为“英国模式”的典范。

（1）经费管理机制。

英国国家实验室体系通过政府资助、商业及其他组织等多种途径的筹资方式获得资金支持。英国科研经费的管理制度：确定评审目标、根据优先支持顺序分配资金及其他资源、监督绩效、管理预算、监督收支、确保资金的价值、控制和维护房屋设施及设备、控制行政服务的需求、管理合同。研究机构根据本单位的发展目标和优先支持顺序给课题分配经费。课题经费由组长负责使用，但所长（室主任）可以根据情况重新调整课题经费额度及人员配置，研究机构原则上尽量给科研人员充分的自主权、以调动他们的积极性。①

（2）人事管理制度。

美国国家实验室体系将人才的聘用、考核与评估作为其管理与监督的一项重要内容。实行公开招聘、公平竞争、择优录用，并严格遵守招聘程序。同一单位的负责人，不能超过3个任期。有编制的工作人员，包括受聘的外国科学家，按照国家公务员的标准进行管理。固定编制人员的工资是从政府划拨的事业费中支付的，不能从项目资金中支取其他报酬，专项资金仅用于非固定编制人员的工资。②

（3）项目管理与运作机制。

英国研究机构的理事会负责对其下属的实验室及公共研究机构的项目管理。理事会不仅选择和确立项目，通过对项目的评估，决定是否对其继续予以支持；同时负责项目研究的过程管理；对合作开展的大型研究项目，在设立项目负责人的基础上，成立课题委员会，参与课题研究决策。项目课题委员会成员主要来自学术界和产业界，其中以产业界人员居多；主席一般是由产业界的人担任的。理事会定期举行会议，项目主任就项目的进展情况、项目的重要绩效进行汇报。

（4）评估机制。

英国国家实验室体系的评估通常由内部评估和外部专家评估结合进行。内部评价主要是指对科研项目进行评价，对科研项目进行管理，对外部同行评议提供支持。由于内部评估师更熟悉该部门的任务，并知道该评估的需要和目标，他们提出的意见通常是非常有针对性的。与内部评估相比较，外部评估有着更深入、更可靠、更公正的特点。由于评估工作需要有很强的专业性和学术性，参加评估的专家除了具有丰富的调研、分析和解决问题的技能外，还必须具备管理方面的

① 许为民，杨少飞. 发达国家及我国的国立科研机构体制的对比研究[J]. 实验技术与管理，2005(01)：120-126.

② 黄继红，刘红玉，周岱，赵加强. 英德法国家级实验室和研究基地体制机制探析[J]. 实验室研究与探索，2008(04)：122-126.

相关知识，以及对评估方法的娴熟运用。如果没有外部评估专家参与，很难做出科学、理性的评估。

（5）监督机制。

英国国家实验室体系的监督机制主要有两个方面内容：审计监督和行政行为监督。审计监督是对政府和机构内部的财务监督。行政行为监督既有议会的监督，也有政府部门的监督，还有社会公众舆论监督等。与此同时，还有上下级监督、内部评估等内部监督。

4.4.3 英国国家实验室体系的人才培养

下文以卡文迪什实验室、国家物理实验室为例，介绍英国国家实验室体系的人才培养方案。

1. 卡文迪什实验室的人才培养

建立于1871年的英国卡文迪什实验室，是英国科学界最耀眼的一颗珍珠，几乎是剑桥物理学的代名词，它在很多方面取得了重大的成就，比如电子、中子、原子核的发现，DNA的双螺旋结构，等等。更重要的是，他们培养出了一批又一批的优秀科学家，截至2020年11月，其中29人拿到了诺贝尔科学奖，这在科学史上是史无前例的。[①]卡文迪什实验室已成为国际上公认的“科学研究的摇篮”“科学研究的孵化器”。布莱克是著名的物理学家、诺贝尔奖得主、英国皇家科学院院长，他认为卡文迪什实验室成功秘诀在于，“一个好的实验室，应该由一个有天赋的人来设计，一个好的实验室，应该由一个有天赋的人来完成”。这个观点也得到了普遍认可，这表明一个实验室或一个科研机构的成功，关键在于对人才的选拔和培养。[②]

（1）人才甄选。

卡文迪什实验室之所以能够在100多年的岁月长河中屹立不倒，主要就在于其在人才选拔上的独到做法。

一是面向全世界招收优秀人才。在1882年，时任卡文迪什实验室第二任卡文迪什教授（特指对实验室的发展做出了重大贡献的教授）的瑞利就实行了一项重要改革：实验室向妇女开放并开设男女平等的班级。1895年，汤姆孙教授吸收了德国成功的研讨会制度，在全世界招生，创造了一种面向全世界招收优秀人才，尤其是女性研究生的制度。[③]

① 郭忠树. 卡文迪什实验室的成功经验[J]. 大学（研究版），2016（09）：63-65.

② 阎康年. 卡文迪什实验室选择和培养人才的经验研究[J]. 自然科学史研究，1996（03）：197-206.

③ 孙若丹，孟潇，李梦茹等. 北京建设国家实验室的路径研究——以英国卡文迪什实验室为例[C]//北京科学技术情报学会. 创新发展与情报服务. 创新发展与情报服务，2019：222-231.

二是设置公正平等的人才选拔方式。在选择人才的时候，分数并不是最重要的因素，而是更加看重学生的品质、水平和能力。在教学与科研工作中，他们对来自不同国家与地区的学生一视同仁，热心关注着他们的学习和研究进展。正因为有这样一种“不分种族”的精神，它吸引了全世界最优秀的科技人才，使卡文迪什实验室获得了极高的声誉，并取得了长足的进步。①

三是学科带头人的学术领导力强。卡文迪什实验室能够做到面向世界广揽优秀人才，离不开各届卡文迪什教授开放的视野与卓越的学术领导力。卡文迪什实验室至今已有9名卡文迪什教授，他们都是顶尖的物理学家、顶尖的教授，以及各学科的领袖。卡文迪什实验室对卡文迪什教授的选择没有成文的规定，但一般应具备几个基本条件：科学成就卓著并能够引领实验室向前发展，具有较高的国际性威望，对剑桥大学的决策有重要的影响，具备剑桥大学物理学士学位，以及在工作中有较大的成就、有良好的人品和卓越的领导才能。

（2）人才培养途径。

纵观卡文迪什实验室的发展历史，不难发现其成功有很多因素。它之所以能在100多年里长盛不衰，是因为它注重科学精神的传承和人才的培养，为科研提供了一种民主、公平、公正的科研环境，营造了一种自由、轻松的学术气氛，发扬了优良的传统和学风，构建了一种教学与科研、理论与实验相结合的体系。

一是注重科研精神和人才培养。卡文迪什实验室的良好环境，加上卡文迪什教授的声望，吸引了大量的年轻学者。卡文迪什实验室会对这些来自世界各地学者的创新能力进行评估和筛选。他们会把被选中的人当成卡文迪什实验室的继承人，让他们按照自己的喜好去做事。对有创意、有活力、有才华的人才，会从各方面给予扶持，让他们自由发展。他们对每一个来实验室学习的人，都进行了仔细的评估，并充分听取各方的意见。②重视教学一直是卡文迪什实验室的优良传统。卡文迪什实验室主张用实验方法揭示自然现象及其规律，并运用数学分析建立物理理论，再通过实验检验理论。这些方式方法激发了学生们的科学探索热情，锻炼了他们的动手能力，也潜移默化地培养了他们的科学精神。

二是保持固定团队的同时保证团队成员的流动性。卡文迪什实验室一直保持着10～50名研究人员的固定队伍，其中有博士后、访问学者，也有联合研究人员。每年都会有大量的流动学者，实验室会从中挑选出表现出色、展现出较大创

---

① 徐光善. 卡文迪什实验室人才培养成功经验给我国高等教育的借鉴和启示[J]. 实验室研究与探索，2002（06）：39-41.

② 徐光善. 卡文迪什实验室人才培养成功经验给我国高等教育的借鉴和启示[J]. 实验室研究与探索，2002（06）：39-41+46.

造力的人员，将其留下组成一个稳定的团队，或者授予讲师等职称，从而成为该室的正式研究人员。此后，可以按照职称级别，依次晋升为教授。因此，他们的核心团队非常出色，成员相对固定，但也在一定程度上保证了团队成员的流动性。

三是自由的学术氛围和良好的科研环境。卡文迪什实验室一直以来都是一个有着开放、民主、包容、合作精神的实验室。实验室营造了非常自由的学术气氛，这里鼓励奇思妙想，给予成员充分的自由去探索他们感兴趣的问题，成员也可以自由选择导师。卡文迪什实验室的这一氛围源自麦克斯韦，在他的课上，只要学生有好想法，可以和任何人分享、交流和探讨。卡文迪什实验室不同课题之间、同事之间的讨论相对开放，大部分时间学术讨论是自由的，学生可以直接指出老师观点的错误。这种良好的自由学术的氛围，使实验室碰撞出了各种各样不同形式的思想火花。在汤姆孙教授第一次组织的“茶时漫谈会”中，参与人员不分国籍、不分资历、不分职位、不分身份、不分性别、不分年龄、不分地位，大家都可以发表自己独特的见解和想法。科学家们乐于参与这样的讨论，同时也形成了卡文迪什实验室“漫谈中创新，悠闲后治学”的剑桥品格。此外，卡文迪什物理学会、新年宴会、晚餐谈话、卡皮查俱乐部研讨会等，都是赫赫有名的交流平台，为科学家提供了开阔眼界、进行思想碰撞的机会。这些形式和平台，自然而然地形成了一种跨学科研究的学术氛围和文化氛围，形成了一种跨学科的学术生态环境，为实验室的人才培养与发展奠定了基石。

四是教学和科研的良性互动。卡文迪什实验室不是一个单纯的实验室，实际上也是剑桥大学的物理系，兼有教学与科研的双重职责。它成功的秘诀之一就是实现了教学与科研的完美结合。卡文迪什实验室从成立之初，就坚持将研究注入教学，使得教学过程既是学习过程，也是进行研究的过程。首任卡文迪什教授麦克斯韦在发表就职演说时就提及，科研在学校的教学中有着重要作用，要将教学和科研有系统地结合起来，让学生投入前沿的研究中。这一做法对培养大量顶尖人才起到了重要作用，也成为实验室的优良传统。此后，继任者们不仅建立了有组织、有系统的实验物理教学体制，完善课程设置和编写应用物理教科书，还带领学生精确测量了各种电标准；还吸收了德国的研讨班制和博士学位制的优点，主张学生要动手实验，通过实验培养独立思考的能力。卡文迪什实验室教学与科研相结合，既有利于培养人才，也有利于科学研究，使得教学与科研平衡发展，形成良性循环，从而推动学科不断发展。①

（3）人才激励与保障。

任何一个科研机构，都不可避免地涉及人员的生活、科研经费、职务晋升与

① 郭忠树. 卡文迪什实验室的成功经验[J]. 大学（研究版），2016（09）：63-65.

奖赏等现实问题。如果把这个问题处理好了，他们就可以把全部精力都投入科研和教育中去。卡文迪什实验室在人才激励与保障方面的做法主要有以下几种。

一是为学生提供力所能及的资助和帮助。卡文迪什实验室接收来自世界各地的研究生。由于一些学生经济困难，他们可能无法支付生活和学习所需的费用。尽管卡文迪什实验室为这些学生提供了各种奖学金和资助，但有些学生仍然面临资金短缺或中途停止资助的情况。在这种情况下，卡文迪什教授会尽力帮助他们寻找其他财源或代为申请基金。有时，甚至提供临时住宿，并适当提供经济援助。

二是为教授们争取职业晋升机会。由于英国大学本来只能设立有限的教授职位，卡文迪什实验的教授们面临着晋升的困难。为了解决这个问题，卡文迪什教授一方面支持研究人员争取应得的大学教授职位；另一方面努力争取捐款，逐渐增加教授的职位数量。正是有了各届卡文迪什教授的支持与激励，才让卡文迪什实验室的人才们能够潜心科研，创造各项成就。

2. 国家物理实验室的人才培养

国家物理实验室成立于1900年，是世界上历史最悠久的标准化研究机构之一。其发明了雷达、计算机网络分组交换、原子钟等若干重大成果，制定了颜色标准、重力加速度的绝对测量、激光波长测量、功率单位瓦特的测量等国家和国际标准。国家物理实验室是英国国家测量研究所，它承担了国家计量院的职责，提供世界领先的精确测量标准、科学和技术。同时，它也是英国最大的应用物理研究中心，代表英国与其他国家及国际计量组织保持联系。

（1）人才甄选。

国家物理实验室一般在网站上或者通过招聘机构发布学术带头人职位及所空缺职位的信息，大部分职位面向全球招聘。根据官网上的招聘需求信息可知，国家物理实验室招聘需求覆盖面较广，涵盖物理、化学、生物化学、材料科学、数据科学、工程和管理等方向，所需部门涉及工程、环境、金融、人力资源、材料与机械计量学等，工作地点集中在英国，招聘类型主要有博士、学徒、合同工和终身员工等。[①]对于国际申请者，国家物理实验室通常会通过电话或视频进行第一次面试，然后邀请合适的候选人来实验室进行第二次面试。

除了相关研究职位的招聘，国家物理实验室也会在官网发布信息，提供实习机会以吸引优秀的人才。多年来，国家物理实验室一直在运行名为“NPL Academy”的为期一周的工作体验计划，以确保来实验室实习的人才能在一周的工作经验中获得最大收益。“NPL Academy”会向实习生介绍国家物理实验室和实验室研究者所做的工作类型，然后参观几个实验室。实习者将参加小组练习，并被

① 整理自英国国家物理实验室官网。

分配一个项目，要求其在一周内完成。实验室会优先考虑那些能够证明他们对课堂以外的科学和工作真正感兴趣的人，并将优先考虑那些有兴趣参加实验室的学徒计划的人。

（2）人才培养方法。

国家物理实验室在人才培养方面主要遵循其价值观：致力于塑造多元化和包容性强的实验室氛围，对每一位研究者的意见都保持尊重与支持，同时鼓励研究人员大胆地实践，全力以赴做好每一次研究，勇于挑战并学会将复杂的事简单化。除此之外，国家物理实验室还有学徒培训制度及测量科学研究生院培训，以及与英国多所高校的合作交流，为国家物理实验室的人才培养打下了坚实的基础。

一是培育开放包容的文化。国家物理实验室相信多样性和包容性对于其实现卓越影响力的愿景至关重要。国家物理实验室注重培养包容的文化，既让所有的员工能感到他们的差异受到重视，也让研究人员都能在安全和支持的环境中做自己。通过创造一个让所有员工都能茁壮成长并获得平等机会的环境，使员工能茁壮成长。这种包容性环境也可以加速实验室人员的创意产出，增强实验室人员的创新能力，促使员工提供强大的创新解决方案。

二是提供多种会员资格和认证，如商务残疾论坛、英国物理学会和英国布莱顿大学的石墙多样性倡导者计划等。这些论坛学会或者计划，表达了国家物理实验室对跨性别或身体机能有障碍但有一定科研水平人员的包容性。实验室还有活跃的员工领导的特殊兴趣小组，涵盖了一系列主题，包括残疾和长期状况、种族、信仰和宗教、性别、LGBTQ+、神经多样性、更年期支持和父母等，每个小组都由实验室的一名执行官赞助。

三是推行学徒制培训。国家物理实验室所提供的计量技术的学徒制培训，致力于培养符合产业用人需求的计量技术人员。该项计量技术人员的学徒培训标准于2016年获得英国教育部的认证。这是英国第一项国家认可的计量技术人员学徒培训标准，这项标准的实施将确保经过培训的技术人员符合产业用人需求，在英国范围内推进计量技术人员的培养，为产业发展提供了可靠的技术力量。[①]目前参加该项培训的许多学徒已经获得了实验室的永久性职位或者获得部分资助以攻读学位。

四是建立战略合作伙伴关系。国家物理实验室通过与斯特拉斯克莱德大学、萨里大学等大学建立战略合作伙伴关系，与学术界建立了牢固的联系。这些伙伴

① 许玥姮，付宏. 英国国家物理实验室的管理运营特征及启示[C]//北京科学技术情报学会. 2017年北京科学技术情报学会年会——“科技情报发展助力科技创新中心建设”论坛论文集. 2017年北京科学技术情报学会年会——“科技情报发展助力科技创新中心建设”论坛论文集，2017：281-286.

关系旨在加强其卓越的科学性，并帮助加速创新，以促进英国的繁荣和提高生活质量。国家物理实验室与学术界之间的合作，涵盖气候变化、量子技术、数据、核能、通信、空间、医学物理学和数字健康等关键领域。这些合作关系为员工提供了与其他科学家和工程师互动的机会，促进知识共享和技术创新，有助于实现实验室的人才培养。①

五是培养下一代科学家。测量科学研究生院培训是国家物理实验室培养下一代测量专家的一个项目。由国家物理实验室的科学家、工程师和培训合作伙伴开发的培训免费提供给所有参与该培训的学生。实验室提供培训的方法是建立各种可用的知识和专业知识来源，并确保学生在读博期间，尽早与他们的国家物理实验室共同导师讨论他们的培训需求。一些导师要求学生培养重要的实践技能，如使用专业计量设备的能力；而另一些导师则要求学生除了数据分析工具或其他专业技能课程外，还要完成必修的电子学习模块。培训是根据个别项目量身定制的。

（3）人才激励与保障。

一是提供舒适的生活和工作环境。国家物理实验室致力于员工的健康和福祉，并希望员工能够认识到享受乐趣的重要性。实验室边缘有一个体育和社交俱乐部，员工们可以在那里享受自然美景、咖啡馆和活动。同时，实验室还提供各种社交体验，瑜伽工作坊、合唱团、特殊兴趣小组、跑步俱乐部、充满活力的葡萄酒协会。让员工沉浸其中的活动多种多样，为实验室科研人员营造了舒适的环境。

二提供优厚的福利与社会保障。国家物理实验室有一系列制度措施为实验室科研人员提供福利与保障。如提供灵活的工作方式、伤残假、高产假和收养工资、工作场所托儿所等；提供免费和保密的员工援助计划，通过24小时电话或全天候在线健康中心为员工提供实用的建议；根据其认可的符合组织价值观的杰出行为和成就提供相应的认可奖项；在约定期限内为所有长期和定期雇员偿还高达5000英镑的贷款，以支持购买季票、购房押金、租金押金，并通过困难贷款提供财务支持；提供人寿保险等，人寿保险金额等于员工死亡时年基本工资的三倍；等等。国家物理实验室通过一系列的措施和福利政策，为实验室人员的生活和工作提供保障，更好地激励实验室的员工在其相关领域进行研究与创新，为国家的科技发展与进步做出贡献。

4.4.4 英国国家实验室体系人才培养的启示

英国国家实验室体系在人才培养的实施过程中，注重引进国际化人才，高标

① 整理自英国国家物理实验室官网。

准选拔培养领导者，学术环境开放且包容，与大学开展深入合作和推动产学研并重等人才培养做法，对我国国家实验室体系的人才培养有着一定的启示意义。

1. 注重引进国际化人才

英国国家实验室体系在人才培养上注重引进国际化人才，通过国际招聘、学术交流项目、国际合作研究项目和建立国际化研究团队，吸引了全球范围内的优秀人才，促进了学术交流和合作，提升了实验室的创新能力和国际竞争力。这种国际化的人才培养策略为英国国家实验室体系的发展带来了新的机遇和活力。

例如，英国国家物理实验室与美国国家标准与技术研究院等国际知名实验室合作开展了多个项目，共同研究关键领域的科学问题。除此之外，英国国家实验室体系还通过组建国际化的研究团队，吸引了来自不同国家和地区的研究人员。例如，英国国家生物技术中心的研究团队由具有不同国籍和背景的科学家组成，他们共同开展前沿的生物技术研究。这种国际化的研究团队不仅促进了不同文化和思维方式的碰撞和交流，还为实验室的创新能力和国际竞争力提供了保障。

2. 高标准选拔和培养实验室领导者

英国国家实验室体系在人才培养上注重选拔领导者，通过独立招聘委员会、公开竞争和评估、领导能力培养和资源支持等方式，确保选拔到具备高水平科研和领导能力的人才。这种高标准选拔领导者的做法有助于提升实验室的科研水平和管理效能，推动实验室的发展和创新。

在人才招聘上，英国的国家实验室设立了独立的招聘委员会，负责选拔和评估领导者候选人。例如，国家物理实验室的招聘委员会由实验室内部的高级科学家和管理人员组成，他们会对候选人的学术背景、研究成果、领导能力等进行全面评估，确保选拔到具备高水平科研和领导能力的人才；并且采取公开竞争和评估的方式选拔领导者。英国国家生物技术中心会发布领导者职位的公告，并邀请有意向的候选人申请。申请者需要提交详细的个人简历和研究计划，并经过严格的评估和面试流程。这种公开竞争和评估的方式确保了选拔过程的公正性和透明度。在选拔了符合标准的领导者后，更加注重培养领导者的能力和潜力。例如，英国国家生态学中心开设了针对实验室内部科学家的领导力培训课程，旨在提升他们的领导能力和管理技巧。此外，英国国家实验室体系还鼓励领导者参与国际会议、学术研讨会等活动，拓宽视野，增强领导力。此外，他们还为领导者提供充足的资源支持，以便他们能够充分发挥领导作用。

3. 营造开放且包容的学术环境

英国国家实验室体系在人才培养上注重学术环境的开放和包容，通过多学科合作、开放的研究环境和学术讨论、研讨会等方式，营造了一个自由、开放、互相学习和交流的学术氛围。这种学术环境有助于促进创新和跨学科合作，培养出具备广泛知识和开放思维的优秀人才。

英国国家实验室体系在人才培养方面鼓励多学科之间的合作和交流。例如，英国国家能源中心致力于推动能源相关领域的研究和创新，该实验室汇聚了物理学家、化学家、工程师和环境科学家等多个学科的研究人员。英国国家实验室体系倡导开放的研究环境，鼓励科研人员自由探索和交流。例如，英国国家生物医学中心提供了开放的实验室空间，科研人员可以自由使用设备和设施，并与其他研究人员进行交流和合作。这种开放的研究环境有助于促进创新和跨学科的互动。除此之外，英国国家实验室体系还会定期组织学术讨论和研讨会，提供一个开放的平台供科研人员交流和分享研究成果。除了卡文迪什实验室会定期开展各类型的研讨会外，英国国家生态学中心也会定期举办生态学研讨会，邀请国内外的生态学专家和学者参与讨论。这种学术讨论和研讨会的做法促进了学术交流和合作，加强了实验室内部和外部的学术联系。

4. 与大学合作开展深入研究

英国国家实验室体系在人才培养上与大学开展深入合作，通过联合研究项目、学术交流与合作、共同培养研究人员和共享设施和资源等方式，加强了实验室与大学之间的互动和合作。这种合作模式有助于提高科研效率和成果质量，培养出具备实践能力和创新精神的优秀人才。

英国国家实验室体系与大学合作开展联合研究项目，共同攻克科学技术难题。例如，英国国家通信实验室与多所大学合作开展了关于通信网络和信息技术的研究项目。并且，英国国家实验室体系与大学之间积极开展学术交流与合作，互相分享研究成果和经验。例如，英国国家医学实验室与多所大学建立了紧密的合作关系，共同开展医学研究。实验室的科研人员经常到大学举办讲座和学术交流，同时，大学教授和学生也有机会到实验室参与研究项目。除此之外，英国国家实验室体系还会与大学共同培养研究人员，为学生提供实践机会和培养平台。例如，英国国家材料实验室与多所大学合作，开展材料科学和工程领域的研究。实验室的科研人员充当导师的角色，指导学生进行研究工作，并与学生一起参与实验室的科研项目。最后，英国国家实验室体系还会与大学之间共享设施和资源，提高科研效率和成果。例如，英国国家能源实验室与多所大学合作，共同使用实验室的设备和设施。大学的研究人员可以充分利用实验室的先进设备，提高研究水平和效果。

5. 产学研并重联合培养人才

英国国家实验室体系在人才培养上推进产学研协同一体化培养，通过产学研合作项目、实践教学、产业导师制度和创新创业支持等方式，培养与产业需求紧密结合的人才。

英国国家实验室体系与工业界合作开展产学研项目，旨在培养与产业需求紧密结合的人才。例如，英国国家材料实验室与多家工业企业合作进行材料研究，将实验室的科研成果直接应用于实际生产中。并且，英国国家实验室体系注重将实践教学与理论学习相结合，培养学生的实际操作技能。英国国家能源实验室开设了多个实践课程，让学生亲身参与实验室的科研项目，从而提高他们的实践能力，拓展他们的创新思维。除此之外，英国国家实验室体系还与工业界建立了产业导师制度，将工业界的专业人士引入实验室，指导学生进行科研工作。英国国家通信实验室与通信行业合作，邀请通信行业的专业人士担任导师，指导学生进行通信技术研究。英国国家实验室体系还会积极支持人才的创新创业活动，为他们提供创新创业的平台和资源。例如，英国国家医学实验室与创新创业孵化器合作，为有创新想法的学生提供创业指导和资源支持。

4.5 法国国家实验室体系运营及人才培养

4.5.1 法国国家实验室体系概况

纵观世界发达国家的创新体系，不难发现许多国家都把建立国家实验室与科研基地作为国家创新体系建设的重中之重，法国也不例外。法国并未采取大多数国家的那种模仿美国国家实验室体系的一般做法，而是保持自身特色，整合协调全国创新资源，采用以大型国立科研机构为支撑的体系，最终将自己在航空航天、生物医药等战略性高科技领域的创新实力提升至与美国持平的水准。

法国的国家实验室体系具有自己的特色。首先，法国对国家实验室没有明确的提法，本国建立的国家实验室和研究基地也没有固定的称呼。只有简单称呼，例如国家核物理与粒子物理研究所、化学研究所。其次，法国将大型公立科研机构放在创新体系建设的绝对核心主导地位，因此这些国立科研机构也被看作是“广义国家实验室”。①

法国以大型国立科研机构为核心的国家实验室体系的建设之路，可追溯至第二次世界大战（简称“二战”）期间。当时，为了提升国家军事装备水平、抵御德国入侵，以及提高生产社会生产效率、改变国民经济近乎瘫痪的状态，夏尔·

① 茹志涛. 法国公立科研机构协同创新机制的特点与启示[J]. 科技中国，2021，No.288(09)：23-26.

戴高乐整合全国科技力量与资源，先后建立了一批国立科研机构，如国家科研中心、国家空间研究中心、国家通信研究中心等。这些科研机构分为两类——科技型（自由探索型）国立科研机构与工贸型（应用导向型）国立科研机构，其中科技型国立研究机构侧重于基础研究、由此延伸的应用基础研究及前沿领域中的交叉研究等；工贸型（应用导向型）国立科研机构则将重点放在与国防、能源相关的应用研究上。[①]二战期间，这些大型国立科研机构在核弹、无线电、舰艇装备、食品替代品加工等领域有所收获，为增强法国的国防力量做出了重大贡献。

二战结束后，法国的大型国立科研机构不再以国防需求为主要发展导向，而是凭借国家的全方位支持快速发展，不断扩展研究领域，研究前沿领域。二战结束以来，法国政府以使命定位为导向，在特定学科领域中进行探索，通过立法、体制改革等手段，着力推进科技创新，递进式推进国家实验室体系建设。法国探索形成了特色国家实验室体系，在更大范围上发挥了广义国家实验室的功能与作用，在绝大多数科学领域中名列前茅。一个比较有说服力的例子就是法国最大的国立科研机构——国家科研中心是世界上领先的研究机构之一，在国际排名中位居前列，被评为是网络上第四大最引人注目的研究机构及国际上第八大最具创新力的公共研究机构。

4.5.2 法国国家实验室体系运营模式

1. 法国国家实验室体系的管理体制

法国大型国立科研机构的组织结构主要包括：总部决策层、业务管理与实施层等，体现出与国家政治制度相似的自上而下集权化管理的特征。法国的国立科研机构一般实行理事会领导下的法人代表负责制，由理事会负责制订发展计划与主要任务。法国大型国立科研机构的组织架构一般表现为“总部—大研究院（地区代表处）—实验室”，其内部主要领导均由具备学术权威的科学家担任。实验室管理实行总部主任、研究院院长或地区代表、实验室主任三级领导制，其中总部主任由国家任命，研究院院长或地区代表由总部主任任命。

以法国最大的国立科研机构国家科研中心为例。首先，该实验室总部的最高决策部门是理事会，最高领导人为理事长，由国家科研中心的主席兼任（现由安托万·佩蒂特担任）。每任主席由法国总统在教研部部长建议下颁布法令任命，任期4年，最多连任2届。理事会的成员还包括秘书长、科学主任、资源

①方晓东，董瑜. 法国国家创新体系的演化历程、特点及启示[J]. 世界科技研究与发展，2021，43(05)：616-632.DOI：10.16507/j.issn.1006-6055.2021.01.018.

主任、创新主任等，其中秘书长负责协助主席开展工作；科学主任主管科学办公室，负责协调在欧洲的研究项目和10个研究所的工作，管理大规模研究设施并实现跨学科的使命，处理中心与区域、国家、欧洲和国际层面的各种研究参与者的伙伴关系等；资源主任主管资源办公室，负责该机构的法律事务和财务政策，及组织人力资源开发和研究支持活动；创新主任主管创新办公室，负责创新事宜及外部机构的商务关系。国家科研中心结构图如图4-12所示。

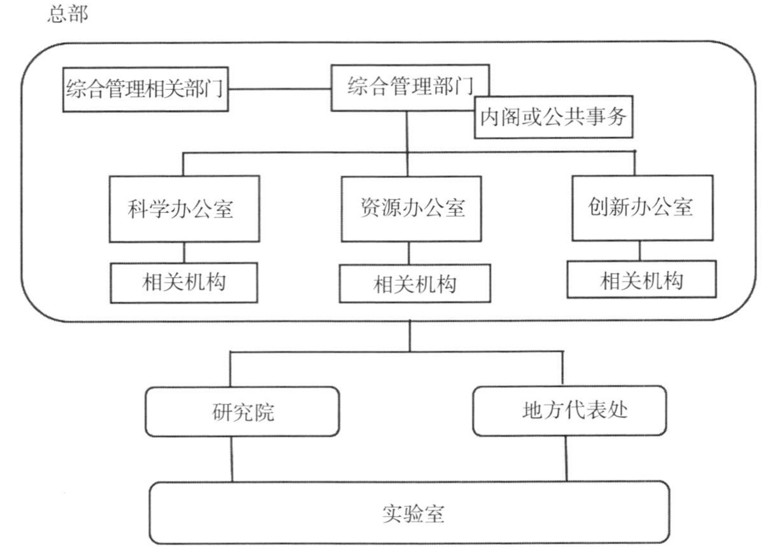

图4-12　国家科研中心组织结构图

其次，国家科研中心在2008年对中心内部的组织模式进行了大幅度改革，按照领域划分研究院。2019年，它按照十大主题科学领域，即生物学、化学、生态与环境、人文社会科学、工程和系统、数学、核和粒子、物理、信息科学以及地球科学和天文学，设立了十个研究院。每个研究院的任务为协调统筹其负责领域的科研项目，具有配置实验室人员及经费的权利，中心总部发挥协调和监督作用。这种赋予决策权和自主权的方式有利于去除行政化和官僚化管理对科研工作的干扰，调动人员积极性。国家科研中心同时实行分区域管理模式，在全国各地建立了18个代表处，由它们负责支持所辖区域的实验室的日常运行，同时协助中心处理与地方政府及当地企业高校的关系、签订属地合作协议、推广科技成果等。[①]

① 盛夏. 率先建设国际一流科研机构——基于法国国家科研中心治理模式特点的研究及启示[J]. 中国科学院院刊，2018，33（09）：962-971.DOI：10.16418/j.issn.1000-3045.2018.09.010.

最后，国家科研中心的各项具体研究工作由各研究院下设的研究单元即实验室来完成，各实验室不单独设置自己的人事部门和科研处，提高了研究机构的专业化和研究效率。

2. 法国国家实验室体系的运行机制

（1）合同管理机制。

法国中央集权制的特色决定了它所建立的各大国立科研机构的中心使命来自国家。为了加强对以国家科研中心为首的国立科研机构的统一领导，确保国立机构在国家意志的引导下开展研究活动。法国在1954年成立了科学研究与技术进步国务秘书办公室，预示着法国进入了政府干预科学研究活动的阶段，彰显了中央集权制国家的特色。[①]法国政府对大型的国立科研机构如国家科研中心、国家信息与自动化研究所等采用合同管理，每4年与这些机构签订一次合同，规定机构下实验室和研究基地发展目标与优先研究领域，保证政府对国立科研机构的宏观领导与调控，满足国家科技发展需要。法国政府需要为这些实验室和研究基地提供经费、设施与技术等，并在合同到期时会对合同目标实现情况进行评估。

（2）决策机制。

法国的大型国立科研机构每4年需要根据国家政策与科技需求的变化重新制订战略与发展规划，该项工作由各机构的最高决策机构理事会来完成。经各方同意后，这些国立科研机构与国家签订4年期的目标合同，之后根据这份指南开展各项具体工作。例如，国家科研中心的理事会每年至少要召开4次会议，由理事会主席主持。会议内容包括分析并决定它在文化、经济和社会发展方面的政策方向，调整预算并分配各部门经费，审议与国家签订的合同、年度报告、财务报表等，建立、撤销或者重组研究单元等活动。各研究院的院长参与制定中心的科研政策，并自主确定下属研究单元贯彻执行科研政策的方式。[②]

（3）合作机制。

为了促进高等教育与科研的深度融合，法国政府在2013年出台了《高等教育与研究指导法案》，鼓励国立科研机构的科研人员与大学的教职人员共同组建混合研究单元，共享资源进行科学研究。混合研究单元的实验场所既可设在国立科研机构内也可设立在高校内，大多数设立在大学园区内。大学教职人员与国立科研机构的研究人员在同一混合研究单元中按照研究主题组成团队进行研究。[③]国立科研机构的研究人员有时也会承担大学的部分教学任务，培养并提升学生的

① 方晓东，董瑜. 法国国家创新体系的演化历程、特点及启示[J]. 世界科技研究与发展，2021，43(05)：616-632.
② 肖小溪，代涛. 国立科研机构培养使用战略人才的国际经验及启示[J]. 科技导报，2022，40(16)：46-54.
③ 刘德娟，沈力，薛慧彬. 国外国立科研机构的运营特征及其启示[J]. 科学管理研究，2022，40(06)：147-156.

科研实力、发现并培育人才，大学教职人员也能凭大型国立科研机构在海外的知名度来提升履历。

在国家的推动下，除了与大学进行合作，法国国立科研机构与企业和其他科研机构之间也形成了良好的交流与合作机制，实现了人才和资源上的共享。据统计，国家科研中心下设的科研单元近90%都不是完全属于自己的，即都是与外部单位共同组建的混合研究单元；国家健康与医学研究院下设的研究单元有85%是与大学医院、医院、国家科研中心、巴斯德研究院等共同管理。①法国国立科研机构与联合研究单位的合作较为紧密，双方均行使一定的管理权，共同确定研究人员名单、提供资金与设备、分配经费，对研究产出和知识产权归属问题做出约定。国家科研委员会会定期检查实验室的运行情况，监督双方的工作。只有具备精良设备与一定研究实力，并且研究方向与这些大型国立科研机构一致的机构，才能以这种方式与之取得合作。因此，与大型国立科研机构共同组建混合科研单元也成为其他机构雄厚科研实力的重要体现。

（4）成果转化机制。

科技成果转化率是衡量国家科技创新水平的一个重要指标，对此法国政府从机构建设、资金供给、利益分配等方面力促科技成果转化。②2016年，法国政府出台了相关政策，强调在科研合作协议中要把技术转移制定为考评指标，以促进科研成果的利用与转化。受此影响，法国大型国立科研机构一般均具有较为完善的科研成果转化机制，例如国家科研中心在1992年就成立了转让专利技术的职能部门，将一部分技术转让给其他企业。1999年，法国颁布实施《科研与创新法》，通过立法允许在编科研人员创办企业或基于自身科研成果入股企业，激发科研人员创新创业的活力。受此影响，国家科研中心不断扩大享有其科研成果的范围，它允许内部员工转让自己的研究成果；获得额外收入的同时还鼓励那些掌握具有良好前景技术的科研人员自主创业，创业形式包括利用科研成果新建科技型企业及技术入股；每年举办产研合作培训，邀请那些已经创业成功的员工传授经验，增强科研人员走出实验室的成就感与获得感。

（5）评估机制。

具备行之有效的评估体系是许多发达国家的国家实验室体系共有的特征，同样地，伦理与科学诚信是法国科研活动的基本价值观，因此法国国家实验体系也有着相当完善的评估体系。为全面了解科研经费的投入产出情况，法国在1982年

① 茹志涛. 法国公立科研机构协同创新机制的特点与启示[J]. 科技中国，2021，No.288（09）：23-26.

② 方晓东，董瑜. 法国国家创新体系的演化历程、特点及启示[J]. 世界科技研究与发展，2021，43（05）：616-632.DOI：10.16507/j.issn.1006-6055.2021.01.018.

11月成立了国家科研委员会，由该机构负责大型国立科研机构的科研人员的绩效评价工作。它成立之初便采用针对性强且多样的评价标准与指标对不同类型的科研人员进行评估。1989年，法国国家科研评价委员会成立，主要负责评估国家研发计划的投入与产出效益，以及国立科研机构的研究成果。国家科研评价委员会首次采用“异议制”，即允许被评价对象对评审专家组的评价结果提出异议，然后双方进行辩论，直至意见达成一致。[①]2006年，法国决定废除国家科研评价委员会，成立科研与高等教育评估署，负责监督国立科研机构的产出情况，同时也会对高等教育机构、资金资助机构及大型研发企业开展的研发活动和资助活动进行定期评价。2014年，为了简化评价工作并且制定多元化评价指标，法国又将科研与高等教育评估署重组为科研与高等教育最高评价委员会。

法国的科研评价系统历经了多次改革，评估机制也在不断更新。目前，以国家科研中心为首的大型国立科研机构的内部评估工作由国家科研委员会来完成，国家科研委员会下的专业学科委员会和跨学科委员会负责对各机构中的实验室和研究人员进行评估。国家科研委员会采取定性和定量相结合的评价方式。2013年法国政府出台的《科研单位评估标准》强调对科研机构的评估要侧重于研究成果与研究价值，因此国家科研委员会对实验室及研究人员的评估不仅看重产出数量，更看重产出质量，即研究成果是否符合当下社会背景、价值大小、团队建设质量等。评估结果涉及研究单元的保留与撤销、下个周期的经费、人员的招聘、职位晋升与调动、工资调整等。[②]大型国立科研机构的外部评估工作由国家科研与高等教育最高评价委员会来完成，主要是在签订的4年合同到期后对合同目标实现情况进行评估。

（6）经费来源。

法国国立科研机构的经费来源以国家财政拨款为主，自身收入为辅。据统计，国家科研中心2021年的经费总量约38亿欧元，其中国家财政拨款占74%，其他来自自身收入，而国家科研中心的自身收入超过80%来源于它与其他机构（主要是法国和欧洲的公共组织，也包括私营企业）签署的研究合同。同时各大国立科研机构的经费分配也要以与国家签订的合同为指南。

4.5.3 法国国家实验室体系的人才培养

人才是创新的根本，培养人才更是促进创新的关键。法国国家实验室体系作

① 方晓东，董瑜. 法国国家创新体系的演化历程、特点及启示[J]. 世界科技研究与发展，2021，43（05）：616-632.DOI：10.16507/j.issn.1006-6055.2021.01.018.

② 盛夏. 率先建设国际一流科研机构——基于法国国家科研中心治理模式特点的研究及启示[J]. 中国科学院院刊，2018，33（09）：962-971.DOI：10.16418/j.issn.1000-3045.2018.09.010.

为国家战略科技力量的重要组成部分，在全方位培养人才方面肩负重任。下文以国家科研中心与国家空间研究中心为例具体讲述。

1. 国家科研中心的人才培养

（1）人才引进。

法国在全球范围内以高标准、高要求挑选世界顶尖科研人才，汇聚世界级的顶尖人才，高度重视吸引一流人才。国家科研中心孕育出24位诺贝尔奖获得者，是各大国际科学大奖获得者的摇篮，有着世界一流的科研团队，吸引了许多想要接触大奖获得者获取灵感的一流人才。同时，它具备尖端科研仪器设备，吸引了想要获得更好发展的高水平科技人才。另外，为了吸引更多国外优秀人才，法国在2016年发布政策，通过发行新的签证、放宽科研工作者的入境审查手续程序、简化雇用外国科研人员的审批手续、改善来法外国科研工作者的生活和工作环境、延长外国人科研人员的健康保险登录时间等方式吸引国外科研人员。①凭借着自身优秀条件，国家科研中心吸引了大量外籍科研人员，截至2018年，法国国家科研中心的外籍科研人员占总数的27.11%。

（2）人才招聘。

为了用好科研人才，发达国家的国家实验室普遍设置了多种岗位，并采取多元化的聘用方式。国家科研中心也是如此，既招聘终身聘用制员工，也招聘合同聘用制员工，其中，终身聘用制员工享有国家公职人员的社会地位与稳定的社会福利待遇（包括家庭补助、职务津贴、岗位津贴、集体效益奖和住房补贴等）。安稳的学术环境能够保证科研人员进行一些周期比较长、难度比较大、风险比较高的战略性科研项目与前沿科学研究，因此长期聘用的员工是国家科研中心的骨干力量。一般来说，长期聘用的岗位有战略科学家、科技领军人物、绝大部分工程师岗位和行政管理岗位。这些科学家具有雄厚的科研实力与丰富的经验，长期聘用他们可以指明团队的战略发展方向与保障科研体系稳定运转；长期聘用工程师和行政管理人员主要是考虑到科研团队的敏感性与稳定性。②

国家科研中心内部的终身聘用制员工占据较高比例，在2015年就有24 000多名。国家科研中心对终身聘用制员工的招聘十分严格。首先在招聘条件上，终身聘用制研究人员只对持有博士学位或同等学位的候选人开放，终身制工程师和技术人员的应聘者获得博士文凭或相关资格证书；除技术人员外，对年龄和国籍均不做要求。其次在招聘程序上，国家科研中心通过竞争性考试招聘终身制员工，

① 张婧，蔚晓川. 2016年发达国家科研体制创新举措及启示[J]. 天津科技，2017，44(1)：4-7.

② 李天宇，温珂，黄海刚等. 如何引进、用好和留住人才？——国家科研机构人才制度建设的国际经验与启示[J]. 中国科学院院刊，2022，37(9)：1300-1310.

对由同侪组成的小组进行甄选，评估候选人的优点和价值，过程公开透明，竞争也比较激烈。

从长远来看，终身聘用制度会引发积极性难以调动及路径依赖的问题，于是，国家科研中心也会聘用不具有国家公职人员身份的合同聘用制员工来增添队伍活力、促进外部知识与技能的流入，聘期最长为3年，到期时可根据具体情况续签。为了帮助各国博士后获取高质量的科研工作经验，国家科研中心大力欢迎博士后前来应聘。出于避免“近亲繁殖”的考虑，国家科研中心要求前来应聘的博士后没有在相关实验室从事过科研工作。[①]据统计，博士后队伍构成其合同聘用制员工队伍的主体。

另外，国家科研中心在招聘员工时致力于性别平等，强调让更多的女性进入科学领域，参加大型科学研究。除此之外，国家科研中心更是将性别问题纳入研究方案当中，这些做法也取得了一定的成效。在2023年的艾雷娜·约里奥·居里年度女科学家奖的获奖者中，有三位都是国家科研中心研究人员。

（3）人才培养模式。

法国政府重视通过立法手段改善人才培养模式，特别是对人才使用效率方面的改善。1982年出台的《科研与技术发展导向与规划法》和1985年出台的《科学研究与技术振兴法》赋予科研人员国家公职人员身份，并给予相应的福利待遇，实现不同科研机构之间“同工同酬”，因此，国家科研中心的科研人员可以根据研究兴趣和科研任务自由流动于不同机构。随着法国国立科研机构与高等教育机构、企业及外部研究机构的有机融合趋势加大，国家科研中心近90%的研究单元都是混合研究单元，经常需要外派研究人员，并且国立科研机构的财政支持来源于法国政府，科研人员的流动并不会增加额外开支。这使得国家科研中心用人模式更加开放多元。在长期调动上，国家科研中心的员工会因为评估结果被调动到其他研究单元，也可以根据自己的兴趣或者研究方向变动主动申请调整；在临时调动上，科研人员会到中心外的大学、企业或者其他研究机构参与短期研究项目合作。在临时离开国家科研中心的这段时期，科研人员除了收到由他们流动到的机构支付的薪酬，还会享受一定的津贴；同时他们不用担心在原机构中的职位晋升等问题，中心会保留其原有人事权利，等待员工回到机构后就恢复。这种灵活的用人模式可消除人才培养因所属机构不同带来的隔阂，同时也在一定程度上降低了优秀人才分散带来的不利影响，有利于高效利用人才及提升不同机构间的合作效果。

除了人员流动以外，国家科研中心在人才培养模式上还重视多元化人才队伍

① 吴海军. 法国国家科研中心及其管理制度建设[J]. 全球科技经济瞭望,2014,29(2):33-40.

的建设，强调技术支撑人员对研究工作顺利开展的保障作用。因此，负责建设运行与维护科研基础设施、发明和生产定制化机械构件、承担工程类项目开发、保障日常科学实验操作与数据运算等任务顺利进行的技术支撑人员必须占据一定比例。在国家科研中心这种国际知名的科研机构中，工程师与技术人员的比重与研究人员相当：国家科研中心现有33 000多名员工，包括15 000多名研究人员，18 000名技术支撑人员（其中有14 000名工程师和约4000名技术人员）。

（4）人才激励。

科技进步离不开科研经费的持续投入，法国政府出台了十年研究法案强化研发经费投入强度。即便是在2008年金融危机爆发，财政经费紧张的大背景下，法国政府也没有缩减对国立科研机构的经费投入，而是保持与稳定增长。在国家科研中心中，国家财政稳定拨款占经费总量的70%以上，其中大半都用于人员经费（终身聘用制员工得到国家财政经费全额保障，合同聘用制员工薪酬80%以上来自国家财政拨款，标准总体处于法国社会平均薪酬中等偏上水平，并根据工作年龄与职位晋升具有一定涨幅①）。这种“以人为重”的模式保障了内部员工能够安心进行周期长、难度高、不确定性大的研究项目。

（5）人才评价。

正如前文所说，国家科研中心对内部科研人员的日常评估与晋升评估工作由国家科研委员会来完成。国家科研委员会下设了10个研究院级的科学委员会，40个专业学科委员会和5个跨学科委员会，其中主要由专业学科委员会和跨学科委员会分领域对科研人才进行评估。每个专业学科委员会中有21个固定成员，均在相关领域中具备良好声誉和较高影响力，任期为4年。专业学科委员会的成员中有近1/3是由法国高等教育与科研创新部直接任命，剩下的成员则由相关领域的科研人员选举产生。法国科研委员会在对科研人员进行评估时，不仅要看其期刊论文数量，更看重其科研产出是否符合当前科研背景与宏观政策、国内外学术影响力、科研活动活跃度等。科研人员每年都需要向国家科研委员会提交年度进展报告，个人评估材料包括其科研成果产出、文章、论文和科研项目等。

2. 国家空间研究中心的人才培养

（1）人才引进。

与国家科研中心类似，国家空间研究中心也重视国际科研人员的引进，强调保证研究团队的混合性。国家空间研究中心除了借助尖端科研仪器设备吸引人才

① 盛夏. 率先建设国际一流科研机构——基于法国国家科研中心治理模式特点的研究及启示[J]. 中国科学院院刊，2018，33(09)：962-971.DOI：10.16418/j.issn.1000-3045.2018.09.010.

外，还定期从全球范围内邀请科研人员参加交流项目，进行深度参观、学术展示和前沿讨论，在这些短期访问的科研人才中甄选出所需人才，通过进行科研奖励的方式增加与其长期合作的可能性，并给予自主权以供其选择加入研究所。国家空间研究中心更是为这些人才提供“一站式”服务，解决工作签证办理、住房安置、语言培训等后顾之忧，创造良好的工作环境。

（2）人才培养模式。

国家空间研究中心重视与高校的合作及培养科技后备军，在鼓励内部员工流动到高校去承担一部分教学任务，让学生在课堂上接触空间领域的先进知识的同时，它也会在特定时间内对学生开放。国家空间研究中心下设的巴黎总部、图卢兹航天中心和圭亚那库鲁发射场3个基地每年都会招收一定数量的学生，让他们进行为期一周的实习，并且允许这些学生在实习期内参加专家会议、科学研讨会及员工会议。这是法国青年了解法国航天局的任务、专有技术、员工，挖掘自身科研潜力的好机会。除了学生以外，研发企业中的青年工程师也有机会到国家空间研究中心、以合同制方式（合同期一般为三年）继续深造，接受培训，培训期间的所有费用由政府和原企业共同分担，等培训结束后受训人员必须回到原企业。①

（3）人才激励。

人才激励除了物质激励外还包括非物质激励。国家空间研究中心鼓励年轻科研人员踊跃参加欧盟科研项目，除了提供科研资源这种传统方式外，该中心还依照法国政府出台的政策为没有申请上欧盟科研项目但是又被认定为优秀年轻科研工作者的人员提供二次申请机会，在给予经费支持的同时简化其申请手续，有效调动了年轻科研人员的工作积极性，为其提供了重要的历练机会。②国家空间研究中心借助这种培育年轻领军人才、扩展人才队伍的方式取得了重大成果，助力建设欧洲太空的未来。

4.5.4 法国国家实验室体系人才培养的启示

1. 建立完善的人才聘用制度

完善的人才聘用制度能够激发科研人才的创新活力，提高人才使用效率。法国国家实验室体系需要科研人员持续攻关长周期、高风险的重大战略项目，因此终身聘用制这一特色制度的实行是非常有必要的，但这种公务员制度也存在缺乏

① 邱举良，方晓东. 建设独立自主的国家科技创新体系——法国成为世界科技强国的路径[J]. 中国科学院院刊，2018，33(05)：493-501.

② 张婧，蔚晓川. 2016年发达国家科研体制创新举措及启示[J]. 天津科技，2017，44(01)：4-7.

灵活性的弊端。对此，法国积极探索突破，激励人才竞争，调整终身聘用制员工的比例，定期招聘合同制员工。法国持续改进人才聘用制度，强调完善人员招聘制度，不断调整雇员的种类与比例，加强人才队伍建设，重视科研团队内部的多样性，增添科研队伍活力。

2. 采取灵活化的用人模式

合理的人才使用模式可以在很大程度上促进法国国立科研机构与其他机构的合作力度，减少不同机构之间科研人员流动的障碍。对此，法国采取了可以打破壁垒与减轻束缚的混合实验室模式，建立起更加灵活的人才流动机制，加大科研人员在不同机构的流动力度，使来自不同组织的人员可以凭借多样化的知识与技能围绕同一科学任务开展工作，实现资源共享、合作共赢。同时参与合作的科研人员也能够根据实际需求与自身兴趣选择阶段性工作，始终以较高的活力与创造力进行科学研究。

3. 设置合理化的薪酬结构与水平

法国国家实验室体系通过设置合理的基本工资占比来缓解科研人员承接过多竞争性项目以获得科研经费与维持工资水平的问题。同时，采取国家财政全额保障编制人员经费的模式，非绩效奖励主要来自科研项目经费，使科研人员跳出了盲目寻找项目来保证收入，难以实现原创成果产出的误区。法国的这种不断增长经费投入，用国家财政拨款支撑科研人员的大部分基础工资，并根据情况对科研人员进行绩效奖励的做法有效缓解了因收入波动带来的焦虑情绪，减轻了不正当竞争及科研浮躁，值得借鉴。

4. 建立行之有效的评估体系

建立公平专业的评估体系可以确保科研方向的正确性并对科研人员产生有效激励。法国政府凭借立法手段健全科技评价机构与完善科技评价体系，促进科研质量的提高。法国国家实验室体系中的评估制度缓解了任务性与临时性的问题，通过建立起日常性与专业性的分类评估评估体系，对待不同领域、不同类型、不同岗位的科研人员使用差异化的评价指标，尽量保证评估结果的公平公正。另外法国在此基础上也不断健全评估维度，重视科研产出的质量，鼓励原创性科研产出与实质性技术突破。

4.6 意大利与荷兰国家实验室体系运营及人才培养

4.6.1 意大利与荷兰国家实验室体系概况

意大利与荷兰有较为深厚的学术传统与悠久的科技发展史，它们依据自身的政治制度、历史渊源、人文环境和经济实力建立起属于自己的特色国家实验室体系。

意大利的科研体系与法国类似，科学研究由像国家核物理研究所这样的大型研究机构负责，不同的是，这些研究机构下设有固定名称的国家实验室，例如国家核物理研究所下的四大国家实验室——弗拉斯卡蒂国家实验室、格兰萨索国家实验室、莱尼亚罗国家实验室以及南方国家实验室。

荷兰也有自己的大型研究基地，例如国家亚原子物理研究所与海事研究所。总体来说，它们的研究范围都主要集中在基础研究及基础研究对应用研究的支撑作用上。两国国家实验室体系内的实验室主要进行基础研究与应用研究，其中专注于基础研究的国家实验室要负责实现前沿领域内的国际领先，专注于应用研究的国家实验室则要负责满足国家需求。

4.6.2 意大利与荷兰实验室体系运营模式

1. 意大利与荷兰国家实验室体系的管理体制

意大利国家实验室体系内的各个实验室虽然科研侧重点各有不同，但在管理体制上还是有一些相同点。以国家核物理研究所为例。首先，国家核物理研究所总部设有理事会，负责决定4个国家实验室科研计划、审查开支情况、选举任命实验室主任等重大事项。其次，各国家实验室实行主任负责制，实验室主任由理事会选举产生，全面负责和领导实验室的整体运作，协调各部门的统一发展，管理实验室的科学研究、学术活动等各种工作。最后，为了减轻实验室主任的工作压力，各实验室会下设协助实验室主任开展工作的秘书处、负责实验室日常运行的科研处、技术服务处、行政管理处等部门及向实验室主任提供决策参考和建议的科学委员会。

一般来说，国家实验室体系内的实验室实行宏观管理，不管理其具体事务，确保国家实验室对科研事务的管理自主权，强化国家实验室为确保国家重大创新领域发展的责任主体地位。荷兰国家实验室体系一般也都会给予科研人员充分的决策权和自主权，创造宽松的科研学术环境，调动人员积极性。

2. 意大利与荷兰实验室体系的运行机制

（1）设施共享机制。

意大利与荷兰重视研究基础设施对现代科学研究的支撑作用，认为研究基础设施与科研设备的开放共享可以提升国家科研水平、推动科技进步，于是两国在国内与国际建立起良好的研究基础设施共享机制。

为了鼓励各国开放共享基础科研设施与科研设备，欧盟委员会在2016年颁布的《欧盟科研基础设施开放共享章程》明确了开放共享的原则、指南等。虽然此章程不具有法律效力，但对成员国研究基础设施的开放共享具有重要指导作用[①]。为了确保本国政策与欧盟战略相协调，意大利与荷兰出台相关法令，例如同年意大利出台了第218号法令，对国家研究委员会、国家核物理研究院等多家主要研究机构进行了最新规定，为大型研究基础设施的开放共享提供了法律依据。依据法律规定，意大利研究机构就大型研究基础设施与国外同类设施之间的共享与外国科研机构签订了协议，依照协议规定进行关键部件的共同研发并开展人员交流。在已有研究基础设施的借用上，使用者需向研究基础设施的负责人提交申请书。在申请书中，使用者方需要介绍实验情况及研究团队情况、描述实验条件需求的描述、承诺遵守相关法律法规等，获批后才能使用。同样地，荷兰政府为了使资源效用最大化，积极参与国际科研合作项目，采用多家单位共建科研设施共享研究成果的模式。[②]

通过这种共享机制，意大利与荷兰的国家实验室体系与世界顶级机构建立起了良好的合作关系，例如意大利国家核物理研究院下的弗拉斯卡蒂国家实验室与美国、法国、英国、德国等国家和地区的顶尖科研机构签订了合作协议，规定了各国实验室中的先进研究设备可以被带到国外实验室进行测试实验，例如该实验室研发的粒子探测器被全球各大科研机构广泛使用。同时各大机构的科研人员也可以定期互访，据统计，2017年在弗拉斯卡蒂国家实验室开展研究的400名科研人员中约有三分之一来自意大利之外的国家，其中包括来自中国的10名科研人员。

（2）合作机制。

除了科研基础设施的共享意大利与荷兰同样重视科研的国际化交流与科研人才的合作，鼓励知识与技能在不同机构内流通。各国家实验室与高校、企业或科研机构通过合作办学、共同设立科研机构、参与国际合作研究项目、举办国际研讨会等多种方式建立了长期合作关系。良好的合作机制对各方都有好处，首先国家实验室体系与高科技企业，特别是中小型企业进行密切合作可以对国家经济产生积极影响；其次国家实验室体系与高校可以通过科教实质性合作促进科研成果产出，促进人才发展；而对于国家实验室体系与其他科研机构，特别是与海外国家实验室的合作来说，最重要的是通过共同参与国际项目开展面向全人类的重大任务攻关，例如意大利国家核物理研究院为建造日内瓦欧洲核子研究中心大型强

① 马宗文，孙成永．意大利大型研究基础设施开放共享的经验与启示[J]．全球科技经济瞭望，2019，34（05）：60-66.

② 张新民，杨光．荷兰大科学项目组织机制及科研产出管理办法[J]．全球科技经济瞭望，2017，32（01）：21-25+45.

子对撞机粒子加速器中使用的技术与最先进的部件做出了极其重大的贡献。

（3）技术转移机制。

技术转移就是技术成果在不同组织环境中的转移，它在促进科技创新发展，推动经济增长、应对社会和环境等方面的挑战来说具有重要意义。对于面向产业和市场发展需求的国立科研机构来说，建立高效的技术转移机制是非常重要的，是更好地对接市场需求的前提。意大利与荷兰通过建立技术转移办公室、科技园区，鼓励国家实验室体系内实验室开展技术转移合作等方式来实现科研成果转化。意大利与荷兰还出台了相关政策，把技术转移制定为对国家实验室体系内实验室考评指标，以促进科研成果的利用与转化，提高科研水平。意大利国家核物理研究所下的弗拉斯卡蒂国家实验室除了与其他机构开展合作研究外，还面向企业界开放，提供科学和技术数据的不同层级的公开接口，促进知识和方法向创新链下游转移，其中纳米材料、石墨烯、新型传感器和探测器在医疗、信息和航天等领域取得了不错的应用成果。①实验室还利用对撞机设施开展文物修复和保护研究、原材料分析和真伪鉴定等，大力支持文化产业发展。

（4）评估机制。

科技评价一直都是科技体制改革的热点问题，各国一般都会历经多次改革才能形成较为完备的科研评价体系，在科技评价方面走在世界前沿。意大利政府更迭频繁，因此国家科研系统也历经了多次改革，科研评价制度也经历了对象、方法与指标三方面的深刻变化，从三年期研究评估制度（VTR）转换到研究质量评估制度（VQR）。除了国内的评估机制，意大利国家核物理研究所还建立了跨国评估机制，即成立国际评估委员会（CVI），邀请外国科学家来对国家实验室进行整体评估，并指出问题，提出具体建议。

为了避免干预到研究者的研究过程，并且个人评价结果受年龄和资历影响波动较大，评价指标在不同领域间甚至单个领域内难以形成统一的衡量标准，发达国家对国家实验室的评估一般少有面向研究者的个人评估，进行个人评估时会将侧重点放在研究思路、研究成果和后备人才培养上。

总的来说，意大利与荷兰的科研评价体系有以下特点：首先，两国政府一般会成立专门的国立评估机构来负责国家实验室体系内实验室的评价工作，体现出很强的政府主导性，并且在科研评价体系的变革过程中总少不了法律法规的身影。其次，两国对国家实验室体系内实验室的科研评价体现出明确的分类评价理

---

① 马宗文，孙成永. 意大利国家实验室的发展经验与启示——以国家核物理研究院的国家实验室为例[J]. 全球科技经济瞭望，2021，36（11）：39-45.

念，对不同领域的评价采取不同的评价方法和指标。最后，为了激发科研人员的积极性与提升科研实力，两国政府会根据评价结果来确定各机构的经费拨款额度。

（5）经费来源。

因为国家实验室体系是国家设立的，围绕国家使命和需求进行研究，并且它们开展的研究往往是长期的、大规模的，花费高，需要尖端科学设施与专业科研人员的工作，私营公司与高校的能力不足以支撑其运转，所以它们的经费主要来自政府稳定拨款，也享有按规划自主支配经费的权利，除大型装置建设外一般不需要按项目单独申请经费。意大利与荷兰使用基于科研绩效的经费资助系统来刺激科研水平的提高。也有一些应用研究和产业支撑型的国家实验室可以获得除财政拨款之外来源于技术转移转让、投资、项目合同等途径的收益。意大利与荷兰的国家实验室体系需要合理安排经费以实现其使命与目标，经费使用情况受特定部门或机构的监督与评估。

4.6.3　意大利与荷兰实验室体系的人才培养

欧盟地平线计划一直强调科研人员的培养工作，为优秀科研人员提供从创意、研发到市场的一条龙服务，并且为具有前途的青年科学家或首次申请研究项目的人员提供更多机会。为了确保本国政策与欧盟战略的相协调，意大利与荷兰也针对国家实验室的人才培养做出重要部署，为优秀科研人才创造良好的环境以及提供更多机会，提高人才培养质量。下面以在国际上享有盛誉的意大利国家核物理研究所以及荷兰国家亚原子物理研究所为例具体讲述。

1. 意大利国家核物理研究所的人才培养

（1）人才引进。

意大利国家研究计划（2021—2017年）将促进高等教育和研究的国际化，培养出能够参与国际研究项目的新一代研究者并吸引国际人才放在优先领域。意大利在前沿领域，例如物理和天文等，拥有一批国际领先的科研基础设施，这些设施在协助开展前沿领域研究、培养高质量人才的同时还吸引了许多国外人才来意大利开展合作研究，对提升意大利科研水平发挥了重要作用。[①]意大利国家核物理研究所在核和天体粒子物理学等前沿领域进行理论和实验研究，这些领域的基础研究需要使用尖端仪器设备，意大利国家核物理研究所在自己的实验室中也自己开发或其他机构合作开发了这些仪器设备。意大利国家核物理研究所下的四大国家实验室，拥有世界最大最灵敏的暗物质探测器、先进的环形正负电

① 马宗文，孙成永. 意大利科技人才培养的经验与教训[J]. 全球科技经济瞭望，2022，37(03)：59-64.

子对撞机、极高功率激光器等各类科研设施。这些先进装置在进行前沿领域研究的同时还为吸引高水平科技人才提供了资源基础。

除了利用自身良好的资源条件吸引人才，意大利国家核物理研究所下设的国家实验室深度参与国际项目，例如莱尼亚罗国家实验室参与了欧洲核子研究中心的大型强子对撞机LHC的铅离子注入器、ALICE探测器等关键部件的研发项目，吸引了来自世界各地的科研人员来开展合作研究。[①]实验室还为这些参与国际实验，进行学术交流的科研人员提供津贴和食宿补贴等，以增加长期合作的机会。

（2）人才培养模式。

在培养国内人才方面，意大利国家核物理研究所与高校展开深入合作，建立起与大学融合发展的良好生态。它在全意大利20所高校设立了分部，在意大利国家核物理研究所进行研究活动的所有人员中，来自高校的人员所占比例高于研究所自有人员，每年约有1000名本科生和研究生参与各项研究工作。它的这种科教融合人才培养模式一方面为国家实验室补充了大批高素质的科研力量，通过科教实质性合作促进科研成果产出，另一方面也为高校科研人员提供了先进的科研平台，有利于人才的个性化发展。

意大利国家核物理研究所还与高校合作创办了新型教育机构，开拓了培养人才的新渠道。国家核物理研究所下的格兰萨索国家实验室，全球最大的地下实验室，在2012年与当地高校合作创办了新型博士培养机构——格兰萨索科学研究所，并于2016年起正式面向全球招生。格兰萨索科学研究所目前每年招收40名天体物理、计算机、数学和社会学领域的博士生，并实现奖学金全覆盖，格兰萨索科学研究所的毕业生也颇受全球顶尖科研机构的青睐。在政府的支持下，同为意大利国立科研机构的国家研究委员会和比萨大学在2021年也协调开展“人工智能”博士项目，应对当前数字化挑战。

在依托高校科研力量促进实验室的发展的同时，国家核物理研究院还重视青少年科普工作，积极履行科学文化传播的社会责任，为科技发展储备后备人才。弗拉斯卡蒂国家实验室和格兰萨索国家实验室每年都会举办一批富有吸引力的科普和培训活动，例如“欧洲科研人员之夜”活动、“我也是科学家”竞赛以及由欧盟玛丽·居里计划资助的“分享科研人员对不断变化的责任的热情”这样的科普活动等。让中小学生近距离接触晦涩难懂的科学知识，与科研人员对话交流，增强了他们投身科研的热情，这也为科技发展储备了人才。另外在对年轻人的培训上，每年都有大量的中学毕业生、本科生和研究生参与意大利国家核物理研究

① 马宗文，孙成永. 意大利国家实验室的发展经验与启示——以国家核物理研究院的国家实验室为例[J]. 全球科技经济瞭望，2021，36(11)：39-45.

所的包括设置奖学金的竞赛在内的各项研究活动。

除了在青年人才培养工作上下功夫，意大利国家核物理研究院还重视建设一流科研团队。为了促进团队建设，弗拉斯卡蒂国家实验室创造性地令团队中青年科研人员与经验丰富的年长科研人员有计划地进行分工与协作，激发团队的合作精神，打造世界一流科研团队。①

（3）人才激励。

发达国家和地区均有相对成熟的科研人员薪酬制度，科研人员潜心开展前沿领域研究提供有力支持。过去作为福利社会国家的意大利赋予公立科研机构以及大学的科研人员公务员编制，享受统一工资标准，却也引发了科研人员缺乏积极性、“大锅饭”思想盛行、人才流失严重的问题。经过多番科研系统改革，意大利形成了有效的人才激励制度，为签订合同或者长期雇用的正式科研人员提供除基本薪酬外的津贴、保险、退休金等福利，科研人员收入长期稳定在社会中上等水平，符合发达国家通行的科研人员薪酬制度理念。意大利重视对科研人员的经费投入，意大利科技发展纲领性文件——国家研究计划（2015—2020年）指出：在资金分配方面资金向人力资本领域重点倾斜，分配给人力资本领域的预算占总预算的42%；为获得欧盟资助的项目负责人提供配套经费、为未获得欧盟资助但在评审中表现良好的“科研启动项目”提供支持等。

为了加大对青年科研人员的支持力度，除了提供丰厚的科研启动经费，莱尼亚罗国家实验室每年都会举办多项奖励项目，其中既包括政府资助类也包括个人捐赠类，奖励额度一般在2万～4万欧元，这些项目的主要奖励对象是那些表现优异的博士后科研人员，在2019年共有50人获奖。②实验室中参与国际重大研究项目的科研人员会收到作为对智力投入的补偿，欧盟也会承担这些科研人员的一部分薪酬。

（4）人才评价。

为了减少知识生产者和消费者之间的信息不对称，提升研究产出质量，意大利经过多番改革后选择使用VQR科研评价制度，对大学和科研机构开展评估。VQR的前身VTR选择对意大利国家核物理研究所的最好成果进行评估，虽然这种评估方式能够集中精力关注机构的亮点并控制所评估成果的数量，但是存在的弊端是引起了科研人员的焦虑，即那些被排除在提交评价成果的队伍之外的人员要承担起更多的教学与管理任务，对研究队伍的建设和青年科研人员的成长产生了消极影响。在VQR评价制度下，意大利国家核物理研究所的每一位科研人员

① 马宗文，孙成永. 意大利科技人才培养的经验与教训[J]. 全球科技经济瞭望，2022，37(03)：59-64.

② 马宗文，孙成永. 意大利科技人才培养的经验与教训[J]. 全球科技经济瞭望，2022，37(03)：59-64.

都需要提交6项科研成果，数量可随入职年限递减，提交的研究成果包括期刊论文、专著、会议论文、专利等，评价指标不仅包括科研人员产出结果的创新性和社会影响等，还考察其与他国科研人员或团队的合作情况、专利的转移转化情况等，评价方法为同行评议与文献计量的复合方法。①

2. 荷兰国家亚原子物理研究所的人才培养

（1）人才甄选。

在科研人才的甄选上，荷兰国家亚原子物理研究所重视科研团队内部的多样性，认为具有多样化特点的科研团队可以尽可能减少偏见、通过寻找双赢的解决方案而产生更好的研究结果，于是该机构积极与教育机构、科研机构合作，观察参加培训课程的人员，寻找多样化人才。团队组成的多样性不仅在种族、肤色、知识、文化背景和价值观念上，还包括性别，同时欧盟也给出了“在研究中实现性别平等”的信息。荷兰国家亚原子物理研究所在发现自身员工构成不符合标准，特别是男女工作人员比例不平衡后将性别平等计划纳入总体年度计划，决定给予男性和女性平等的终身职位机会，实施反性别歧视政策，在公众面前曝光女性职位的空缺，给自己设定了女性角色在科研人员中要占有一定比例的目标。荷兰国家亚原子物理研究所也采取了实际行动，如监督人力资源部门的招聘程序，确保招聘新员工、担任领导角色的工作人员与女性候选人交谈。

另外与美国、法国和德国等国家的国立科研机构不同，荷兰国家亚原子物理研究所是具有学位授予资格的。因此那些已经取得硕士学位或者即将毕业的硕士研究生可以到荷兰国家亚原子物理研究所攻读博士学位，成为从事粒子物理学的专业研究人员。荷兰国家亚原子物理研究所一年招聘4次博士生。

（2）人才培养模式。

荷兰国家亚原子物理研究所并不是所有研究方向都在荷兰本地进行，受地域因素影响研究所有些研究领域的工作是在意大利、阿根廷等地进行的。并且荷兰国家亚原子物理研究所踊跃参与粒子物理学和天体粒子物理学的国际实验项目，特别是欧洲核子研究中心的大型国际实验，因此科研人员在不同机构之间的流动是经常发生的。这种世界顶级实验室相互开放、人员交流互访的模式可以让本国科研人员走出去，参与世界前沿科学研究，通过交流知识与技术不断成长和开阔视野、提升科研实力。

不光是被雇用的科研人员，在荷兰国家亚原子物理研究所攻读博士学位的人员也会流动到其他机构，他们可以参与国际研究项目，去欧洲核子研究中心、意大利、法国或者阿根廷的实验室进行学术交流。这些博士生具有一定的自主权，

① 陈琨，李晓轩，杨国梁. 意大利科研评价制度的变革[J]. 中国科技论坛，2015，No.226（02）：148-154.

可以自主提出自己的具体研究方向并自由计划研究工作。荷兰国家亚原子物理研究所关心对博士生的培养，强调博士生不能只是专注于自己的研究，为此它设置了多样培养项目：在为期4年的博士课程中，学生需要在荷兰国家亚原子物理研究所或者大学里参加讲座、研讨会和座谈会，每年需要关注6个关于粒子物理学领域相关发展的主题讲座系列；在攻读学位的第2年，学生需要在研究生院的会议上做简短的自我介绍，也会被要求通过讲座、教书、考试等形式去向本科生和硕士生传授科研知识。

虽然荷兰国家亚原子核物理研究所没有为中小学生提供长期培训项目和实习机会，但它另外组织了许多活动向这些学生提供了接触物理学、粒子物理学和工程学的机会：每月组织1次儿童讲座，在周日上午进行演讲；举办年度技术比赛；在10月份的年度开放日上，让孩子们参与实验，通过修补、焊接和设计这些有趣的方式了解荷兰国家亚原子物理研究所和物理学；专门设计了儿童网站，孩子们可以通过游戏和动画等了解粒子物理学的所有知识。另外，中小学生也可以邀请荷兰国家亚原子物理研究所的科研人员到学校开展讲座，他们可以在官网上填写网络表格，说明对讲座主题的要求。荷兰国家亚原子物理研究所会据此指派科研人员，需要至少提前4周申请。

（3）人才评价。

荷兰起先采取《标准评估协议》（*Standard Evaluation Protocol*，SEP）科研评价制度对科研机构展开评估。随着科研环境的变化和评估理念的进步，SEP的名称发生了变化。在最新版本中，SEP名称中的“S”由“standard”调整为“strategy”，即《战略评估协议》。SEP在对荷兰国家亚原子物理研究所的科研综合实力进行评估时，注重考察科研人员的研究成果质量，包括面向同行的标志性科研成果（如论文、著作、设备仪器等）、标志性成果的引用率（如成果引用率、同行评价情况、研究设施的使用情况等）、标志性成果的认可度（如个人获得的奖励或资助、受邀进行学术演讲情况等）这3个指标[①]。另外，SEP还将博士培养情况，包括博士项目的相关制度与培养方向、导师对博士生的指导情况、博士研究生的毕业去向等具体评价指标，作为衡量荷兰国家亚原子物理研究所可持续发展能力维度的重要指标。

① 王楠，罗珺文，王红燕. 荷兰科研评估的模式与特点——以《标准化评估指南(2015-2021)》为分析对象[J]. 高教探索，2018，No.186(10)：50-55.

4.6.4 意大利与荷兰国家实验室体系人才培养的启示

1. 建立多元化科研团队

科学研究证明，员工多元化的组织能够更好地利用人才，更容易实现卓越。为了成为一个多元化、平等和包容的组织，意大利与荷兰的国家实验室体系注重对各类人才的引进，尤其是国际化人才和女性科研人员。在国际化人才引进方面，两国促使国家实验室进一步打造世界级科学设施、降低引进外国人才的条件限制并简化相关手续，积极接触滞留海外的科研人才，并为他们提供良好的发展机会。通过以上手段，两国不断扩大国际化人才队伍规模。达到发达国家一流科研机构的国际人才构成标准。另外，两国均注意到了女性科研人员的重要性。意大利前总理德拉吉在视察格兰萨索国家实验室时就指出意大利必须克服长期以来只让男性担任科学研究中的最高职位的观念，必须鼓励更多女性进入科学领域。在这种思想的鼓励下，更多女性进入科学研究领域中发光发热。

2. 依托科教融合培养青年科研人才

依照世界级的国家实验室的先进人才培养模式，意大利与荷兰国家实验室体系建立起与大学融合发展的良好生态，通过让高校学生参与培训和实习的方式为其提供更好的平台，联合培养具有全球视野的青年人才。青年人才通过参与前沿科学研究，与顶尖科研人员合作，得到快速成长和个性化发展的机会的同时也促进了实验室的发展。除了与高校合作，两国家实验室体系还将科学视为一种文化，重视科学文化的传播，使用多样化手段为科技发展储备人才，通过组织多项科普活动或者适当面向公众开放培养青少年学生对科学的兴趣和热情，帮助他们发现自身的科研潜力，走上科研之路。

3. 持续优化完善科研评价体系

开展科研评估对提高科研质量、产生一流科研结果具有重要促进意义。意大利和荷兰不断加快健全评价维度的脚步，注重科学建立行之有效的评估制度，强调体系完善对研究队伍建设和青年科研人员成长的积极影响。两国对国家实验室体系内实验室，特别是科研人员的评价工作以标志性成果为导向，注重考察研究成果的质量，同行的认可度与带来的积极社会影响。在此基础上，意大利与荷兰逐步减少量化指标，增加质化指标，重视对实验室人才培养情况的考察，最终建立行之有效的科研评价体系。

第5章 我国实验室人才培养相关政策

5.1 我国科技人才培养相关政策演变

新中国成立70多年以来，我国科技人才培养政策经历了曲折前行和奋力直追的不同阶段，科技人才培养政策的数量呈整体阶段性上升，政策的针对性、指导性、操作性越发突出，我国科技人才的管理体系日臻完善。主要变化表现在以下几个方面。

1. 政策设计理念上

由“知识分子建设现代化”上升到“战略性人才资源的创新驱动”。新中国成立初期，科技人才政策以知识分子政策为核心，改革开放时期“尊重知识、尊重人才”，实施人才强国战略阶段“人才是第一资源”，创新驱动发展战略阶段以“人才驱动”为政策，政策设计理念越来越符合人才开发理论，顺应人才成长规律，遵循科学技术发展规律和经济社会的发展需求。

2. 政策内容上

由单一的宏观规划模式转变为从顶层宏观设计与具体计划相结合的新体系。科技规划是高度统一的政府宏观管理模式，适应于计划经济体制下的行政管理，但是缺乏灵活性和弹性，针对性和操作性也不好。改革开放后，宏观规划一直延续，但是更加注重顶层设计，而且配套的执行、落实方案相继由多部门联合推出，同时运用财政、金融、税收等多产业政策的协调保障，增强了政策执行的实效性。

3. 政策实施主体上

由依靠政府到政府、市场、社会多重作用。新中国成立初期实行的是计划经济体制，主要依靠政府的行政指令、法令开展人才工作。改革开放后，我国科技体制机制也进行了改革，人才政策的驱动力量逐渐向由社会主义市场经济体制调节转变，既遵循人才成长规律，也遵循市场经济规律，市场和社会的驱动弥补了行政手段的单一和不足。

4. 政策执行过程中

从刚开始时的“重制定轻效果”到“既重视制定又重视效果”的全过程。一方面，新中国成立初期受计划经济体制的影响，政策制定方面，政策一般制定得比较系统，有些还具有前瞻性，但也会出现难以落实的情况；另一方面，存在一些早年颁布的旧政策已经不能适应新的人才发展需求的情况。2021年，中央经济工作会议提出2022年七项重要政策，强调“科技政策要扎实落地”。2022年，科技人才政策在深入推动“科技政策落实年”的过程中得到了进一步的完善。

5. 政策工具运用上

由主要依靠职称评审、工资分配等有限手段向政策工具丰富多元化发展。政策工具是实现政策目标的手段，政策工具的全面布局是政策体系完善的重要体现。目前，国家层面的科技人才政策总体上涵盖了人才培养、人才评价、人才引进、人才流动、人才激励、创新文化建设六大方面，涉及人才计划、人才基金项目、职称评审、选拔聘任、绩效评价、科研经费绩效激励、科研自主权、科技成果转化激励、科技奖励、薪资分配、税收优惠、兼职创业等多个不同支持类型和引导方式，包括了物质激励、荣誉性激励、科研资助、更加灵活的制度机制、导向性措施及环境营造等多个方面的政策，基本覆盖了针对人才发展的各类政策手段。

5.2 我国科技人才培养重点政策分析

党的十八大以来，随着科技人才培养政策工具的丰富和完善，科技人才培养、人才评价、人才引进、人才流动和人才激励等各类相关政策都得到了进一步完善，政策力度普遍加强，在推动我国科技人才发展、提高科研人员积极性方面发挥了不同层次、不同程度的重要作用。重点政策概括如下。

5.2.1 人才培养

人才培养政策全面覆盖战略科学家、高端人才、青年人才、技能人才、复合型人才等多个人才类别，重点聚焦鼓励在校大学生创新创业，以及毕业之后的科研、教育、职业发展等方面，通过开发利用国内、国际两种人才资源，以高层次人才、高技能人才为重点统筹推进各类人才队伍建设。重点培养人才类型主要是高端人才、青年人才、复合型人才和高技能人才等。从政策的具体内容分析来看，人才培养政策主要有以下几方面重点。

1. 加强青年、高层次人才的培养

随着经济社会的发展，青年人才、高层次人才成为世界各国竞争的重点。针对高层次人才，我国目前的主要培养政策以高端科技人才计划和人才岗位为主，如海外高层次人才计划等。对于青年人才的培养：一方面，在国家自然科学基金中专门设立优秀青年、杰出青年等专项资金；另一方面，包括中国科学技术协会等的青年拔尖人才、青年托举等支持项目。同时，我国多项政策中明确提出，各科研单位要鼓励青年人才发展，在科技资源配置等方面向青年科技人才倾斜。但目前，针对高层次、青年人才培养的政策配置仍较弱，虽然支持项目和计划，但尚未形成政策体系，尤其是高层次的人才仍以引进为主。

2. 加大对复合人才和高技能人才的培养

目前，科学技术迅猛发展，对技能人才的素质提出更高的要求，多学科交叉融合、综合化的趋势日益增强。但是，我国学科建设相对滞后，导致综合科技、经济等复合型人才及高技能人才存在较大缺口。对复合人才和高技能人才的培养主要是通过改变办学模式、实施系列人才培养计划等方式，实现人才素质的提升和跨学科的培养。具体举措主要包括实施专业技术人才知识更新工程、改革职业教育办学模式、实施国家高技能人才振兴计划、积极利用各类人才计划，引进和培养一批懂技术、懂市场、懂管理的复合型科技服务高端人才；建立行业和用人单位专家参与的高校内部专业评议制度，形成根据社会需求、学校能力和行业指导依法设置新专业的机制；通过改造传统专业、设立复合型新专业、建立课程超市等方式，大幅度提高复合型技术技能人才培养比重。此外，商务部、农业农村部、工业和信息化部等单位也专门对专业技能人才的培养制定了相关措施。例如：举办农业领域高层次专家国情研修班和专业技术人员高级研修班；做好各类高级专家人选的选拔推荐；加强现代农业产业技术体系建设，依托国家农业科技创新联盟等平台，完善农业科技人才协同培养机制。

3. 创新人才培养方式

党的十八大以来，我国产业、企业处于调整期，对人才的需求发生了重要变化。近年来，我国科技人才培养政策的重点是创新培养方式，主要是以经济社会发展需求为导向，通过学科设置、平台建设等方式将学校教育和实践锻炼相结合，实现人才能力的提升。具体培养模式主要包括依托国家重大科研项目和重大工程、重点学科和重点科研基地、国际学术交流合作项目，建设一批高层次创新型科技人才培养基地；支持高技能人才“师带徒”；通过改造传统专业、设立复合型新专业、建立课程超市等方式，大幅度提高复合型技术技能人才培养比重；支持创新人才到西部地区特别是边疆民族地区工作；等等。这些培养模式的共同特点是通过搭建起教育与实践的桥梁，一方面为企业的发展提供后备人才支持，另一方面在一定程度上支持人才就业。

5.2.2 人才评价

在人才评价方面，我国逐步建立了更有利于科技创新和人才成长的分类评价体系。科技评价改革是党的十八大以来科技体制改革的重点内容之一，其中，人才评价改革是重点和核心。目前，人才评价改革主要通过破“四唯”、避免评价结果与物质利益过度挂钩、深化职称评价制度改革等，实现分类评价、代表性成果评价、科学评价；引导建立突出科技创新质量、绩效、贡献为导向，更加有利于科技创新和人才成长的评价体系。相关的重点政策文件包括《关于分类推进人才评价机制改革的指导意见》《关于深化项目评审、人才评价、机构评估改革的意见》《国务院关于优化科研管理提升科研绩效若干措施的通知》《关于深化职称制度改革的意见》等，以及围绕这些文件出台一系列配套政策，“软硬兼施、多管齐下”。从政策的具体内容分析，我国人才评价政策分为以下几方面。

1. 推动实行分类评价

不同岗位的人才、不同类型的项目、不同功能定位的科研机构，其科研活动的规律和要求不尽相同，选取评价的方式和标准应与评价对象相匹配。推行分类评价的目的是通过“四唯”清理，针对不同学科门类、不同评价对象、不同环节科研活动的特点，引导建立分类评价指标体系和评价程序规范。核心政策包括《关于深化项目评审、人才评价、机构评估改革的意见》《关于分类推进人才评价机制改革的指导意见》，以及科技部、教育部等部门围绕以上核心文件配套的相关政策文件。

政策举措主要包括，提出根据不同职业、不同岗位、不同层次人才特点和职责，提出建立分类评价的基本标准和原则。例如：对主要从事临床工作的人才，重点考察其临床医疗医技水平、实践操作能力和工作业绩，引入临床病历、诊治方案等作为评价依据；对主要从事疾病预防控制等的公共卫生人才，重点考察其流行病学调查、传染病疫情和突发公共卫生事件处置、疾病及危害因素监测与评价等能力；对主要从事科研工作的人才，重点考察其创新能力业绩，突出创新成果的转化应用能力。

2. 破除“以量取胜”的简单评价

科技评价具有重要的“指挥棒”和风向标作用。在“四唯”清理中，强调大力破除简单数量的评价方式，引导建立以质量、贡献、绩效为导向的评价机制，准确评价科研成果的科学价值、技术价值、经济价值、社会价值、文化价值。激励科研人员产出高质量成果。具体举措包括推行代表作评价制度、建立以创新质量和贡献为导向的绩效评价体系等。

3. 推进职称评审权下放，让用人单位享有更多评价自主权

职称评审权决定着高校、科研院所的价值取向和利益分配，落实用人单位自主权，有利于发挥用人单位在职称评审中的主导作用，从而可以确保用人单位制定符合自身特征的职称评审评价体系。针对职称评审权下放缓慢、不彻底等问题，在职称评审权下放相关改革中，政策已明确“发挥用人主体在职称评审中的主导作用，科学界定、合理下放职称评审权限，人力资源和社会保障部门对职称的整体数量、结构进行宏观调控，逐步将高级职称评审权下放到符合条件的市地或社会组织，推动高校、医院、科研院所、大型企业和其他人才智力密集的企事业单位按照管理权限自主开展职称评审。对于开展自主评审的单位，政府不再审批评审结果，改为事后备案管理”。

4. 避免与物质利益过度挂钩

从国际经验上看，科研活动具有很强的复杂性，科技评价对认识和把握科研活动具有重要参考作用，但任何评价活动都有其片面性和局限性。在相关改革过程中，强调客观平衡地看待评价的指导性作用及其局限性，避免评价结果与物质利益过度挂钩，破除评价层层传导的放大机制，引导建立有利于激励科研人员潜心研究的评价结果使用机制。具体举措包括明确优化布局评审事项、简化评审环节、改进评审方式、减轻人才负担，避免简单通过各类人才计划头衔评价人才，加强评价结果共享，避免多头、频繁、重复评价人才。

5. 破除不良评价风气

科研评价的作用发挥不仅需要好的制度规范，同时也需要良好的学术环境作为支撑。在改革过程中，始终强调科学家精神，加强科研诚信体系建设，着重营造风清气正，引导科研人员集中精力于科学本身，营造风清气正的创新环境。国务院印发《国务院办公厅关于优化学术环境的指导意见》明确指出：“坚决破除论资排辈、求全责备等传统人才观念，以更广阔的视野选拔人才、不拘一格使用人才，创造人尽其才、才尽其用、优秀人才脱颖而出的人才成长环境。”科技部推动科研诚信制度体系建设，形成了“零容忍”的联合惩戒机制，对严重违背科研诚信要求行为实施严厉打击，营造诚实守信的良好科研环境。

5.2.3 人才引进

在人才引进方面，我国不断深化外籍人才管理体制改革、完善出入境和长期居留等相关配套政策。通过设立各种人才引进计划、外籍人才管理体制改革、完善出入境和长期居留等政策，吸引更多海外高层次人才和急需紧缺专门人才。重点政策包括《关于加强外国人永久居留服务管理的意见》等。从政策的具体内容分析，人才引进政策重点措施集中在以下几方面。

1. 人才引进方式

创新人才引进新方式，是加强高层次人才引进，强化人才队伍建设的重要保障。近年来，我国在人才引进方式方面不断创新，具体包括柔性引才政策、开展高等院校和科研院所非涉密的部分岗位全球招聘试点、提高科研院所所长全球招聘比例、深入实施青年海外高层次人才计划”等。

2. 引进人才的管理服务

人才管理服务是吸引和留住引进人才的基本保障。签证申请流程慢、办理周期长、居留、保险等问题制约着我国“引才引智”相关工作。在引进人才方面的改革中，不断完善签证、居留、绿卡等相关管理服务制度，包括加快建立社会化的人才档案公共管理服务系统，完善社会保险关系转移接续办法；加强留学人员创业园区建设，提供创业资助和融资服务；推进政府所属人才服务机构管理体制改革，实现政事分开、管办分离；逐步建立城乡统一的户口登记制度，调整户口迁移政策，使之有利于引进人才；加快建立社会化的人才档案公共管理服务系统；大力吸引海外高层次人才回国（来华）创新创业，制定完善出入境和长期居留、税收、保险、住房、子女入学、配偶安置，担任领导职务、承担重大科技项目、参与国家标准制定、参加院士评选和政府奖励等方面的特殊政策措施。

3. 引进人才的薪酬待遇

完善的激励机制是吸引人才、留住人才的重要保障。在薪酬待遇方面，我国不断探索实施年薪制等相关改革措施，明确事业单位可采取年薪制、协议工资制、项目工资等灵活多样的分配形式引进紧缺或高层次人才。

5.2.4 人才流动

在人才流动方面，通过允许科研人员兼职、管理体制改革等破除人才流动障碍。涉及的重点政策包括《关于优化科研管理提升科研绩效若干措施的通知》《关于实行以增加知识价值为导向分配政策的若干意见》等。从政策具体条款分析，人才流动相关政策主要涉及以下几方面内容。

1. 支持科研人员兼职创业

创新离不开人才，科研人员作为密集的高知群体，更是推进社会创新发展不可或缺的宝贵智力资源。支持科研人员兼职，能有效促进智力资源与其他创新要素的有效融合。具体举措包括制定双向挂职、短期工作、项目合作等灵活多样的人才柔性流动政策；制定具体管理办法，允许符合条件的高等院校和科研院所科研人员经所在单位批准，带着科研项目和成果、保留基本待遇到企业开展创新工作或创办企业；开展高等院校和科研院所设立流动岗位吸引企业人才兼职的试点工作，允许高等院校和科研院所设立一定比例流动岗位；等等。

2. 破除科研人员流动障碍

人才流动是人才充分发挥作用的前提条件。促进人才流动相关改革政策实施的目的是打破人才区域流动的体制机制障碍，引导人才在区域、城乡、产业间、事业单位与企业间合理流动。相关举措包括完善科研人员在事业单位与企业之间流动社保关系转移接续政策；改进科研人员薪酬和岗位管理制度，破除人才流动障碍；制定高等院校、科研院所等事业单位科研人员离岗创业的政策措施，允许高等院校、科研院所设立一定比例的流动岗位，吸引具有创新实践经验的企业家、科技人才兼职，促进科研人员在事业单位和企业间合理流动；等等。

3. 构建促进人才社会性流动的政策体系框架

《关于促进劳动力和人才社会性流动体制机制改革的意见》（简称《意见》）围绕创造流动机会、畅通流动渠道、扩展发展空间、兜牢社会底线做出顶层设计和制度安排。《意见》共六部分16条政策措施，首次构建了促进劳动力和人才社会性流动的政策体系框架。以人才流动渠道为例，畅通有序流动渠道，激发社会性流动活力。畅通流动渠道是形成社会性流动机会平等的基石。《意见》聚焦妨碍劳动力、人才社会性流动的户籍、单位等关键问题，提出以户籍制度和公共服务牵引区域流动、以用人制度改革促进单位流动、以档案服务改革畅通职业转换等三方面举措，畅通人员在不同区域、不同性质单位之间的流动渠道。

5.2.5 人才激励

在人才激励方面，构建提高薪酬待遇、促进科技成果转化、实施科技奖励、扩大自主权四方面协同的激励体系。人才激励主要是通过提高薪酬待遇、促进科技成果转化、实施科技奖励、扩大自主权等政策导向，激发广大科研人员的积极性、主动性、创造性，引导科研人员潜心科学研究。核心政策包括《关于实行以增加知识价值为导向分配政策的若干意见》、中央财政科技计划项目经费管理改革中提高间接经费比例和优化使用的相关文件、科技成果转化系列法律政策、扩大高校和科研院所科研相关自主权系列政策等。

1. 提高科研人员薪酬待遇

薪酬制度改革主要是解决我国科研人员的实际贡献与收入分配不完全匹配的问题，通过构建科技人员“基本工资+绩效工资+科技成果转化收入”的三元薪酬体系，完善科研项目间接费用管理等，使科研人员的收入与岗位的责任、工作的业绩和实际的贡献紧密联系，推动形成体现知识价值的收入分配机制。具体举措包括对专职从事教学的人员，适当提高基础性绩效工资在绩效工资中的比重，加大对教学型名师的岗位激励力度；对高校教师开展的教学理论研究、教学方法探索、优质教学资源开发、教学手段创新等，在绩效工资分配中给予倾斜；可探索对全职承担专项任务的团队负责人以及高端引进人才的薪酬实行一项一策、清单式管理和年薪制，按程序报相关部门批准后执行。间接经费方面，中央财政科技计划（专项、基金等）中实行公开竞争方式的研发类项目，均要设立间接费用，核定比例可以提高到不超过直接费用扣除设备购置费的一定比例（500万元以下的部分为20%，500万元至1000万元的部分为15%，1000万元以上的部分为13%）；加大对科研人员的激励力度，取消绩效支出比例限制。

2. 大力提高科技成果转化奖励和税收激励力度

科技成果转化是通过科技成果评估和所有权下放、增加科技成果转化奖励比例、成果转化税收优惠等激发科技成果转化人员创新活力，进而解决科技成果转化动力不足、科技成果转化程序烦琐、机制不畅等问题。科技成果转化方面的激励主要分为两内容。第一，科技成果转化评估权力不断下放。由最初的政府主导（优化相关资产评估管理流程、资产评估权备案）到“由研究开发机构、高等院校的主管部门负责”，再到进一步放权“由单位自主决定是否进行资产评估。”第二，科技成果转化收益分配方面，收益比例不断扩大，税费等不断降低。“职务发明成果转让收益用于奖励科研负责人、骨干技术人员等重要贡献人员和团队的比例，从不低于20%提高到不低于50%。”“做出主要贡献的人员，获得奖励的份额不低于奖励总额的50%”。针对科技成果转化奖励税费高的问题，提出具体举措：从职务科技成果转化收入中给予科技人员的现金奖励，可减按50%计入科技人员当月‘工资、薪金所得’，依法缴纳个人所得税；研究制定科研人员获得的职务科技成果转化现金奖励计入当年本单位绩效工资总量、但不受总量限制且不纳入总量基数的具体操作办法。科技成果转化股权激励方面，鼓励企业对高技能人才实行技术创新成果入股、岗位分红和股权期权等激励方式，鼓励凭技能创造财富、增加收入。

3. 积极推进科技奖励制度的实施

科技奖励制度主要通过设立国家级、省（部）级为主、社会为辅的“三位一体”的科技奖励体系，解决科研人员缺乏积极性、科研项目质量差及效率低等问题，促进科学成果研究。典型政策如2019年12月国务院会议通过的《国家科学技术奖励条例（修订草案）》，该文件将近年来科技奖励制度改革和实践中的有效做法上升为法规，对我国科技奖励政策影响深远。这些做法主要涉及五方面内容。第一，将过去主要由单位推荐改为专家、学者、相关部门和机构等均可提名，打破部门垄断，强化提名责任。第二，完善评审标准、突出导向。自然科学奖要注重前瞻性、理论性，加大对数学等基础研究的激励；技术发明奖、科学技术进步奖要与国家重大战略和发展需要紧密结合，注重创新性、效益性。第三，强化诚信要求，加大违纪惩戒力度。在科技活动中违反伦理道德或有科研不端行为的个人和组织，不得被提名或授奖。提名专家、机构和评审委员、候选者等违反相关纪律要求的，取消资格并记入科研诚信失信行为数据库。第四，坚持评审活动公开、公平、公正，对提名、评审和异议处理实行全程监督。第五，各地各部门要精简各类科技评奖，注重质量、好中选优，减轻参评负担，营造科研人员潜心研究的良好环境。

4. 扩大高校和科研院所自主权

高校和科研院所从事探索性、创造性科学研究活动，是实施创新驱动发展战略的重要力量。随着科技创新向纵深推进，为进一步完善相关制度体系，全面增强创新活力，党中央、国务院不断探索解决在高校和科研院所科研领域科研经费管理、科研仪器采购、人员和科研路线调整等方面问题。在科研经费管理方面，开展简化科研项目经费预算编制试点。项目直接费用中除设备费外，其他费用只提供基本测算说明，不提供明细；进一步精简合并其他直接费用科目；各项目管理专业机构要简化相关科研项目预算编制要求，精简说明和报表；直接费用实行分类总额控制；调减设备费预算总额、设备费内部预算结构调整、拟购置设备的明细发生变化，以及其他科目的预算调剂权下放给承担单位。在科研仪器采购方面，中央高校、科研院所可自行组织或委托采购代理机构采购各类科研仪器设备，对于特殊情况，可“通过建立科研仪器设备审批‘绿色通道’，实现特事特办、急事急办。在人员和科研路线调整方面，科研人员可以在研究方向不变、不降低申报指标的前提下自主调整研究方案和技术路线，报项目管理专业机构备案；科研项目负责人可以根据项目需要，按规定自主组建科研团队，并结合项目实施进展情况进行相应调整。扩大高校自主权，有利于为科研人员潜心研究、自由探索提供保障。”

5.2.6 创新文化

在创新文化方面，加强弘扬科学家精神、建立科研诚信体系、加强监督与惩处、营造有利于创新的文化氛围，构建良好的科研生态。创新文化建设主要通过宣传、监督、惩处等多措并举构建良好的科研生态，以优化科技创新环境、激发广大科技工作者活力。创新文化建设方面出台核心文件主要包括《关于进一步加强科研诚信建设的若干意见》《关于进一步弘扬科学家精神加强作风和学风建设的意见》等。

1. 加强科研诚信体系建设

科研诚信是科技创新的基石。科研诚信建设主要是通过预防、惩治、监督等多措并举，打造共建共享共治的科研诚信新格局。惩治方面的具体举措如下。

（1）明确建立终身追究制度，依法依规对严重违背科研诚信要求行为实行终身追究，一经发现，随时调查处理，并提出具体的惩罚条款。

（2）相关行业主管部门或严重违背科研诚信要求责任人所在单位要区分不同情况，对责任人给予科研诚信诫勉谈话；取消项目立项资格，撤销已获资助项目或终止项目合同，追回科研项目经费；撤销获得的奖励、荣誉称号，追回奖金；依法开除学籍，撤销学位、教师资格，收回医师执业证书等；一定期限直至终身取消晋升职务职称、申报科技计划项目、担任评审评估专家、被提名为院士候选人等资格；依法依规解除劳动合同、聘用合同；终身禁止在政府举办的学校、医院、科研机构等从事教学、科研工作等处罚，以及记入科研诚信严重失信行为数据库或列入观察名单等其他处理。

（3）严重违背科研诚信要求责任人属于公职人员的，依法依规给予处分；属于党员的，依纪依规给予党纪处分。涉嫌存在诈骗、贪污科研经费等违法犯罪行为的，依法移交监察、司法机关处理等。

（4）监督警戒方面。严守科研伦理规范，守住学术道德底线，按照对科研成果的创造性贡献大小据实署名和排序，反对无实质学术贡献者“挂名”，导师、科研项目负责人不得在成果署名、知识产权归属等方面侵占学生、团队成员的合法权益；抵制各种人情评审，在科技项目、奖励、人才计划和院士增选等各种评审活动中不得“打招呼”“走关系”，不得投感情票、单位票、利益票，一经发现这类行为，立即取消参评、评审等资格。

2. 健全科技伦理治理体制

随着科技发展，我国日益重视科技伦理治理。近年来，科技伦理政策致力于构建体系严整的科技伦理监管制度，通过新的制度安排强化监管机构的横向联系，不断扩大监管覆盖面；完善伦理规制和监管程序，使监管过程有理有据、有机衔接。

2019年3月，全国两会期间发布政府工作报告，在要求“加大基础研究和应用基础研究支持力度，强化原始创新，加强关键核心技术攻关”的同时提出，“加强科研伦理和学风建设，要加强科研伦理和学风建设，惩戒学术不端，力戒浮躁之风”，表明国家对前沿科技领域伦理建设的高度重视。2020年2月，科技部发布新型冠状病毒（2019-nCoV）现场快速检测产品研发应急项目申报指南的通知，项目要求明确提出，项目研究涉及人体研究的，应按照规定通过伦理审查并签署知情同意书；涉及实验动物和动物实验的，使用合格实验动物，在合格设施内进行动物实验，保证实验过程合法，并通过实验动物福利和伦理审查。自2021年4月15日起施行的《中华人民共和国生物安全法》是我国第一部涉及科技伦理的法律。

3. 加强学风作风建设

优良的作风和学风是做好科技工作的“生命线”，是建设创新型国家和世界科技强国的根基，是决定科技事业成败的关键。科研作风学风建设涉及各个方面，是一项长期任务，必须以刚性的制度规定和严格的制度执行，确保作风学风建设规范化、常态化、长效化。政策旨在通过加强创新文化，进一步形成尊重劳动、尊重知识、尊重人才、尊重创造的良好风尚。具体举措如下。

（1）反对科研领域“圈子”文化。要以“功成不必在我”的胸襟，打破相互封锁、彼此封闭的门户倾向，防止和反对科研领域的“圈子”文化，破除各种利益纽带和人身依附关系。

（2）院士等高层次专家要带头打破壁垒，树立跨界融合思维，在科研实践中多做传帮带，善于发现、培养青年科研人员，在引领社会风气上发挥表率作用。要身体力行、言传身教，积极履行社会责任，主动走近大中小学生，传播爱国奉献的价值理念，开展科普活动，引领更多青少年投身科技事业。

（3）2022年1月1日起施行的新修订的《中华人民共和国科学技术进步法》规定，科学技术人员应当大力弘扬爱国、创新、求实、奉献、协同、育人的科学家精神，坚守工匠精神，在各类科学技术活动中遵守学术和伦理规范，恪守职业道德，诚实守信；不得在科学技术活动中弄虚作假，不得参加、支持迷信活动。

5.3 我国实验室人才培养的相关政策

“十一五”期间，《国家“十一五”科学技术发展规划》提出面向国家重大战略需求，在新兴和交叉学科方面填补空白，建设若干学科交叉、综合集成、机制创新的国家实验室。在国家重点实验室建设方面，进一步完善实验室布局，不断提高运行和管理水平。随后，科技部陆续印发了《国家重点实验室建设与运行管理办法》《国家重点实验室专项经费管理办法》等文件，规范和加强了国家重点实验的建设和运行管理。

“十二五”期间，《国家中长期科技人才发展规划（2010—2020年）》提出通过各类国家科技计划、重大科技专项、自然科学基金、知识创新工程等国家重点科技工作的实施，依托国家重点实验室等科研基地建设等，造就一支具有原始创新能力的优秀科学家队伍。2011年，科技部发布了《国家“十二五”科学和技术发展规划》，在国家战略需求领域及基础前沿领域和新兴交叉学科领域，继续在高等院校和科研院所推进国家重点实验室建设，打造国际一流水平的基础研究骨干基地。国家大力培养创新型科技人才，把科技人才队伍建设摆在科技工作的突出位置，以培养、引进和用好高层次创新型科技人才为核心，提出壮大和优化创新型科技人才队伍，造就一批高层次科技领军人才和创新团队，改革完善创新型人才的教育培养模式和支持科技人员创新创业等一系列举措。2014年，《国家重点实验室评估规则》的发布进一步加强了国家重点实验室的管理，规范了实验室评估工作。

“十三五”期间，《“十三五”国家科技创新规划》提出坚持把人才驱动作为本质要求，落实人才优先发展战略，加快培育集聚创新型人才队伍，健全科技人才分类评价激励机制，完善人才流动和服务保障机制。2017年，科技部发布《“十三五”国家科技人才发展规划》，部署安排了推进科技人才结构调整、创新人才培养模式、加强海外高层次人才引进、营造良好创新创业生态等重点任务，提出造就高层次创新型科技人才队伍，需加大战略科学家、杰出科学家、科技领军人才和创新团队的培养支持力度。国务院陆续印发《国家教育事业发展“十三五”规划》《中长期青年发展规划（2016—2025年）》和《关于深化教育体制机制改革的意见》等政策，通过全面支持深化教育体制机制改革，着力培养德智体美全面发展的社会主义建设者和接班人。《关于加快直属高校高层次人才发展的指导意见》提出，着力造就杰出人才、领军人才及高水平创新团队，深入实施国家海外高层次人才计划等重大人才工程，支持高校牵头或参与国家实验室、大科学计划、大科学工程、大科学装置和国家智库建设，培养集聚一批具有国际影响的高层次人才和高水平创新团队。2018年，《关于加强国家重点实验室建设发展的若干意见》进一步提出培养聚集高水平人才队伍。以提高科技创新活力为核心，推动国家重点实验室建立开放、流动、竞争、协同的用人机制，吸引顶尖人才、培养青年人才、用好现有人才，促进人员合理的双向流动，助推重大成果产出和国际影响力提升。在人才教育培养方面，《关于加快建设高水平本科教育全面提高人才培养能力的意见》《关于全面落实研究生导师立德树人职责的意见》明确提出：构建全方位全过程深融合的协同育人新机制；健全协同育人机制，优化实践育人机制，强化质量评价保障机制，形成人才培养质量持续改进机制；在全面贯彻党的教育方针下，把立德树人作为研究生导师的首要职责，培养德才兼备、全面发展的高层次专门人才。

“十四五”期间，国务院发布了《国家“十四五”期间人才发展规划》提出：要大力培养使用战略科学家，打造大批一流科技领军人才和创新团队，造就规模宏大的青年科技人才队伍，培养大批卓越工程师；要把人才培养的着力点放在基础研究人才的支持培养上，为他们提供长期稳定的支持和保障。《关于加强新时代高技能人才队伍建设的意见》在健全高技能人才培养体系上，鼓励各类企业结合实际把高技能人才培养纳入企业发展总体规划和年度计划，依托企业培训中心、产教融合实训基地、高技能人才培训基地等，大力培养高技能人才。《关于深入推进世界一流大学和一流学科建设的若干意见》提出：加强与国家实验室及国家发展改革委、科技部、工业和信息化部等重大科研平台的协同对接，整合资源、形成合力；同时完善大学创新体系，深化科教融合育人。《普通高等教育学科专业设置调整优化改革方案》提到：深入实施“国家急需高层次人才培养专项”；需要统筹“双一流”建设高校、领军企业、重点院所等资源，创新招生、培养、管理、评价模式，布局一批急需学科专业，建成一批高层次人才培养基地，从而形成更加完备的高质量人才培养体系。

不同阶段我国实验室人才培养的相关政策见表5-1所列。

表5-1　我国实验室人才培养相关政策

序号	政策名称	发布单位	时间
1	《国家“十一五”科学技术发展规划》	科技部	2006
2	《国家重点实验室建设与运行管理办法》	科技部	2008
3	《国家重点实验室专项经费管理办法》	科技部	2009
4	《国家中长期科技人才发展规划(2010—2020年)》	科技部	2011
5	《国家“十二五”科学和技术发展规划》	科技部	2011
6	《国家重点实验室评估规则》	科技部	2014
7	《“十三五”国家科技创新规划》	国务院	2016
8	《国家教育事业发展“十三五”规划》	国务院	2017
9	《中长期青年发展规划(2016—2025年)》	国务院	2017
10	《关于深化教育体制机制改革的意见》	国务院	2017
11	《学位与研究生教育发展“十三五”规划》	教育部	2017
12	《关于加快直属高校高层次人才发展的指导意见》	教育部	2017
13	《“十三五”国家科技人才发展规划》	科技部	2017
14	《积极牵头组织国际大科学计划和大科学工程方案》	国务院	2018
15	《关于加快建设高水平本科教育全面提高人才培养能力的意见》	教育部	2018
16	《关于加强国家重点实验室建设发展的若干意见》	科技部	2018
17	《关于全面落实研究生导师立德树人职责的意见》	教育部	2018
18	《国家“十四五”期间人才发展规划》	国务院	2022
19	《关于加强新时代高技能人才队伍建设的意见》	国务院	2022
20	《关于深入推进世界一流大学和一流学科建设的若干意见》	教育部	2022
21	《普通高等教育学科专业设置调整优化改革方案》	教育部	2023

第6章　我国国家实验室体系人才培养的现状及存在的问题

国家（重点）实验室已经成为各国占领科技创新制高点，围绕国家使命，依靠跨学科、大协作和高强度支持开展协同创新的研究基地，同时也是高层次人才的培养基地。为此，以国家目标和战略需求为导向，瞄准科技前沿，布局一批体量更大、学科交叉融合、综合集成的国家实验室。

6.1　国家实验室的建设发展现状

组建国家实验室是党中央做出的重大战略决策。党的第十八届中央委员会第五次全体会议强调，要“在重大创新领域组建一批国家实验室”。习近平总书记强调，组建国家实验室是一项对我国科技创新具有战略意义的举措。要以国家实验室建设为抓手，强化国家战略科技力量，在明确国家目标和紧迫战略需求的重大领域，在有望引领未来发展的战略制高点，以重大科技任务攻关和国家大型科技基础设施为主线，依托最有优势的创新单元，整合全国创新资源，建立目标导向、绩效管理、协同攻关、开放共享的新型运行机制，建设突破型、引领型、平台型一体的国家实验室。这样的国家实验室，应该成为攻坚克难、引领发展的战略科技力量，同其他各类科研机构、高等院校、企业研发机构形成功能互补、良性互动的协同创新格局。[①]

6.1.1　国家实验室建设发展阶段及概况

我国国家实验室的建设由来已久。近年来，随着国家对国家实验室在我国科技创新体系中引领作用的认识不断深入，其在我国创新版图中的地位也不断提升。总体来看，国家实验室的建设可以分为五个阶段，在不同的阶段，所建成和运营的国家实验室数量和布局的地点也不同。

阶段一：2003年以前，我国建成并运营的国家实验室有5个。[②]这5个实验室分别为国家同步辐射实验室、正负电子对撞机国家实验室、北京串列加速器核

① 人民网. 建设世界科技强国[EB/OL].（2016-05-30）[2023-04-02]. http://theory.people.com.cn/n1/2018/0103/c416126-29743058.html.

② 科学网. 国家实验室缘何难产[EB/OL].（2013-07-09）[2023-04-02]. https://news.sciencenet.cn/htmlnews/2011/10/254593.shtm.

物理国家实验室、兰州重离子加速器国家实验室、沈阳材料科学国家（联合）实验室。各个国家实验室的建设时间、依托单位和分布地城市见表6-1所列。

表6-1　2003年以前建成并运营的5个国家实验室

序号	国家实验室名称	年份	依托单位	城市
1	国家同步辐射实验室	1984	中国科学技术大学	合肥
2	正负电子对撞机国家实验室	1984	中国科学院高能物理研究所	北京
3	北京串列加速器核物理国家实验室	1988	中国原子能科学研究院	北京
4	兰州重离子加速器国家实验室	1991	中国科学院近代物理研究所	兰州
5	沈阳材料科学国家(联合)实验室	2000	中国科学院金属研究所	沈阳

阶段二：2003年和2006年，科技部先后批准筹建15个国家实验室。

2003年，由科技部批准筹建了5个国家实验室，分别为北京凝聚态物理国家实验室（筹）、合肥微尺度物质科学国家实验室（筹）、清华信息科学与技术国家实验室（筹）、北京分子科学国家实验室（筹）、武汉光电国家实验室（筹）。建设依托单位和分布区域见表6-2所列。

表6-2　中国国家实验室名单（2003）

序号	国家实验室名称	年份	依托单位	城市
1	北京凝聚态物理国家实验室(筹)	2003	中国科学院物理研究所	北京
2	合肥微尺度物质科学国家实验室(筹)	2003	中国科学技术大学	合肥
3	清华信息科学与技术国家实验室(筹)	2003	清华大学	北京
4	北京分子科学国家实验室(筹)	2003	北京大学、中国科学院化学研究所	北京
5	武汉光电国家实验室(筹)	2003	华中科技大学、中国科学院武汉物理与数学研究所、中国船舶重工集团公司第七一七研究所	武汉

在2006年，科技部再批准筹建10个国家实验室，国家实验室名称、依托单位和分布城市见表6-3所列。

表6-3 中国国家实验室名单（2006）

序号	国家实验室名称	年份	依托单位	城市
1	青岛海洋科学与技术试点国家实验室（筹）	2006	中国海洋大学、中国科学院海洋研究所等	青岛
2	磁约束核聚变国家实验室（筹）	2006	中国科学院合肥物质科学研究院、核工业西南物理研究院	合肥
3	洁净能源国家实验室（筹）	2006	中国科学院大连化学物理研究所	大连
4	船舶与海洋工程国家实验室（筹）	2006	上海交通大学	上海
5	微结构国家实验室（筹）	2006	南京大学	南京
6	重大疾病研究国家实验室（筹）	2006	中国医学科学院	北京
7	蛋白质科学国家实验室（筹）	2006	中国科学院生物物理研究所	北京
8	航空科学与技术国家实验室（筹）	2006	北京航空航天大学	北京
9	现代轨道交通国家实验室（筹）	2006	西南交通大学	成都
10	现代农业国家实验室（筹）	2006	中国农业大学	北京

阶段三：青岛海洋科学与技术试点国家实验室（筹）于2013年通过科技部的批复立项，2015年试点运行，去掉“筹”字，成为青岛海洋科学与技术试点国家实验室。

阶段四：部分国家实验室（筹）转为国家研究中心。

2017年，北京分子科学国家研究中心、武汉光电国家研究中心、北京凝聚态物理国家研究中心、北京信息科学与技术国家研究中心、沈阳材料科学国家研究中心、合肥微尺度物质科学国家研究中心和2003年以前建成的沈阳材料科学国家（联名）实验室转成6个国家研究中心，剩下的9个国家实验室仍处于筹建状态。

阶段五：为了强化国家战略科技力量建设，推进国家实验室建设与运行、全国重点实验室重组，形成中国特色国家实验室体系，国家投入了大量资源。目前我国国家实验室建设已经取得了实质性进展。

6.1.2 国家实验室人才队伍建设及取得的成效

在此以部分国家实验室为典型，重点阐述这些国家实验室人才队伍建设（培养）及其取得的成效状况。

1. 北京：北京串列加速器核物理国家实验室

北京串列加速器核物理国家实验室成立于1988年，以中国原子能科学研究院（简称“原子能院”）核物理研究所为基础，是低能核物理的重要研究基地。①

（1）人才培养。

在人才培养方面，建设了中国原子能科学研究院学位与研究生教育和博士后流动站。截至2021年12月，原子能院专业技术干部2500余人，其中，正高级人员485人，副高级人员944人，中级人员745人。国家海外高层次人才引进计划获得者3人、百千万人才工程国家级专家9人、享受政府特殊津贴58人、中核集团首席专家8人、中核集团科技带头人6人、中核集团首席技师2人、中华技能大奖获得者2人、全国技术能手2人，以及其他省部级以上高级专家累计600余人次。截至2022年，原子能院具有每学年度招收学术型全日制硕士研究生232名、博士研究生70名，共302名的招生规模。实验室坚持“健全制度，提高质量，科教结合，支撑创新，适应需求，引领未来”的发展思路，不断提高院研究生教育工作水平和研究生培养质量，为我国国防科技与核科技事业发展提供人才保障和智力支持。

（2）人才发展平台。

在人才发展平台建设方面，科技人才职业发展通道不断畅通。为了培养和造就一支具有战略开拓和科技引领实力的高层次科技人才队伍，充分发挥科技领军人才的引领和集聚效应，北京串列加速器核物理国家实验室以院重点学科与重点领域为依托，建立了由“学科首席专家—学术技术带头人—学术技术带头人培养对象”构成的科技人才职业发展通道，为具有科技创新实力和成长成才潜力的一线岗位科技人才搭建发展平台。通过不断畅通科技人才职业发展通道，让科技骨干从大量的行政事务中解放出来，心无旁骛地潜心钻研，逐步扭转科技人才行政化趋势，实现复合型领军人才和专业型科技领军人才“双渠道”开发。

（3）人才队伍结构。

在人才队伍结构方面，专业技术队伍年龄结构明显改善。北京串列加速器核物理国家实验室专业技术人员中，40岁以下人员占85%，其中正高级专业人员中，45岁以下人员超过60%；副高级专业人员中，40岁以下人员占75%；中级专业人员中，35岁以下人员占90%。年轻的学术技术带头人队伍初步形成。45岁以下专业技术人员中有180人获政府特殊津贴；有7人入选国家百千万人才工程等第一、二层次人选，有50人入选国防科学技术工业委员会“511人才工程”，73人入选核工业“111”人才工程；10人获得“国防科技工业杰出贡献中、青年

① 中国原子能科学研究院. 北京串列加速器核物理国家实验室[EB/OL].(2023-02-28)[2023.04-16] http://www.ciae.ac.cn/zh401/kynl22/zdsys45/zdsys/1294073/index.html.

专家”称号，40人获“核工业突出贡献中青年专家”称号，2人获得“国家杰出青年科学基金获得者”，1人获“中国青年科技奖获得者”，1人获得“香港求是基金会优秀青年学者奖”，1人被授予“全国留学归国先进个人”称号，4人被授予“国防工业百名优秀博士、硕士”称号，130人被确定为“院青年学术技术带头人培养对象”。

（4）取得的成效。

在成果产出方面，取得了一批具有国际、国内重要影响的科研成果。北京串列加速器核物理国家实验室大批青年科技骨干活跃在各学科领域，他们在不同的工作岗位上，奋力拼搏，施展才华，取得了显著的成绩。20余年来，该实验室先后获国家自然科学奖二、三等奖各一项，国家科学技术进步奖二、三等奖8项，国防科学技术奖一、二、三等奖共21项，中国核工业总公司获科技进步奖一、二、三等奖共69项，中核集团科技进步奖一、二、三等奖共5项；在国际、国内核心期刊发表论文1967篇，其中SCI收录1157篇。“十二五”以来，该实验室共获得省部级以上科技奖励380余项，其中，获得国家科技进步奖8项（2项是国家科学技术进步特等奖）、国防科学技术奖120余项、中国核能行业协会科学技术奖21项、中核集团科技奖200余项。

2. 上海：船舶与海洋工程国家实验室

船舶与海洋工程国家实验室依托上海交通大学“船舶与海洋工程”和“力学”两个国家一级重点学科建设。定位思想是在中国海洋工程领域构建开放型国家公共创新平台，服务于国家战略目标，服务于国民经济建设，服务于国防安全，瞄准国家重大需求和国际科技前沿，从事基础性、战略性、前瞻性科学研究，力争建设成为世界一流海洋工程科研与人才培养基地。①

（1）人才培养。

在人才培养方面，依托优势学科。船舶与海洋工程国家实验室已通过国家“船舶与海洋工程”重点学科建设，主要有船舶与海洋结构物的设计与制造、轮机工程、水声工程以及港口、海岸与近海工程4个研究方向的船舶与海洋工程博士后流动站的建设。同时，该实验室制订了《上海交通大学船舶海洋与建筑工程学院船舶与海洋工程研究生培养方案》，培育了包括学术型硕士、专业型硕士、博士、直博生和硕博连读生人才。实验室有院士1人、海外高层次人才计划学者6人、教授36名、在国际权威学术组织工作10多人。作为中国船舶与海洋工程高等教育与科研策源地，培养出首艘万吨轮总师、首艘核潜艇总师、首艘航空母舰总师、首艘7000米载人潜水器总师、首艘3500米无人遥控潜水器总师，以及

① 整理自船舶与海洋工程国家实验室官网。

其他一大批技术专家。[①]

（2）人才培育支持。

在人才培育资助方面，逐步完善相关制度。船舶与海洋工程国家实验室通过上海交通大学船建学院“优秀博士学位论文培育基金”，进一步提升博士研究生人才培养质量，并鼓励博士生发表高水平论文，专门设立优秀博士论文培养专项基金，为有望获得优异成绩的博士生提供资助。经批准资助学制年限内在学博士生每月生活津贴2000元，在考核结束前支付总津贴的75%，考核结束并通过后支付剩余25%。

（3）国际合作交流。

在人才国际合作交流方面，积极开展交流。实验室现已与纽卡斯尔大学、伦敦大学、南安普顿大学、东京大学、韩国科学技术院、阿伯丁大学、霍普金斯大学、得克萨斯农工大学等全球著名高校开展联合培养，进行学术交流或者交换学生的国际合作关系。

（4）取得的成效。

船舶与海洋工程国家实验室在基础研究和重大工程技术研究领域取得了卓越的成果，达到了国际领先水平。取得了一批标志性成果，对国家和行业的科技进步提供了引领作用，包括自主研发和产业化海上大型绞吸疏浚装备（获得国家科技进步特等奖）、解决强非线性问题的同伦分析方法及其应用（获得国家自然科学二等奖）、建设和应用4000米级深海工程装备的水动力学试验能力（获得国家科技进步二等奖）、采用船舶无艏支架下水技术（获得国家科技进步一等奖）、使用第一艘深潜救生艇（获得国家科技进步一等奖）、进行浅海海底管线电缆检测和维修装置（获得国家技术发明二等奖）、使用海洋平台结构检测维修、安全评定和实时监测系统（获得国家科技进步二等奖）、使用3500米深海观测和取样型ROV系统（获得国家科技进步二等奖）。

3. 广州：广州国家实验室

广州国家实验室于2021年成立，是致力于呼吸系统疾病防治的新型科研事业单位。该实验室聚焦呼吸系统疾病及其防控领域，开展基础与应用基础研究，突破重大科技难题，建立综合性创新科研平台，使之成为具有国际影响力的大型综合性科研基地与原始创新策源地。[②]

① 海洋工程国家重点实验室. 上海交通大学船舶海洋与建筑工程学院船舶与海洋工程研究生培养方案[EB/OL].（2018-06-12）[2023-04-03]. https://oe.sjtu.edu.cn/msg.php?id=984.

② 中山大学研究生招生网. 中山大学-广州实验室联合培养专项计划2022年招收攻读博士学位研究生招生简章[EB/OL].（2022-04-18）[2023-04-04]. https://graduate.sysu.edu.cn/zsw/article/383.

在人才招聘方面，通过与中山大学合作联合培养专项计划，联合培养一批博士研究生。为主动服务国家重大战略需求，培养和储备战略科技人才，实验室不断探索以重大任务和目标为导向的博士研究生培养新机制，与中山大学开展联合培养博士研究生项目。依托中山大学生命科学学院、中山医学院、化学院、药学院等学院，2023年招收学术学位博士研究生约20名。

在人才科研经费方面，根据承担的科研任务实际需求，提供稳定的科研经费保障，协助申报国家及地方各类人才项目。

在人才薪酬待遇方面，为员工提供极具行业竞争力的工资和福利，并在高水平上为员工缴纳“五险两金”，享有带薪年假、节日慰问、年度健康体检、高比例成果转化收益。

在团队支撑方面，协助科研人员组建科研团队，设有博士后工作站，与国内知名高校联合培养博士研究生，推荐申请合作高校博导资格。

在人才服务方面，协助员工申请人才绿卡、解决广州落户问题，多途径协助解决子女教育问题，提供住房补贴或专家公寓房源以解决住房问题。

4. 青岛：青岛海洋科学与技术试点国家实验室

青岛海洋科学与技术试点国家实验室，以国家海洋发展战略为中心，经过多年发展，在人才管理机制、人才培育等方面取得了一系列成效。①

在人才管理机制方面，积极探索创新人员分类管理模式。实行“双聘制”，创新考核和激励方式，实现知识产权的分享，以任务聚集人才。科研人员将保留原工作单位的人事关系与档案，根据课题任务的要求，进入该实验室进行工作，并根据约定节点与目标为依据，对其进行考核，并根据考核结果发放相应的奖励。同时，课题完成后，科研人员可以选择回到原来的工作岗位，也可以选择留下来，形成了鼓励创新，容忍失败的制度。对管理干部和服务干部实行“职员制”，按照“按需设岗，按岗录用，按合同管理，动态调整，能进能出”的原则，建立起一套公开、流动、竞争、协同的用人机制。

在人才培育方面，实行“鳌山人才”培育计划。通过开展“鳌山人才”培育计划，面向我国海洋试验实验室的理事单位、合作单位和功能实验室、联合实验室和科研公共平台，遴选和培育具有自主知识产权的高水平的中青年科技人才，推动我国海洋重大基础科学领域的发展。经过个人申请、单位推荐、评审遴选等环节（申请者来自中国海洋大学、中国科学院海洋研究所、自然资源部第一海洋研究所、中国水产科学院黄海水产研究所、山东大学、天津大学、中国船舶重工

① 青岛海洋科学与技术试点国家实验室. 青岛海洋科学与技术试点国家实验室“鳌山人才”培养计划[EB/OL].（2020-03-17）[2023-04-05]. http://qnlm.ac/page?a=4&b=2&c=1&d=1&p=detail.

集团公司、中国科学院西安光学精密机械研究所等10余家实验室合作共建单位及创新单元），共有63人入选，其中，34人入选“卓越科学家”专项、24人入选“优秀青年学者”专项、5人入选“杰出工程师”专项。通过实施“鳌山人才”培育计划，培育了一批高层次海洋科学领域的领军人才和优秀青年学者，调动了科研团队的积极性，激励了团队成员快速成长，构建了国家实验室战略研究方向的高层次人才团队，彰显了国家实验室汇聚人才的平台效应。目前，该实验室聚集了包括30名院士在内的高层次科研人员2200多人，为该实验室的发展提供了强有力的智力支撑。

5. 合肥：国家同步辐射实验室

国家同步辐射实验室是在1983年4月由国家计委批准成立的，它是我国第一个国家级实验室，经过多年发展汇聚与培养了一流科学研究与技术发展人才。实验室拥有200多名员工，包括1名中国科学院院士、1名中国工程院院士、41名博导，10名以上科研人员被选为担任国家重点研发计划项目首席科学家。[①]

在人才学科建设方面，依托优势学科培育研究人才。该实验室依托中国科学技术大学“核科学与技术”一级学科的建设，以培养“大国重器”复合型人才为核心目标，服务于国家大科学装置建设和核科学技术前沿研究和重大需求。学科拥有完整的本硕博教育体系，专业方向涉及核技术与应用、同步辐射与应用、辐射防护与环保等多个二级学科，在同步辐射等大科学工程建设和研究方面有独特优势。近十年来，该实验室已培养毕业研究生逾五百人，在读研究生约300人。

在人才队伍建设方面，该实验室在中国科学技术大学的支持下，制订并实施《国家同步辐射实验室队伍建设总体实施方案》，建立起适合实验室工程技术研究队伍特点的支撑岗位管理模式。通过人才助推计划，加强人才团队建设，助推青年人才成长，优化内部人才培养梯队，积极联系和引进优秀人才。2020年，该实验室引进正高级人才10人（国家创新人才计划青年项目入选者2人、中国科学院人才计划入选者4人），副高级人才13人，博士后19人。其中，总师级人才1人、关键工程技术岗位系统级负责人4人、优秀线站科学家5人。同时，充分发挥现有高端人才力量，注重现有人才培养。目前，该实验室人员总数202人。按职称分类，高级职称人数95人，中级职称人数68人；按学生类型分类，毕业博士34人，毕业硕士23人，在读研究生304人，在站博士后32人。[②]国家同步辐射实验室人才队伍建设情况见表6-4所列。

① 整理自国家同步辐射实验室官网。

② 国家同步辐射实验室. 2020年合肥光源年报[R/OL].（2021-11-16）[2023-04-05]. https://www.nsrl.ustc.edu.cn/_t1737/2021/1116/c10932a533147/page.htm.

表6-4 国家同步辐射实验室人才队伍建设情况

设施人员总数	按岗位分			按职称分			学生			在站博士后	引进人才
	运行维护人员	实验研究人员	其他	高级职称人数	中级职称人数	其他	毕业博士	毕业硕士	在读研究生		
202	135	61	6	95	68	39	34	23	304	32	2

在人才资助方面，该实验室与日本、俄罗斯、捷克、南非、拉脱维亚5个国家的9所大学或科研机构签订了合作协议。2020年，该实验室获得中国科学院国际人才计划资助16项、科技部外国专家项目6项、博士后交流计划资助1项和博士后基金项目资助1项，4人获得国家公派“创新型人才国际合作培养项目”资助、1人获得“国家建设高水平大学研究生项目”，获得国际会议资助1项。

在成果产出方面，取得了一系列研究成果。国家同步辐射实验室面向国际前沿和国家需求，与国内外一流的科研机构紧密结合，在能源催化、材料、生物等领域的基础与应用中已取得一批具有国际影响力的重大研究成果。2020年，该实验室获得发明专利授权37项、实用新型授权13项；基于在合肥光源线站的实验，2020年用户发表论文305篇，其中1区论文220篇。

6.2 国家重点实验室的建设发展现状

6.2.1 国家重点实验室建设概况及取得成效

国家重点实验室是国家组织开展基础研究和应用基础研究，聚焦并培养优秀科技人才，开展高水平学术交流，拥有先进科研设备的重要科技创新基地。它是国家创新体系中的一个重要组成部分，已成为孕育重大原始创新、推动学科发展和解决国家重大战略科学技术问题的重要力量。2018年12月，中央经济工作会议明确提出重组国家重点实验室体系。根据《中华人民共和国2022年国民经济和社会发展统计公报》显示，截至2022年12月31日，我国正在运行的国家重点实验室有533个[①]，主要包括学科国家重点实验室、企业国家重点实验室、省部共建国家重点实验室、港澳国家重点实验室、国家研究中心。

国家重点实验室体系得到了快速发展，在研究成果、条件建设、人才培养、管理创新等方面取得了可喜的成绩，为经济社会发展提供了重要支撑。国家重点实验室在科学前沿取得一批重大原创性成果，服务于国家战略需求，在信息、能源、新材料、先进制造等领域，科研产出效果显著，显著提升了我国的国际学术

① 国家统计局. 中华人民共和国2022年国民经济和社会发展统计公报[R/OL].(2023-02-28)[2023-04-06]. http://www.gov.cn/xinwen/2023-02/28/content_5743623.htm.

影响力。2013—2017年，国家重点实验室获得国家最高科学技术奖2项，国家科技奖励550项。83%的国家自然科学奖一等奖、60%的国家技术发明奖一等奖和86%的国家科学技术进步奖特等奖均由国家重点实验室获得。根据《2016年国家重点实验室年度报告》显示，国家重点实验室共获得国家级奖励110项，其中，获得国家自然科学奖二等奖26项，占授奖总数的63.4%；获得国家技术发明奖二等奖23项，占授奖总数的48.9%；获得国家科学技术进步奖一等奖5项，占授奖总数的62.5%。同时，有11 086项发明专利被授予；在国内外重要学术期刊和会议上，发表了8.64万多篇论文，被SCI检索收录5.51万多篇，占发表论文点数的63.8%；被EI检索收录5984篇，占发表论文点数的6.9%；在*Science*上发表28篇论文，在*Nature*及其相关期刊上发表369篇论文。[①]公开数据显示，截至2016年国家重点实验室获得国家级奖项情况见表6-5所列。

表6-5　国家重点实验室获得国家级奖项情况

类别	国家最高科学技术奖	国家自然科学奖		国家技术发明奖	国家科学技术进步奖			
		一等奖	二等奖	二等奖	特等奖	一等奖	创新团队	二等奖
实验室获奖数（项）	1	1	26	23	1	5	2	51
国家总授奖数（项）	2	1	41	47	1	8	3	120
占总授奖数比例（%）	50.0	100	63.4	48.9	100	62.5	66.7	42.5

1. **学科国家重点实验室**

正在运行的学科国家重点实验室共有254个，它们分布在8个学科领域：地球科学领域、工程科学领域、生物科学领域、医学科学领域、信息科学领域、化学科学领域、材料科学领域、数理科学领域。从所属部门来看，以教育部、中国科学院为主体，教育部131个、中国科学院78个、其他部门和地方45个。从所属地域来看，主要分布在25个省。其中，北京市79个，上海市32个，江苏省20个，湖北省18个，陕西省13个。2017年11月，科技部会同有关部门研究制订了《国家研究中心组建方案（试行）》，在前期试点国家实验室基础上，批准组建了北京分子科学、武汉光电、北京凝聚态物理、北京信息科学与技术、沈阳材料科学、合肥微尺度物质科学6个国家研究中心。

① 中华人民共和国科学技术部. 2016年国家重点实验室年度报[R/OL].（2018-05-21）[2023-04-06]. https://www.most.gov.cn/xxgk/xinxifenlei/fdzdgknr/zfwzndbb/201805/P020180521576150932136.pdf.

2. 企业国家重点实验室

企业国家重点实验室以社会和行业未来发展的需求为导向，研究应用基础研究和竞争前共性技术，并制定国际标准、国家标准和行业标准，汇聚优秀的人才，引领和带动行业技术进步，是国家科技创新基地和国家技术创新体系的重要组成部分。目前，一共有179个企业国家重点实验室，分布在8个领域（材料领域43个、制造领域26个、能源领域25个、矿产领域23个、医药领域18个、农业领域17个、信息领域14个、交通领域13个，如图6-1），基本覆盖了国民经济建设中的几大类，反映出了我国企业进行技术创新的总体情况。从所属部门来看，以地方科技厅和国务院国有资产监督管理委员会为主：地方科技厅124个，占69.3%；国务院国有资产监督管理委员会53个，占29.6%。从所属地域看，企业国家重点实验室分布在全国29个省（区、市），北京市有38家，山东省有17家，江苏省有13家，广东省有11家，上海市有11家。

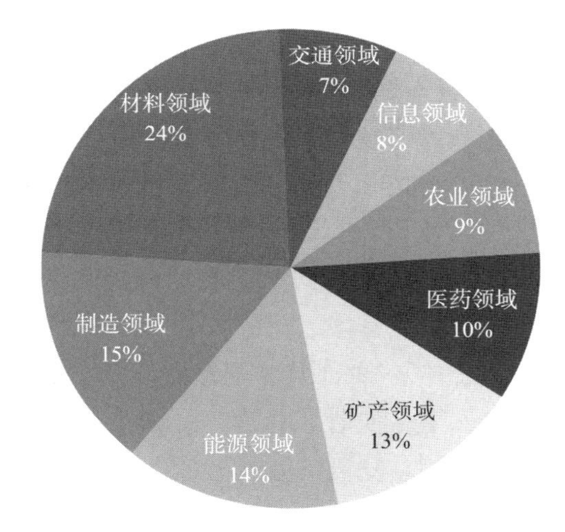

图6-1 企业国家重点实验室领域分布

3. 港澳国家重点实验室

党的十八大以来，科技部与港澳相关部门共同开展了一系列加强实验室建设的工作。党的十九大以来，港澳国家重点实验室的发展进入新阶段：依托港澳共8家高校建设20个港澳国家重点实验室；调整港澳国家重点实验室伙伴实验室名称，完善了新建实验室的申报程序，进一步下放申报审批权限；实现了中央财政经费到港澳，支持国家重点实验室科研活动；形成了由实验室提出具体项目需求，并纳入政府间国际科技创新合作、港澳台科技创新合作重点专项支持的操作办法。加强对港澳国家重点实验室的评估工作，进一步激励和促进实验室的发展。港澳国家重点实验室自建设以来，得到了香港和澳门特别行政区政府的高度重视，推动了实验室硬件条件和科研环境不断提升，集聚和培养了一批有影响力的科学家和科研团队，厚植了联合内地开展科技创新合作的基础。港澳国家重点实验室积极参与国家重大科研活动，深入开展基础和前沿研究，取得一批有标志性的重大成果，研究能力和学术水平得到较大提升，已成为港澳基础研究的骨干力量。

4. 省部共建国家重点实验室

为了增强区域创新能力，加大地方在基础研究方面的投资力度，提高地方的基础研究水平，完善国家重点实验室体系建设。科技部将区域经济社会发展需求作为中心，通过创新机制、省部共建、以省为主的方式，依托单位所属高校和科研院所，构建了一批开展具有区域特色应用基础研究的省部共建国家重点实验室，推动了中央政府和地方的科技资源的有效整合。

公开数据显示，截至2017年，省级共建国家重点实验室已有15名中国科学院和中国工程院院士、28名国家杰出青年科学基金获得者、2个创新研发团队，具有承担国家重大科技项目的实力。共承担了2451项在研项目，研究经费7.6亿元，获得国家级科技成果4项，其中，国家技术发明奖二等奖2项，国家科技进步奖二等奖2项。截至2021年，省部共建国家实验室已经达到了43个，分布在27个省市，涵盖了医学、生物、工程、化学、材料、地学等多个学科领域。

省部共建国家重点实验室在国内外开展了各种形式的学术交流和合作。举办了多次全球性学术会议及全国性学术会议，以开放交流与合作的方式，促进了各个地方有关领域的特色基础研究区域的经济发展。通过多年的努力，省部共建国家重点实验室已经形成了一个聚集高层次人才、进行应用基础研究的重要基地，为区域经济和社会发展提供了有力的科技支持。

5. 国家研究中心

国家研究中心是适应大科学时代基础研究特点的学科交叉型国家科技创新基地，是国家科技创新体系中的重要组成部分。它主要面向世界科技前沿、面向经济主战场、面向国家重大需求，对符合科学发展趋势，并对未来长远发展起到极大推动作用的前沿科学问题进行聚焦，将可能形成重大科技突破，并聚焦对经济发展方式造成重大影响的基础科学问题，同时聚焦学科交叉前沿研究方向，开展前瞻性、战略性和前沿性基础研究，旨在成为具有国际影响力的学术创新中心、人才培育中心、学科引领中心、科学知识传播和成果转移中心。

根据《国家科技创新基地优化整合方案》，科技部等相关部门在全国范围内开展了国家研究中心的组建工作。科技部通过专家论证，批复了包括北京分子科学在内的6个国家级科研中心的建设，分别是依托北京大学和中国科学院化学研究所组建的北京分子科学国家研究中心，依托华中科技大学组建的武汉光电国家研究中心，依托中国科学院物理研究所组建的北京凝聚态物理国家研究中心、依托清华大学组建的北京信息科学与技术国家研究中心、依托中国科学院金属研究所组建的沈阳材料科学国家研究中心、依托中国科学技术大学组建的合肥微尺度物质科学国家研究中心。国家研究中心所属部门、地域分布见表6-6所列。

表6-6 国家研究中心所属部门、地域分布表

国家研究中心名称	依托单位	主管部门	所属地区
北京分子科学国家研究中心	北京大学中国科学院化学研究所	教育部中国科学院	北京市
武汉光电国家研究中心	华中科技大学等单位	教育部	湖北省
北京凝聚态物理国家研究中心	中国科学院物理研究所	中国科学院	北京市
北京信息科学与技术国家研究中心	清华大学	教育部	北京市
沈阳材料科学国家研究中心	中国科学院金属研究所	中国科学院	辽宁省
合肥微尺度物质科学国家研究中心	中国科学技术大学	中国科学院	安徽省

6.2.2 国家重点实验室人才队伍建设整体情况

国家重点实验室和试点国家实验室已经吸引、凝聚并培养了一批优秀的科技人才，培养出了一批在科学前沿领域中的领军人物，构建了一支年龄和知识结构合理的高素质研究团队。①

国家重点实验室在推动学科发展中发挥了重要作用。依托实验室的博士和硕士学位授权点共2120个。公开数据显示，2016年，国家重点实验室在读和入学博士研究生、硕士研究生共计102 555人，毕业博士研究生、硕士研究生共计27 967人。2016年，国家重点实验室学位点建设与人才培养情况见表6-7所列。

① 中华人民共和国科学技术部. 2016年国家重点实验室年度报[R/OL].(2018-05-21)[2023-04-06]. https://www.most.gov.cn/xxgk/xinxifenlei/fdzdgknr/zfwzndbb/201805/P020180521576150932136.pdf.

表6-7　国家重点实验室学位点建设与人才培养情况

类别	学位点	当年在读和入学人数	当年毕业人数
硕士	1139	59 084	18 897
博士	981	43 471	9070

国家重点实验室作为聚集和培养优秀科技人才的重要基地，在人才队伍建设方面涌现出一批具有国际影响力的团队，成为孕育我国科技将帅的摇篮。到2019年末，实验室有固定人员5万余人，其中，中国科学院院士393人、中国工程院院士271人，分别占两院院士总人数的47.8%和29.7%。拥有1843名国家杰出青年科学基金获得者，占总数的43.2%。在2017年的两院院士新增名单中，中国科学院院士29人、工程院院士16人，分别占院士新增总数的47.5%和26.2%；2019年，新增中国科学院院士29人、工程院院士26人，分别占新增院士总数的45.3%和34.7%。获得国家自然科学基金创新研究群体资助共305项，占到了历年来的52.8%，这体现了国家重点实验室在人才队伍建设方面取得的卓越成效。

6.2.3　国家重点实验室人才队伍建设取得的成效

30多年来，国家重点实验室的建设运行为我国贡献了一批重大科研成果，培养和凝聚了一批科技人才，促进了我国一流学科的建设和国际学术的交流与合作，为国家经济、社会及国防的建设和发展提供了强有力的科技支撑。[①]在此以部分国家重点实验室为典型，重点阐述这些国家重点实验室人才队伍建设（培养）及取得的成效状况。

1. 能源清洁利用国家重点实验室

能源清洁利用国家重点实验室于2005年被科技部批准建设。经过多年的建设和发展，该实验室在科学研究、人才培养、队伍建设、开放交流等方面都取得了非常明显的成果，已经逐渐发展为一个具有国际影响的应用基础研究基地、高层次人才培养平台、能源技术创新的重要源泉及能源环境领域学术交流的重要平台。[②]

依托强大学科背景，支撑人才培育。能源清洁利用国家重点实验室以浙江大学为依托，与先进能源国际联合研究中心、国家能源科学与技术学科创新引智基地等7个国家级科研教学基地，通过科技资源整合、汇聚创新要素，形成了资源

① 吴根，朱庆平，杨晓秋等. 国家重点实验室运行分析与发展报告—成就篇[J].中国基础科学，2006，8（1）：53-57.

② 整理自能源清洁利用国家重点实验室官网。

共享、优势互补、协同运行、共促发展的紧密联合体，为能源动力领域的国际化人才培养奠定了坚实的基础。

公开数据显示，截至2020年，该实验室现有固定人员152人，含教授66人，副教授30人，研究员28人，副研究员13人，教授级高级实验师1人，高级工程师/高级实验师4人，实验师/工程师4人。能源清洁利用国家重点实验室人才队伍情况见表6-8所列。

表6-8 能源清洁利用国家重点实验室人才队伍情况

类别	人	类别	人
中国工程院院士	2	国家973项目首席科学家	3
青年学者	5	国家高层次人才特殊支持计划科技创新领军人才	5
国家杰出青年科学基金获得者	9	青年拔尖人才	4
国家优秀青年科学基金获得者	10	国家级青年人才项目	10
国家自然科学基金委创新研究群体负责人	1	科技部“创新人才推进计划”中青年科技创新领军人才	5
教育部跨世纪人才	11	“百千万人才工程”入选者	6

在成果产出方面，截至2020年，获国家科技进步奖（创新团队）1项、国家技术发明奖一等奖1项、国家科技进步奖一等奖（参与）1项、国家自然科学奖二等奖1项、国家技术发明奖二等奖3项、国家科技进步奖二等奖7项，省部级科技奖项一等奖24项。发表SCI检索论文3621篇，EI检索论文1139篇，出版专著及教材54部，授权中国发明专利904项、国际专利23项。

2. 智能绿色车辆与交通全国重点实验室

汽车安全与节能国家重点实验室依托清华大学、在原汽车安全与节能国家重点实验室基础上优化重组成立。在人才培养方面，以学术带头人为核心，组建科学研究团队，对青年学术骨干进行培养，对海外高端人才进行吸引，对高质量的博士后和研究生进行培养，通过多种途径，凝聚吸引并培养了一批科研人才，为实验室的健康可持续发展打下了坚实的基础。

公开数据显示，截至2023年，智能绿色车辆与交通全国重点实验室固定人员共有88人，其中研究人员80人，技术人员7人，管理人员1人。研究人员中，正高级35人、副高级29人、中级16人，包括院士4人。2016—2020年，实验室共承担了国家、国际、国防以及重大横向合作科研项目723项；发表高水平SCI检索论文1202篇，授权发明专利493项；获国家级技术发明奖及科技进步奖4

项，其中3项为第一完成单位或第一完成人，获行业特等奖2项、省部级和行业一等奖15项。

3. 心血管疾病国家重点实验室

心血管疾病国家重点实验室是国内首个心血管疾病领域的国家重点实验室。该实验室以国家心血管病中心和中国医学科学院阜外心血管医院为依托，坚持“以人为本”的办学理念，开展了一系列创新性举措，科学规划了学科布局，加强了科研队伍建设，促进了海外领军人才的引进与培养，取得了较好的效果。

在科研队伍建设方面，该实验室拥有一批具有国际水准的临床和基础医学科学家。根据其官网数据显示，该实验室现有固定人员76人，其中，正高级职称32人、副高级职称17人。实验室拥有中国工程院院士4人中国科学院院士1人：培养了国家高层次人才支持计划14人。国家杰出青年科学基金项目获得者6人。国家自然科学基金优秀青年科学基金项目获得者5人，形成七支卓越的医学科学家带队、青年研究学者为骨干，敢于拼搏、勇于奉献的科研队伍。

在海外领军人才引进方面，实验室对在国际上心脏发育与干细胞研究领域的杰出团队整体引进，其中包括外籍专家、学科带头人、青年学术骨干。具体情况为：引进生物信息学专家1名、引进药理学专家1名、心脏发育学专家1名；重点支持血栓性疾病、肺血管疾病两个心血管疾病的相关领域共引进两人，分别是血栓学学科带头人1名、心肺功能学科带头人1名。

4. 植物病虫害生物学国家重点实验室

植物病虫害生物学国家重点实验室依托中国农业科学院植物保护研究所建设。该实验室通过全面实施人才培养和引进，形成了一支结构合理、素质优良的科技创新队伍，立足于实验室的实际需求，把人才队伍建设作为工作重心和重点工作。该实验室在人才队伍建设和引进方面取得了良好的成效。①

一是实施引才举措，引进高端人才。该实验室以国际植保学科的发展趋势为依据，并根据实验室的发展需要，通过各种途径，从国内外引进领军人才和青年科研骨干。通过直接引进和柔性引进的办法，积极引进海内外高层次人才；采用特聘教授制度，吸引国外的高端人才，比如美国科学院院士等知名专家来实验室进行指导工作；同时借助农科院的青年英才计划和建立的人才引进基金等政策，将国内外的优秀高端人才、学术带头人和优秀青年专家吸引到实验室来进行工作。

二是实施人才工程，建设人才队伍。坚持科技领军人才、中青年科技骨干和

① 整理自中国农业科学院植物保护研究所官网。

青年人才等各层次人才协调发展，系统推进人才建设与培育相结合发展。在青年人才培育方面，该实验室结合中国农业科学院科技创新工程，提出并实施了青年人才培养系列计划，包括优秀青年人才创新基金、青年科技人才创新基金、青年科技人才提升计划等；同时，针对不同年龄段、不同发展阶段的青年科研人员，提供成长导师配备、发展基金资助、重大成果培育等全方位的培养方案，以帮助青年科研人员迅速成长，加速科技创新。

三是实验室充分解读人才培育政策，引进培育壮大实验室的人才队伍。“十三五”以来，实验室人才队伍建设中的高层次、高水平人才越来越多，共有固定人员131人，研究员56人，副研究员45人。在成果产出方面，主持承担省部级以上及国际合作项目近500项，获科技成果奖励17项。其中，国家科学技术进步奖一等奖1项、国家科学技术进步奖二等奖2项；国家授权发明专利125项，其中2项获中国发明专利优秀奖；软件版权12项；新品种保护权4个，审定农作物新品种12个；制定国家标准22项；发表学术论文近2000篇，其中SCI源刊物论文1000多篇。[①]

5. 复杂系统管理与控制国家重点实验室

复杂系统管理与控制国家重点实验室依托于中国科学院自动化研究所，拥有一支高水平、高素质的老中青结合的科研团队。目前，该实验室固定人员近80人，其中45岁以下的约占75%，拥有国家自然科学基金委创新研究群体3个、中国科学院创新群体1个。[②]2022年复杂系统管理与控制国家重点实验室和模式识别国家重点实验室重组为多模态人工智能系统全国重点实验室。

在人才培养方面，该实验室共培养博士后20余人；博士研究生140余人；毕业博士研究生150余人；硕士研究生近200人，毕业硕士研究生80余人。实验室培育人才中3人获得中国科学院优秀博士学位论文奖、3人获得中国自动化学会优秀博士论文奖、10余人获得国际会议学生最佳论文奖、10余人获得中国科学院院长奖学金特别奖及优秀奖。

在人才学术交流方面，通过高层次的开放性合作，吸引海内外的优秀人才。该实验室设立开放课题40多项，先后有国内外著名学者300多人来实验室做中长期学术访问。学术带头人受邀在IEEE系列及其他高水平的国际会议上做了百余场特邀报告讲座。

在人才资助方面，设立了青年基金资助计划。青年基金用于支持青年科技人

① 陈东莉. 国家重点实验室人才队伍建设研究——以植物病虫害生物学国家重点实验室例[J]. 安徽农业科学，2019，47(19)：262-264.

② 整理自中国科学院自动化研究所官网。

员选择课题，进行基础和应用研究，让青年科技人员有机会进行独立的科研项目，从而提升其创新研究能力，激发其创新思维，培养基础和应用研究的后继人才。2012—2018年该实验室共设立青年基金项目67项，67人获得资助，资助力度从3万到6万元不等，经费总计317万元。共发表SCI论文22篇，EI论文84篇。① 复杂系统管理与控制国家重点实验室2012—2018年青年基金资助情况如表6-12所列。

表6-12　复杂系统管理与控制国家重点实验室2012—2018年青年基金资助情况

时间	2012	2013	2014	2015	2016	2017	2018
资助人数	13	13	9	9	10	4	9
资助经费(万元)	51	51	36	54	60	20	45

6.3　我国国家实验室人才体系培养存在的主要问题

世界一流的科研人员与支撑团队是国家实验室体系运行的核心资源，对国家实验室体系发挥战略科技力量作用具有决定性的作用。我国国家实验室体系培养了大批优秀人才，取得了可喜的成效；但在人才培养过程中也存在较多的问题亟待解决。

6.3.1　人才引进方面存在的问题

人才的引进，尤其是实验室高端人才的引进是实验室能否取得成功的关键。目前，我国实验室体系人才供给仍然无法满足其发展的需求，主要表现在以下几个方面。

1. **人才选聘机制不够灵活**

部分国家实验室和国家重点实验室采用的是多方共建共管模式，由国家投资主建，部门主管，依托大学和科研院所，因此管理部门多、管理层次和关系较复杂，造成了实验室规章制度烦琐、行政管理层级偏多。在人力资源方面，部分国家实验室没有完全独立的人事聘任权力，缺乏人才聘用的自主决策权，只能依附于依托单位寻找需要的科研人员作为实验室的固定人员，而流动人员的引进手续繁杂，对接通道不畅。由于科研经费长期存在重物轻人的问题，多数课题经费不允许用于支付人员经费和劳务费，因此实验室固定人员的占比偏大，甚至一度达到80%以上。尽管目前该比例有所下降，公开数据显示，截至2016年，固定人

① 闫研，宫晓燕，陆浩等. 青年基金，从0到1——复杂系统管理与控制国家重点实验室培养青年科技人才的一种探索[J]. 中国基础科学，2018，20(03)：46-48.

员占比为68.3%[①]，但和国际有影响力的实验室不超过50%的比例仍有一定差距，人才选拔和聘用机制不够灵活，导致优秀的人才难以引进。

2. **存在“人职不匹配”现象**

国家实验室体系在招聘人才时会以学历和留学背景为标准。部分国家实验室、国家重点实验室受到当前实验室评价标准的影响，一味扩大人才数量和而忽略实际的现实需要、本地人才资源的实际状况及实际的承载能力，导致实验室人员的比例和结构失调，从而提高了相关单位劳动力成本，也影响了实验室和国家总体科技水平的发展。

3. **引进人才的渠道相对单一**

目前国家实验室体系引进人才的渠道相对单一。由于在引进人才渠道上的开销不菲，因此实验室往往倾向于通过依托单位的官网和人才招聘网站来获取人才，然后通过管理部门审核后完成招聘引进。环节上往往花费较长时间，难以快速筛选出匹配度较高的人才，容易错过招聘良机。虽然近年招聘的宣传力度有所加大（举办各类青年学者论坛、邀请优秀的海归人才去高校交流等），起到了一定的作用，但获得国际高端人才、高层次复合型人才及优秀科技领军人才的渠道还有待拓展。

4. **对高端科技人才的吸引力不足**

高校和科研院所无法充分利用现有政策及平台为引进科技人才、服务科技人才充分创造条件。一些科技人员入职后，因各种原因导致其无法顺利开展工作，也无法解决生活和家庭方面的困难。这在很大程度上加剧了人才流失。另外，高层次人才不仅仅关注丰厚的待遇，更考虑其自身价值能否得到实现。目前我国实验室、科研机构与综合研究型大学在国际上的软硬件条件、专业实力、整体水平仍存在不足，无法满足高端人才发挥才能、展示自我的要求，在一定程度上难以无法吸引和留住高端优秀人才。

6.3.2 人才使用方面存在的问题

高水平的科技人才、合理的人员配备和高效的人事管理制度对于国家实验室体系功能的实现至关重要。国家实验室体系的建设，不仅需要引进高水平、高层次、创新型的高质量人才，还需要做到“人尽其用”，充分发挥人才的潜力，体现人才的价值。但目前在人才使用方面还存在一些不足。

1. **重人才引进而轻自主培养**

① 中华人民共和国科学技术部. 2016年国家重点实验室年度报[R/OL].(2018-05-21)[2023-04-06]. https://www.most.gov.cn/xxgk/xinxifenlei/fdzdgknr/zfwzndbb/201805/P020180521576150932136.pdf.

人才引进与人才自主培养缺一不可，外部引进能够加强实验室之间的沟通和交流，内部培养则使得实验室的优秀特质得以延续。因此，人才引进与人才自主培养应当并重。但现实情况下，受到绩效主导等因素的影响，个别地方政府和实验室在相互挖人上的积极性很高，但在培养人才上的投入却不充足，国家实验室体系引进少数急需的顶尖人才是合理的，但也要关心人才的成长和职业发展，处理好人才引进和自主培养的关系。国家实验室体系既要引进顶尖的急需的人才，也要自主培养各类不同层次、符合自身需要的人才，提高他们的待遇，为他们的工作创造条件，并为他们提供充分的发展和提升空间，这样才能真正达到人尽其才、才尽其用的效果。

2. 人员结构、规模配置不够合理

大科学时代的科技创新活动具有学科领域广、专业交叉融合、多方面协同的特点，在人员规模、结构组成上与一般的科研机构有明显区分。实验室一般不仅要保持一定规模的人员队伍，也要有科学家与工程师、研究辅助人员、技术支持人员、博士后研究人员及访问学者等，较大的实验室还会为优秀的本科生和研究生设置相当数量的实习岗位。因而，成功的实验室既要保持一支实力最强、人员稳定的科研队伍，也要能够根据任务需求有效整合各方面创新资源，在一定时间范围内实现集中攻关和开放共享。①

在实验室人员配置方面，我国国家实验室普遍缺乏高水平技术人员和管理人员，这是不利于实验室长远发展的。缺乏技术人员和管理人员，而研究人员过多，不利于实验室的有效运行。目前，一名实验技术人员管理多台仪器设备的现象普遍存在，实验仪器无法得到高效运行和充分利用；部分单位对实验技术人员支撑科技创新的作用认识不够，实验技术人员数量明显不足，结构也不合理，无法实现对仪器的有效管理和充分利用；还有些单位由于缺少专职实验技术人员，造成仪器故障率高等问题。

3. 科研经费问题制约人才效能的发挥

尽管我国逐年加大对科研的支持力度，我国的科研投入与发达国家仍有很大差距。我国平均每个重点实验室取得经费6000万元/年，按照各实验室科研人员200人测算，人均经费约30万元，而美国国家实验室人均经费超过20万美元，是我国实验室人均经费的3倍有余。其中阿贡国家实验室人均经费22万美元，劳伦斯伯克利国家实验室人均经费约25万美元。

同时，我国实验室的经费也缺乏稳定性。目前，我国实验室的现有的经费来源中财政拨款比重较低，一半以上的经费需要实验室自筹。以中国科学院为例，

① 郝君超，李哲. 国家实验室人员管理的国际经验及启示[J]. 科技中国，2018(04)：86-88.

《中国科学院2021年度部门决算》中的数据显示，中国科学院2021年收入合计为1042.90亿元，其中财政拨款为455.07亿元，占比约为43.6%。相较之下，美国、英国、日本等发达国家的国家实验室经费均有稳定的来源——主要来自政府财政预算拨款（一般为70%以上），如日本理化学研究所2021财年有54.5%经费来自政府的运营费交付金，27.3%的经费来自政府提供的与大型设施相关的资助，相对稳定的经费投入达到80%。法国国家科研中心2021年的经费总量约38亿欧元，其中财政稳定拨款约占74%。[①]美国的国家实验室超过98%的经费来源于财政拨款，接近100%。[②]

科研经费问题引发人才使用方面诸多的问题。实验室科研经费自身不足，加上实验室本身缺乏多渠道筹集经费的能力，实验室不得不依赖政府的竞争性项目维持自身的生存和发展，部分科研人员将大量精力投放在了课题的申请上，盲目跟随发达国家和热点的研究方向。资金不足的问题使得一些课题被重复研究，质量也仍不高，而一些重要的中长期的基础性研究被忽视，影响了原始性创新成果的产出。同时，资金不足也使得大型仪器设备等得不到及时的维护与更新，制约了人才聪明才智的发挥，也降低了实验室对优秀人才的吸引力。

6.3.3 人才评价方面存在的问题

由于多种因素的制约和影响，当前我国国家实验室体系实施的科研人员考核与评估考核指标体系建设还处于摸索之中，相关的评价和监督机制也需进一步地完善。

1. 评估考核指标体系不够合理

国家实验室体系是代表国家前沿科技发展的重要组织力量，定位于围绕重大科学前沿、重大科技任务和大科学工程，开展战略性、前沿性、前瞻性、基础性、综合性科技创新活动的大型综合性研究基地。国家实验室体系建设的愿景、目标、功能定位、任务等与一般的高校和企业实验室有着较大差异。

因而，如何面向国家创新驱动发展战略，结合《国家中长期科学和技术发展规划（2021—2035）》要求，建立与国家实验室体系目标相一致的评估考核指标体系，如何建立以创新质量和学术贡献为核心的评价监督机制，如何加强0到1基础研究和基础创新的长期投入和产出的考核监督机制，在当前还仍处于探索阶

① 肖小溪，代涛. 国立科研机构培养使用战略人才的国际经验及启示[J]. 科技导报，2022，40(16)：46-54.

② 寇明婷，邵含清，杨媛棋. 国家实验室经费配置与管理机制研究——美国的经验与启示[J]. 科研管理，2020，41(06)：280-288.

段。[①]目前，实验室唯论文、唯职称、唯学历的问题仍存在，论文发表量、专利数量、科研项目、获得经费量等因素依然在考核中占有较大比重，使得科研人员急于发布论文和竞争科研项目以获取经费。加上“论资排辈”的风气依旧存在，妨碍了部分实验室考核的公平性和竞争性。

2. 评价考核和监管机制有待完善

实验室人员的构成可以从不同角度进行多维划分。按照职能的不同，科研人员可以划分为研究人员、技术人员、管理人员；也可以按照岗位的不同，分为固定人员和流动人员。这些不同人员的角色定位、功能作用、做出的绩效都不同。因而，如何科学合理地对不同人员进行评价考核和监管，让不同类型的人才能够在他们的工作岗位上发挥他们的最大潜力，成为人才评价中的一大难题。目前，我国实验室体系尽管借鉴了许多成功的经验，在人才评价考核上进行了较多的改革探索，但在对不同岗位和功能人员的考核和监管中，仍存在与其本身工作职责不匹配，有失公平的现象。譬如，对技术人员和管理人员的考核，仍缺少有针对性的、科学合理的考核细则和评价标准，将学术论文和科研成果作为他们职称晋升的重要指标，使得技术人才、管理人才的工作成绩和贡献不能得到客观公正的评价；而对科研人员的考核，内部竞争较激烈，导致一些优秀的科研人员职称评定和晋升不顺畅等，从而影响了科技人员的活力和创造性。尽管部分实验室积极采取了分级考核与分类考核等考核评价细则，但是，在实践中还存在着许多问题，亟待探索解决方法。

6.3.4 人才流动方面存在的问题

科技人才的合理流动是国家实验室体系保持组织创新活力、提升综合竞争力和取得重大科研成果的保障。只有建立起适应我国国家实验室体系的人才流动机制和管理制度，使人才流动更加合理化、高效化、灵活化，才能建立实验室人才的最佳结构，充分发挥实验室人才的最佳服务效能。

1. 固定和流动研究人员的比例有待优化

国家实验室体系在面向重大任务的科技创新活动时，通常需要不同类别的科技人才共同承担科学类、工程类的研究任务，这就要求实验室合理配置创新人员的构成比例，并对不同类别人员采用分类考核机制，以有助于任务目标的达成。《国家重点实验室建设与运行管理办法》中明确指出，重点实验室由固定人员和流动人员组成。固定人员主要包括研究人员、技术人员和管理人员，流动人员主要包括访问学者、博士后研究人员，并规定流动人员的比例不得低于50%。

① 王江. 国家实验室的数字化转型：多层次视角分析[J]. 科学管理研究，2022，40（05）：77-85

由于国家实验室实行国家相关部门、地方乃至社会力量共同建设、共同支持、共同管理的新体制，由国家相关部门、地方政府代表和本领域著名科学家组成的理事会决策国家实验室重大事宜。[①]这种管理体制和运行机制存在的问题，使得实验室研究人员中的固定人员流动受限。加之研究经费用途受限，难以支撑较多流动人员的开支。因而，总体来看，我国国家实验室体系与美国、英国、日本、德国等发达国家相比，人员流动性仍较低。发达国家实验室都有灵活多元的用人机制，保证人员的流动，其中美国重点实验室的流动性最高，多采用合同管理制，其流动人员比例约为60%，可以短时间内集合人才组建团队协同攻关，项目结束后，团队自行解散；宽松的学术氛围和环境有利于科研人员集中精力科研，多出科研成果，极大地提高了实验室的运行效率和科研效益。[②]

2. 实验室人员合作和流动机制有待完善

目前，我国部分国家实验室和国家重点实验室在招聘录用、薪酬分配上没有充分的自主权，不能根据自己的需要招聘合适的人员，同时部分固定人员的人事和工资关系由其依托单位管理，使得急需的科研人才引进受限，不需要的人才难以流出，既不能满足实验室人员流动和学术交流的需要，也影响了实验室的创新活力。另外，由于高校和科研院所属于事业单位，设定有人员编制，编内人员的解聘相对困难。同时，编制人员和非编制人员待遇有明显的区别，高层次人才对高校和科研院所趋之若鹜，但编制人员名额始终较少，导致人员效能受到影响。因而，对于实验室承担的探索性较强的基础研究任务而言，如何通过设置柔性的组织架构调整机制和人才流动机制，将固定岗位与流动岗位有机结合，灵活应对科学技术的快速发展、优化人才的配置与流动，保持组织的创新活力，仍是一个挑战。

6.3.5　人才激励方面存在的问题

人才激励对国家实验室体系的发展至关重要。它不仅有助于提升科研能力和创新能力，推动实验室的科研成果取得更好的效果，也有助于促进团队协作和合作创新，培养和储备优秀人才，为实验室的长期发展奠定基础。

1. 科研人员的薪酬结构有待优化

我国科研机构长期以来一直存在着科研人员基本薪酬比例偏低的问题。首

---

① 教育部科技发展中心. 批准北京凝聚态物理等5个国家实验室筹建的通知[EB/OL].（2003-12-08）[2023-04-03]. http://www.cutech.edu.cn/cn/rxcz/webinfo/2003/12/1179971196278553.htm.

② 李映彤. 探析设计方法虚实论[J]. 当代经理人，2006（15）：231.

先，相比于一些发达国家的国家实验室，我国国家实验室体系科研人员的薪酬水平相对较低。在德国，科研人员拥有超过其他人约2倍的固定工资，并且还享受国家特殊津贴。[①]而在我国，国家重点实验室主要实行事业单位编制，在编制内工资会不同程度地受到各种约束，科研人员的薪酬结构单一，主要以基本工资为主，并且占比较低，科研人员更多依靠竞争性的研究经费来保障科研持续并以此补充工资收入[②]。我国的研究经费大多不能支付人员费，也无法支付课题雇佣人员费用，国家专项拨款和竞争性项目基金被规定大部分用于实验室设备的采用，只有很少一部分可直接用于支付人员的薪酬。这就进一步导致了我国存在科研人员在外兼职或兼薪的情况，这在一定程度上不利于科研人员在专业领域上进行深入稳定的研究，也会导致一些优秀的科研人才流失或选择从事其他行业。此外，在我国国家实验室体系科研人员的薪酬结构中，对科研人员的绩效考核和奖励机制不够完善。科研人员的薪酬往往只与职称或学历相关，而与科研成果的贡献、论文发表、专利申请等因素关联较少，这就容易导致科研人员在工作中缺乏明确的目标和动力，影响他们的工作积极性和创新能力。因此，如何在我国科研体制的背景下，构建合适的科研人员薪酬待遇体系，至关重要。

2. 人才良性竞争机制有待形成

良性竞争可有效提高实验室整体的科技创新能力和研究水平、人员工作效率、资金使用效益，但目前，我国有效的良性竞争机制还没有建成。首先，在我国国家重点实验室内部存在缺乏竞争的情况。在目前易进难出的情况下，实验室人员很可能从大学毕业到退休都一直留在这些依托单位或实验室中，在这个层面上，人才之间缺少适度的竞争压力和激励，人才之间难以形成良性的竞争格局，也使得实验室效率低下。其次，存在由于经费不足而引起的过度竞争。实验室出于自身的生存和发展的压力，必须致力于竞争各种科研项目，来取得相应的科研经费以保障实验室的正常运转，经费压力也通过考核等方式传递给科研人员。这使得部分科研人员更倾向于选择“短平快”的项目，消磨了他们对真理的追求和学术的兴趣，也造成部分科研人员道德水准的下滑，引起一些学术不端的问题。[③]因此，如何高效地建成实验室人才的良性竞争机制，以促进科研人员的全面发展和创新能力的提升，亟待被深入研究。

---

① 张志刚. 无障碍战略系统工程研究[M]. 北京：华夏出版社，2019：139-141.

② 李天宇，温珂，黄海刚等. 如何引进、用好和留住人才？——国家科研机构人才制度建设的国际经验与启示[J]. 中国科学院院刊，2022，37(09)：1300-1310.

③ 辛斐斐，范跃进. 财政性科研经费管理：困境、根源及出路[J]. 国家教育行政学院学报，2017(04)：28-33.

第7章 国家实验室体系人才培养机制设计及政策建议

7.1 国家实验室体系人才培养机制设计

7.1.1 机制设计原理

1. 人才培养机制的概念

“机制”一词最早源于希腊文，原指机器的构造和工作原理。对机制的这一本义可以从以下两方面来解读：一是机器由哪些部分组成和为什么由这些部分组成；二是机器是怎样工作的和为什么要这样工作。把机制的本义引申到不同的领域，就产生了不同的机制。将“机制”一词引入经济学的研究，用“经济机制”一词来表示一定经济机体内，各构成要素之间相互联系和作用的关系及其功能。“社会机制”在社会学中的内涵可以表述为“在正视事物各个部分的存在的前提下，协调各个部分之间关系以更好地发挥作用的具体运行方式。”所以，机制是指各要素之间的结构关系和运行方式。

人才培养机制，一般是指培养某类人才应遵循的相应规律，有时也和人才培养模式相通，亦包含两重含义：一是简单意义上的“怎么培养人”，二是在更广泛意义上的“培养什么样的人”。所以，人才培养机制是一种结构与过程的统一，是在一定的教育理论或人才学理论基础之上，确定人才培养目标，并为之采取有效而具体的教学运行或人才管理方式。它蕴含着微观、中观、宏观三个维度的不同理解。但不管如何理解，它都是在人才培养过程中所形成的结构稳定且对人才培养目标产生显著影响的一组特定关系样态。由此可见，人才培养机制包含人才培养措施或政策建议，但并不简单等同于人才培养措施或政策建议，它们必须依据机制原理形成一组特定关系样态。

2. 机制设计的原则

机制设计的原则最早来源于机械设计制造领域，后来引申到其他科学领域。根据相关文献，机制设计原则可以归纳为以下几点。

（1）实现目的性要求。所设计的机制必须能够满足机制运行的功能要求，这是进行机制设计必须遵守的最基本的原则。如果所设计的机制不具备完成设定的目标的功能，就失去了设计该机制的意义。

（2）满足经济性要求。概括地讲，就是以最少投入取得最大收益。设计中尽量考虑采用现有资源和条件，合理选择资源、减少时间、改善环境等，流程要顺畅，结构要简单。

（3）满足安康性要求。一是要特别注重参与者的身心健康与安全；二是减少参与者的体力和脑力消耗；三是改善参与者工作环境，如弹性工作制度、良好的创新创造生态等。

（4）满足可持续性要求。机制设计应该是可持续的，且是稳定可预期的。机制参与者在参与机制运转过程中能够满足需求（如得到成长、产出科研成果），并且持续为社会创造价值。这种过程是波浪式前进、螺旋式上升的。

（5）满足其他特殊要求。例如长期在偏远地区工作的人才，需要给他们提供更好的物质、精神生活保障；又如在高寒高冷的地区进行科学研究的人才，需要给他们配置特殊的工作环境、户外装备及安全保护措施；等等。

3. 机制设计原理

基于机制及人才培养机制的概念可以看出，机制表现出明显的系统性特征。何谓系统？通常把系统定义为：由若干要素以一定结构形式组成的具有某种功能的有机整体。[①]鉴于此，人才培养机制设计主要依据系统科学的基本原理。[②]

（1）涌现性原理。

涌现性原理指的是系统中的每个要素一旦组成一个整体结构，这个新的系统整体结构就具有新性质和功能，形成了不同于单个要素的新的功能和结构产生的过程。各个要素的性质和功能的简单相加在很多情况下并不等于整体的性质和功能，同样的几种要素可以以不同的秩序组合成不同的系统整体结构，通常会表现出不同的整体的性质和功能。要想正确地理解系统的涌现性原理必须注意两点。一是理解整体与部分的关系。这包括四种情况，即整体大于、等于、小于部分之和，以及整体与部分之和无直接大小关系。二是把握分析与综合的方法。分析是先把整体进行分解，然后对分解内容进行认识（认识是分析最为核心的内容）。此分析是在综合统筹之中的分析。综合是首先把部分进行整合，而后加以认识。其中对整体的把握是综合的主要工作，此综合是在分析基础之上的综合。此二者不可偏废，否则将导致方法论的错误。

（2）层次性原理。

由于组成系统的诸要素的种种差异及结合方式上的差异，从而使系统在地位

① 李映彤. 设计方法虚实论[J]. 当代经理人，2006（15）：231.

② 张志刚. 无障碍战略系统工程研究[M]. 北京：华夏出版社，2019：139-141.

与作用、结构与功能上表现出等级秩序性，形成了具有质的差异的系统等级。一是层次性。按照今天的认识，从总星系、星系、恒星、地球、地面物体、分子、原子、质子、中子到电子，就是按照空间尺度或质量大小划分的客观世界的最一般的系统层次。社会系统也是一个多层次系统。二是层次的相对性。一个系统之所以被称为“系统”，实际上只是相对于它的子系统（即要素）而言的，它自身是其上级系统的子系统。层次的相对性很普遍，例如大脑系统、人体系统、社会系统、地理环境系统和星系系统。三是层次的关联性。系统的层次划分是相对的，相对区分的不同层次之间又是相互联系的，不仅是相邻层次之间受到相互影响、相互制约，多个层次之间也发生着相互联系、相互作用。

（3）开放性原理。

系统具有不断地与外界环境进行物质、能量、信息交换的性质和功能。系统向环境开放是系统得以向上发展的基础，也是系统得以稳定存在的条件。在系统科学中，将完全没有物质能量交换的系统称为封闭系统。系统的开放，通常说的是向环境的开放。由于系统的层次性，向环境的开放意味着系统的低层次向高一层次的开放。正如系统的层次具有相对性，系统的环境也就具有相对性。系统的开放，同时也指系统向自己内部的开放。系统向高层开放，使得系统可以与环境发生相互作用，可以发生与环境之间的竞争与合作；而系统向低层开放，使得系统内部可能发生多层次、多水平的在差异之中的协同作用，更好地发挥系统的整体功能。系统向环境开放，使得内因与外因联系起来，便有了内因和外因之间的辩证关系。

（4）目的性原理。

目的性原理指的是系统在处于一定的环境中，即使受到条件变化或外界干扰，在特定的阈值内一直指向某种预定目标状态的趋势。在保持这种状态的过程中，系统通过行为来达成系统目的，目的是提前设定的目标。了解目的性原理得把握两点：第一，目的的阶段性与规律性。系统的目的性同时表现为发展的阶段性和规律性。所谓的目的性，实际上与系统发展趋向于更稳定状态相联系，只讲阶段性，就把目的性混同于系统发展的阶段性、不连续性；而只讲规律性，则同样体现不出系统的目的性，而且往往会把系统发展看作直线运动。系统的目的性原理赞成的实际上是系统发展变化的规律性与阶段性的统一。第二，目的的确定性与不确定性。系统由于受内在非线性相互作用产生的发展变化的确定性，是系统建立在发展变化的规律性与阶段性的统一基础上的确定性。①确定性：在一定的发展阶段，由于受到系统内部某种潜在力量的引导，不管内部条件如何变化、外界如何干扰，系统总是要指向某种预定状态，殊途同归，具有等终结性。②不确定性：离开了这一阶段，则情况就可能发生根本性的改变，不再具备先前的那种终结性；如果还有等终结性的话，那也是新的等终结性。

（5）突变性原理。

通过失稳，系统从一种状态进入另一种状态，这是一种突变过程，它是系统质变的一种基本形式，突变方式多种多样。系统发展还存在着分岔，从而有了质变的多样性，带来系统发展的丰富多彩。通常在两层意义上谈论突变。一层是在系统的要素的层次上，另一层是在系统的层次上。对于系统要素的突变，如果从系统整体上看，可以看作系统之中的涨落——系统要素对于系统稳定的总体平均状态的偏离。系统中要素的平衡是相对的，不平衡才是绝对的，系统中要素的突变总是时常发生的。突变成为系统发展过程中的非平衡性因素，是稳定之中的不稳定，同一之中出现的差异。当这样的差异得到系统中其他要素的响应时，要素之间的差异进一步扩大，便加大了系统内的非平衡性。分叉理论强调的是临界点的多重性和选择性，而突变理论强调的是临界点上变化的不连续性或突跳性。分叉意味着获取新质的不确定性，而且这种不确定性并不是认识不足造成的，而是客观系统自组织过程中的客观不确定行为。

（6）稳定性原理。

稳定性原理的描述对象是开放系统，它能够在一定的范围内不需要借助外力自我调节，经过一定的波动之后，回归原有的结构和功能或状态。一是动态中的稳定性。系统稳定性是开放（物质、能量、信息交换）之中的稳定性，这就意味着，系统的稳定性都是动态中的稳定性。事实上，任何开放系统的稳定性都是动态的稳定性，只有在动态之中才能保持稳定。人们常说的“铁打的营盘流水的兵”，指的就是动态的稳定性。对于系统也一样，没有开放，就没有稳定（耗散结构：开放、远离平衡、非线性作用、涨落）；只有开放，才有真正的稳定。这种稳定性是一种动态地与环境交换之中自我动态平衡的稳定性。二是正、负反馈。从反馈角度看，系统的稳定性与负反馈联系紧密，具有负反馈机制的系统能够通过自我调节而保持动态平衡。而不稳定则与正反馈联系紧密，具有正反馈的系统由于不稳定性因素增强而偏离平衡状态。一个现实的系统中同时具有正负反馈两种机制。如果一个系统只存在一种单一的反馈机制，这样的系统是没有发展能力的。所以，在系统中，正负反馈同时存在，依据不同条件表现出不同主导方向。

（7）自组织原理。

开放系统在系统内外两方面因素的复杂非线性相互作用下，内部要素的某些偏离系统稳定状态的涨落可能得以放大，从而在系统中产生更大范围的、更强烈的相关，并自发组织起来，使系统从无序到有序，从低级有序到高级有序。现实的系统都处在自我运动、自发形成组织结构、自发演化之中。耗散结构理论、协同学原理、突变论、混沌与分形理论，这些系统演化理论使我们认识到，对于系统的自组织演化，充分开放是前提，非线性相互作用是动力，涨落（导火索作用）是原始诱因。社会的发展运动，从根本上来说，是一个自组织的演化发展过程。传统思维把涨落仅仅看作某种不利于系统稳定存在的因素。系统的自组织原理中，涨落则被赋予了新的意义，而并非全然消极的东西。通过涨落达到有序，这是系统自组织原理的基本结论。

（8）相似性原理。

系统具有同构和同态的性质，体现在系统的结构和功能、存在方式和演化过程具有共同性上，这是一种有差异的共性。系统具有某种相似性，是这种系统理论得以建立的基础。如果没有系统的相似性，就没有具有普遍性的系统理论。正因为如此，各种系统理论都注意了系统的相似性问题。正是对于系统相似性问题的思考，才有了一般系统论这一学科。系统科学中的理论，研究系统的共性。例如：耗散结构理论发现了开放系统的共性，揭示出开放系统在与环境交换时的发展变化的前提条件的共同的、相似的方面，从而开创了研究动态系统的新局面；协同学原理所研究的问题涉及系统通过竞争达到协同的同一性中的相似性，子系统伺服（随动、跟踪）着序参量，序参量支配着系统的发展演化，揭示出系统秩序形成机制中的相似性。相似不是等同，绝对的相似（即等同）是不存在的。相似是存在着一定差异的，是在所论方面的差异居于次要地位时的系统之间的同一。

7.1.2 系统环境分析

1. 传统的“项目、基地、人才”三位一体协同

（1）基地建设中的人才地位和作用。

人才支撑基地建设发展。人才是第一资源，符合一定数量和一定层次的人才要求，有利于科研机构获得科技创新基地的资质。以国家重点实验室为例，对于那些国家重点实验室和部分重点研究院所形成的骨干基地，国家为维持其正常运行，每年给予必要的运行费、设备更新费和开放课题费等，这些骨干基地，凭借其优势研究领域及先进实验设备和优秀人才可以争取各种项目和基金的资助。但对于那些正在筹建的基地，特别是像国家工程研究中心、国家技术创新中心、其他成果转化基地等，就不可能像上述骨干技术研究基地那样得到国家的稳定支持，而必须依靠自己的优秀人才多渠道地去争取各类项目，以获得足够的经费来启动和支持基地的建设。

（2）项目实施中的人才地位和作用。

优秀人才和优势研究领域的结合是争取项目和项目实施的基本力量，以优秀人才去争取重大项目，以重大项目的成功实施来凝聚一批优秀人才去争取更多项目。

以科技领军人才和优势研究领域为基本力量，适当地吸收其他优秀人才参与，形成精干、高效的科研队伍，这将成为成功争取项目及后期顺利推进项目实施的生力军。科技领军人才和优势研究领域如此重要，是因为重点研究领域的确立反映了当代科学与技术的发展潮流，其研究方向多数属于国际前沿课题。一个研究机构的优势研究领域是在众多研究领域中研究基础最好、研究实力最强并已在国内乃至国际上占有一席之地的最具竞争力的领域。在全国上千个研究单位、几百所高校的激烈竞争中，一个研究单位如不以自己的领军人才和优势研究领域去参与竞争，就不会有自己的地位。领军人才是关键，这是因为优势研究领域的优势往往体现在优势研究领域领军人才的高水平的研究工作中。一两个乃至多个优秀领军人才往往能在发展优势研究领域中起到至关重要的作用。

（3）人才培养中基地作用的渠道和条件。

科技创新基地是进行研究的基地也是培养人才的基地。科研基地，特别是开放型的重点基地本身又是凝聚科技人才的核心。科研基地具有较高水平的实验设备，研究方向明确，起点高，因而能吸引一批优秀科技人才开展高水平的研究。从这个意义上讲，科研基地是培育科技人才的基地。在基地管理中要加强管理机制创新，完善评估评价机制，建立人才培养和团队建设评价机制；强化目标考核和动态调整，实现人才能进能出。

基地建设发展培养科技人才。例如，中科曙光国家高性能计算机工程技术研究中心、中科曙光国家先进计算产业创新中心坚持把员工自身发展与基地发展需求相统一，通过个性化定制培训方案、外部交流和访问学习，加强高水平科研人才培养。根据该基地发展及个人专业方向，曙光科技人才的培养主要分为七类：服务器、存储、高性能计算、云计算、信息安全、大数据、基础设施，每一类又有“设计、开发、实施”三个方向。该基地每年根据业务发展及员工成长情况个性化制定完善的培训方案，通过线上线下多种途径，定期开展培训。2018年以来，内部学习平台的成功搭建让中科曙光基地人才培养工作更进一步。目前，学习平台共定制开发了640余门课程，邀请行业专家直播讲学180余场，全面满足了基地七类关键人才的培养需求。学习平台具备便捷性、多样性和针对性等特点，极大提升了培养科技人才的能力。

基地间相互协作为人才培育提供优质土壤。云际计算是国家科研体制改革后首批启动的前沿基础类重点研发计划项目，由国防科学技术大学承担，项目的实施吸引了多个国家科技创新基地的优秀人才。作为未来前瞻研究对象，云际计算构建了由一流科研基地、一线代表性云服务商和一流人才参与，极具创新活力的研究团队。参研单位中国防科技大学、清华大学、北京大学、北京航空航天大学、上海交通大学相关国家实验室等均为国内双一流大学所属的国家科技创新基地；参研单位阿里云是国内最早、最大的公有云厂商，UCloud（中国知名的中立云计算服务商）和金山云分别在中国科创板和美国纳斯达克上市；参研人员中包括多位杰青、海外高层次人才计划等国内外知名学科带头人。高水平研究力量、高起点研究基础、高标准工作要求及优良的科研学术基因，为国家培育新一代科研人才和团队提供了优质土壤。

（4）人才培养中项目发挥作用的渠道和条件。

科技计划项目是进行研究的项目也是培养人才的项目。计划项目管理要强化顶层设计，打破条块分割，改革管理体制，统筹科技资源，加强部门功能性分工，建立公开统一的国家科技管理平台，构建总体布局合理、功能定位清晰、具有中国特色的科技计划（专项、基金等）体系，建立目标明确和绩效导向的管理制度，形成职责规范、科学高效、公开透明的组织管理机制，更加聚焦国家目标，更加符合科技创新规律，更加高效配置科技资源，更加强化科技与经济紧密结合，最大限度激发科研人员创新热情，充分发挥科技计划（专项、基金等）在提高社会生产力、增强综合国力、提升国际竞争力和保障国家安全中的战略支撑作用。

①通过项目设置促进青年科技人才成长。设立青年项目是国家重点研发计划促进青年科研人才培养的重要途径，发挥了重要的科技人才储备作用。青年科学家项目立项情况如下。

a. 2016—2019年“量子调控与量子信息”重点专项共支持青年科学家项目31项，项目负责人和骨干成员均为35岁以下青年科学家，约占全部立项数的36%。

b. “蛋白质机器与生命过程调控”重点专项2016—2019年共资助25项青年项目，均为基础前沿类，涉及细胞生命活动、蛋白质膜转运、发育分化等多个指南方向。青年项目资助经费占专项中央财政经费6.4%，单个项目资助周期为5年，资助强度与国家杰出青年科学基金相当。

c. “纳米科技”重点专项2016—2019年共设立青年项目26项，项目负责人年龄27岁1人、29岁1人、31-35岁24人。

②通过项目实施促进高层次人才培养。在此仅举两例。

a.“煤炭清洁高效利用和新型节能技术”重点专项项目团队中，2017年当选中国科学院院士1名、中国工程院外籍院士1名、优秀青年基金获得者2名，培养了共计186名高水平专业技术人才。

b.“重点基础材料技术提升与产业化”重点专项项目的实施有力地促进了高层次人才的培养，其中刘正东、彭寿、任其龙、陈文兴4名项目负责人于2019年被增选为中国工程院院士。

③通过项目实施培养高水平创新团队。以中国科学院为例，近年来，在承担和完成国家重大科技创新任务中，形成了一批高水平创新团队，在学科领域前沿产生了重要的国际影响力。如大亚湾反应堆中微子振荡实验团队、铁基高温超导体研究团队、暗物质粒子空间探测团队、量子信息技术研发团队、500米口径球面射电望远镜（FAST）团队、海洋机器人创新研究团队、高分辨率空间红外载荷研制团队、空间行波管研制团队、干细胞与再生医学研究团队、未来先进核能ADS研究团队、深渊科考团队、重大泥石流减灾团队、盐碱地治理团队、上海光源团队、甲醇制烯烃团队、龙芯团队等，他们取得了一大批令人瞩目的重大科技成果。

可见，人才是基地、项目与人才三者之间的核心，科研成果是三者共同追求的目标。优势领域（学科）和优秀人才的结合是争取项目和建设基地的基本力量，以项目启动基地建设，用基地凝聚一批优秀人才去争取更多的项目。三者之间的关系如图7-1所示。

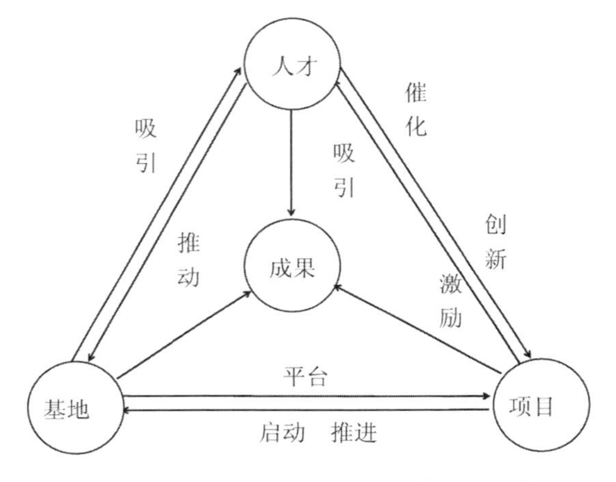

图7-1　“基地、项目、人才”三位一体协同示意图

2. 新时代“教育、科技、人才”三位一体协同

习近平总书记在中央人才工作会议上五次提到人才“自主培养”；在党的二十大报告中谈到“教育、科技、人才是全面建设社会主义现代化国家的基础性、战略性支撑”时进一步强调，要“全面提高人才自主培养质量”[①]。人才自主培养问题成为当前越来越需要解决的问题。比较研究各种不同的人才培养机制，有利于厘清各种人才培养机制的本质与联系，制定有针对性的政策措施，能够更好地完善现有人才培养机制以及发挥不同人才培养机制的协同作用，能够为我国经济社会发展培养大批优秀人才。

（1）“教育、科技、人才”三种人才培养机制的概念。

根据研究需要，此处研究仅涉及教育实践培养人才机制中的高等教育培养人才、科技创新培养人才机制中的科技创新基地培养人才和科技计划项目培养人才、人才工作培养人才机制中的人才计划培养人才，对应简称为三种人才培养机制，即：教育培养、科技培养（基地培养和项目培养）、人才计划培养。

①教育实践培养人才机制。传播知识和培养人才是教育的主要社会职能。高等教育培养人才的目标、内容和质量相较于初等教育和中等教育显著提高，为社会培养了大批高素质优秀人才，形成了较为成熟的人才培养机制。终身教育使得教育的内涵及外延大大拓展，既包括在时间维度里一个人从出生到死亡各个不同生命阶段所接受的教育总和，也包括在空间维度里从家庭、社区、学校各个不同组织接受的所有教育。

②科技创新培养人才机制。创新的事业需要创新的人才，创新的事业培育创新的人才。要结合国家科技创新基地建设、国家科技计划项目实施，在创新实践中发现人才、依托项目培养人才、依靠科技创新平台聚集人才，让创新团队各层次人才在使用中成长。在国家科技计划项目评审、国家科技创新基地评估中，除了验收科研成果外，还把人才队伍建设情况作为重要的考评指标，形成了一套人才培养机制。

③人才工作培养人才机制。要坚持党对人才工作的全面领导，确立人才引领发展的战略地位。中央统筹人才工作全局，协调各方力量，近年来在国家级人才工程的示范引导下，相关部门和地方紧紧围绕国家发展战略目标，组织实施了一系列重大人才计划，形成以培养造就创新型人才为目标，以国家级重大人才计划为引领，构建了层次分明、覆盖面广的国家、区域、领域、行业特色的人才计划培养人才机制。

①《党的二十大报告学习辅导百问》编写组. 党的二十大报告学习辅导百问[M]. 北京：党建读物出版社：学习出版社，2022：25-26.

（2）“教育、科技、人才”三种人才培养机制的比较。

①教育、科技、人才三者的历史起源比较。

教育、科技、人才三个基本社会事项，自诞生以来便在人类社会发展中持续发挥重要作用，但三者在人类历史上并不是同步出现的。就教育而言，除神话起源说的“教育由人格化的神所创造”[①]外，教育在生物起源说、心理起源说、劳动起源说、需要起源说及交往起源说的不同理解中，总体有着“教育是伴随人类生产劳动产生而产生”[②]的“自在教育”[③]的基本认识，可谓“教育历史与人类社会发展等长”。科技的起源则一般从人类能够制造和使用工具开始，较为公认的观点是在人类“打制工具、人工取火以及创造文字”[④]的过程中，出现了最早的技术，所谓“一部人类制造与改进工具的历史就是一部技术演化的历史”[⑤]。与教育和科技在起源上的“活动”属性不同，“人才”早先是一个“称属”概念，系指“人类群体中的能力和素质较高者”[⑥]，后来演变为统治阶级对较高层次劳动群众的表述。可见，随着人类产生及发展，教育、科技、人才三者并非同时出现，但在某一时间点三者开始同时存在于人类实践活动中，此后到阶级社会产生的相当长的一段时期内，三者并未形成紧密联系，各自囿于自身场域内松散而缓慢地发展。具体比较见表7-1所列。

表7-1　教育、科技、人才三者的历史起源比较

	教育	科技	人才
与人类活动的关系	伴随人类生产劳动产生而产生	自人类制造与改进工具开始	人类实践活动中的能力和素质较高者
是否具有活动属性	活动属性	活动属性	仅为称属概念,不具有活动属性
本质属性	兼具社会属性和自然属性	兼具社会属性和自然属性	兼具社会属性和自然属性

②教育、科技、人才三者的关系演进比较。

教育、科技、人才三者在社会实践活动中一直处于相互作用和普遍联系之中，其关系演进由弱到强可以大致分为三个阶段。第一阶段，从某一时间点开始教育、科技、人才同时存在于人类实践活动中，在阶级社会产生前的相当长的一

① 孙培青，杜成宪. 中国教育史[M]. 3版.上海：华东师范大学出版社，2009：11-33.

②《教育学原理》编写组. 教育学原理[M]. 北京：高等教育出版社，2019：30.

③ 胡德海.教育学原理[M]. 3版. 北京：人民教育出版社，2019：166、175.

④ 戴维·林德伯格. 西方科学的起源[M]. 张卜天，译.北京：商务印书馆，2020：120-138.

⑤ 刘钝. 科学史、科技战略和创新文化[J]. 自然辩证法通讯，2000（1）：4-6.

⑥ 叶忠海，陈子良，缪克成等. 人才学概论[M]. 长沙：湖南人民出版社，1983：8.

段时期内，三者之间属于弱相关阶段。这一阶段的人才仅是一个称属概念，不具有活动属性。第二阶段，阶级社会产生后，统治阶级为固化保护政治、经济利益，对教育、科技、人才有着明确的要求，三者之间属于强相关阶段。这一阶段的人才不仅是一个称属概念，而且具有活动属性，有对应的人才培养机制。第三阶段，随着人类社会发展程度的提高，阶级社会开始关注于提高生产力水平和改造生产关系，三者之间属于三位一体协同阶段。这一阶段的人才不仅具有"称属+活动"的二元属性，而且更加强调人才的全面发展，三者均有对应的人才培养机制。为了促进人才的全面发展，在这一阶段更加重视对人才成长规律的把握，教育、科技、人才三种人才培养机制均具有工具理性与价值理性相统一的特点。具体比较见表7-2所列。

表7-2 教育、科技、人才三者的关系演进比较

	教育、科技、人才三者的关系	人才的活动属性变化	人才培养机制
第一阶段	弱相关阶段	仅是一个称属概念，不具有活动属性	未出现人才培养机制
第二阶段	强相关阶段	不仅是一个称属概念，而且具有活动属性	人才活动有对应人才培养机制
第三阶段	三位一体协同阶段	具有"称属+活动"的二元属性	三者均有对应人才培养机制

早在1977年，邓小平曾明确指出："我们要实现现代化，关键是科学技术要能上去。发展科学技术，不抓教育不行。靠空讲不能实现现代化，必须有知识，有人才。没有知识，没有人才，怎么上得去？"[①]这可谓教育、科技、人才三位一体战略的思想开篇。[②]及至当下，在确立中国式现代化新征程的党的二十大报告中，习近平总书记进一步明确："教育、科技、人才是全面建设社会主义现代化国家的基础性、战略性支撑。必须坚持科技是第一生产力、人才是第一资源、创新是第一动力，深入实施科教兴国战略、人才强国战略、创新驱动发展战略，开辟发展新领域新赛道，不断塑造发展新动能新优势。"[③]这一系统的科学论断体现了党和国家对新时代实施科教兴国战略的高度重视，同时要求我们要以系统思维协同推进教育强国、科技强国和人才强国建设。[④]

① 邓小平. 邓小平文选：第二卷[M]. 北京：人民出版社，1993：37-38.

② 宋淑敏. 科技·教育·人才：中国走向现代化的战略支柱[J]. 东岳论丛，1994(3)：22-25.

③ 习近平. 高举中国特色社会主义伟大旗帜为全面建设社会主义现代化国家而团结奋斗——在中国共产党第二十次全国代表大会上的报告[M]. 北京：人民出版社，2022：3.

④ 段从宇，胡礼群，张逸闲. 中国式现代化进程中教育、科技、人才三者关系的科学识辨与正确处理[J]. 教育科学，2023(2)：48.

③教育、科技、人才三种人才培养机制的组织特征比较。

党的二十大报告首次将教育、科技、人才三位一体表述①，具有战略高度，反映了人才学习成长、实践成才、成功引领的三个时间跨度相对清晰的人才培养阶段。具体来说，系统的教育实践为人才顺利成长提供了环境与基础，科技创新为人才建立功勋提供了平台和机遇，人才工作为人才引领驱动提供了资源和保障。从组织活动过程来看，教育、科技与人才计划三种人才培养机制各有不同的特征。下文将从人才培养渠道、人才培养目标、组织化程度、科研内驱力等四个方面进行比较。具体比较见表7-3所列。

表7-3　三种人才培养机制的组织特征比较

组织特征	教育	科技		人才计划
		基地	项目	
人才培养渠道	储备理论知识、发展智力能力、训练思维能力	在基地建设运营中对人才进行培养	在科研项目实施中培养人才	计划培养、领域培养、自主培养
人才培养目标	明确（使命导向）	明确	一般不明确	明确（计划导向）
组织机制	他组织	他组织	他组织	他组织为主，部分自组织
科研内驱力	弱	弱	较强	强

针对上表的进一步分析，如下所述。

其一，人才培养渠道。对于三种人才培养机制而言，由于培养方式不同，其培养渠道自然存在差异。教育培养人才主要是通过教学使学生掌握基础知识、培养科学思维、培养创新能力、锻炼科学人格，为参与社会实践活动做好必要的知识及一定的技能储备。科技培养人才主要是通过基地建设运营、项目实施来培养人才，侧重于提升人才的创新创造能力、科学研究方法，使其掌握和提升研究技能、完善科学思想，但是并不排斥智力开发和知识储备、发挥带动引领作用。人才计划培养人才主要是通过人才计划为人才引领驱动提供资源和保障，主要培养知识、技术扩散能力，增强人才的荣誉感，引领全社会科技创新。

其二，人才培养目标。对于三种机制来说，教育培养由于使命导向，其人才培养目标非常明确，即“为党育人，为国育才”。对于科技创新基地来说，也往往具有较为明确的使命和方向。作为一个组织化程度较高的实体组织，基地需要通过培养人才来推动基地建设和项目实施，因而其人才培养目标也是相对明确

① 清华大学.【喜庆二十大 奋进新征程】吴华强：以教育、科技、人才筑牢强国之基[EB/OL].(2022-11-07)[2023-03-08]. https://www.tsinghua.edu.cn/info/2955/99631.htm.

的。科技计划项目是为了实现特定目标而进行的组织，从项目本身的构成单元来看，可能其本身就是多元的，而且来自不同的领域，目标导向是项目组织的主要决定因素，因此，对于项目来说，人才培养目标一般是不明确的。而人才计划就是要培养选拔人才，其人才培养目标非常明确。

其三，组织机制。就组织机制而言，三者均是以他组织机制为主，自组织机制为辅。即使是他组织机制，其组织化程度也有差异。组织化程度是出于社会实践活动需要而对资源（包括人）所进行的分工与协作的程度。对于教育来说［这里主要指高等教育学校、科学研究机构（承担教育任务）］，其组织化程度很高。如高等院校的主管部门是国家各级教育行政机关或联合主管部门，其按照法规开展普通高等学历教育。对于科技创新基地来说，其组织化程度相对较高，从行政上看有统一的领导，为了完成组织的使命或接受的任务，进行分工与协作，资源的配置则是由组织决定，他组织性较强。而对于科技计划项目来说，由于目标和任务的确定性，围绕完成目标和任务进行分工与协调，严格遵守项目进度，项目验收完全按照当初设定的目标进行，组织化程度较基地要高。人才计划与人才工程是培养高层次人才的重要形式，由各级党委主管，其组织化程度高。以国家级人才计划为例，其形成了中央统筹人才全局、配置政策资源、协调相关各方的人才工作机制。

其四，科研内驱力。内驱力是为了实现自我需要而自我鞭策的驱动力，是一种个体内部力量，给个体以积极暗示。对于教育机构而言，开展的主要是教育教学及部分科研工作，人才在培养过程中适当参与科研项目，主要学习目的是顺利毕业，一般而言，其参与科研内驱力弱。对于科研基地来说，开展的是有组织科研，科研目标预先经过设定，科技人才成为雇员。个体内驱力取决于个体兴趣与组织目标的契合程度，当二者不一致时，总体内驱力是较弱的。对于科研项目来说，由于目标较为明确，项目组织人员构成较为灵活，往往能够将具有较强内驱力的人组织起来实现共同的目标。而且项目考核要求比较明确，因此个体内驱力较强。人才计划面向国际、国内两种人才资源，中央统筹布局，经过几年的实践和发展完善，形成了以国家高层次人才特殊支持计划等为核心的国家重大人才工程[①]，提升了号召力和影响力，人才内驱力很强。

尽管在不同历史时期，三者各自的地位、产生的影响及其整体关系存在明显差异，但从根本上看，三者地位及关联伴随时代发展进步而得以强化，已然成为理论层面的普遍共识和实践领域的一致追求。[②]

① 中华人民共和国科学技术部. 中国科技人才发展报告(2018)[R]. 北京:科学技术文献出版社,2019:41.

② 段从宇,胡礼群,张逸闲. 中国式现代化进程中教育、科技、人才三者关系的科学识辨与正确处理[J]. 教育科学,2023(2):48。

（3）“教育、科技、人才”三种人才培养机制的三位一体协同。[①]

教育、科技、人才三种人才培养机制存在差异性和互补性，应加强不同机制的统筹协调。高等教育、科技计划项目、创新基地建设、人才计划可视为分别侧重对业、对事、对物、对人的支持手段，必然在目标定位、手段和效果等方面存在差异，同时又存在不可替代的互补性。因此：一方面要利用科教融合机制、产学研融合机制联合培养人才；另一方面要利用人才计划项目重点培养和支持高层次人才的特点，把握教育、科技、人才三种培养机制各自特点，探索三位一体的协同培养机制。

①教育、科技、人才三种机制在顶层设计上协同。

从国家顶层设计的纬度看，教育、科技、人才是三位一体的。中央教育工作领导小组统筹教育工作全局，协调各方；中央科技委员会统筹科技工作全局，协调各方；中央人才工作领导小组统筹人才工作全局，协调各方。[②]但三者存在以下关联：一是三者均属于中央决策议事协调机构；二是三者拥有共同的成员单位，如人社部、财政部等；三是三者均设有承担决策议事协调机构日常工作的办公室或秘书组（教育的设在教育部、科技的设在科技部、人才的设在中共中央组织部）；四是三者的办公室或秘书组所在的单位之间，两两互为对方领导小组的成员单位，又都主导相应的工作领导小组运行。从系统论的角度看，这三种机制的任意一种机制其独立性是相对的，关联性是绝对的[③]；而三者办公室或秘书组所在的单位之间的关系是支配地位与从属地位的辩证统一。从人才培养的角度看，这三种机制的国家顶层设计，是三者辩证统一关系在深入实施人才强国战略中的深化与拓展，体现了教育链、科技链、人才链的深度融合，打造了链内环环相扣、链外链链相接、人才心心相通的良好人才生态。

②教育、科技、人才三种机制在发展规律上的协同。

从现代化国家建设的全局看，在教育实践发展中、科技创新过程中、人才工作统筹中，三者运行均有其自身独特的规律，但所涉及的人才成长规律是相通的。人才成长规律可以分为人才个体规律、人才总体规律，本文所指为人才总体规律。教育培养人才机制涉及的规律主要包括教育规律和学生（人才）身心发展规律等。教育培养人才方式的本质是以才育才，即以大才育小才，教师本身也是人才，是已经投身教育实践的人才，处在成为更高层次人才的过程中。科技培养

① 张志刚，陈宝明. 教育、科技、人才三者比较研究及协同机制构建——基于人才培养机制的视角[J]. 山东师范大学学报（自然科学版），2023，38（02）：173-178.

② 段从宇. 全面建设社会主义现代化国家要正确认识并处理好教育、科技、人才三者间的关系[EB/OL].（2022-10-31）[2023-03-08]. http://www.cssn.cn/skyl/skyl_skyl/202210/t20221031_5557521.shtml.

③ 张志刚. 无障碍战略系统工程研究[D]. 北京：中共中央党校，2018.

人才机制涉及的规律主要包括科技创新规律、科技管理规律、创新过程中的最佳年龄（心智）规律等。人才计划培养人才机制涉及的规律主要包括社会主义市场经济规律、人才流动规律、人才心智发展规律等。三种人才培养机制所遵循的共同人才成长规律是人才身心和智力发展规律。这种人才成长规律使得教育、科技、人才三位一体，使得教育发展科技、科技牵引人才、人才壮大教育、教育培养人才、人才支撑科技、科技赋能教育六合一统。

③教育、科技、人才三种机制在价值取向上的协同。

从价值取向的角度看，教育、科技、人才三种机制均走向价值理性与工具理性相统一的路径。人是理性的动物，价值理性和工具理性是理性在一个人的身上不可分割的两个方面，对于一个全面发展的人才更是如此。教育实践培养人才不仅要向人才传授科学知识，还要向人才传授人文知识，将科学精神与人文精神结合。教育不仅是专注于修炼个人心性、陶冶自由探究品质、传授与研究高深学问的活动（价值理性），而且教育已然成为关系到个人生存和国家生存的“工具性”活动，成为为生存而竞争领域（工具理性）。科技创新培养人才不仅关注提升个人科研能力和获得国际竞争主动权的能力（工具理性），而且在科技创新过程中按照创新规律培养和吸引人才，尊重个性发展，营造勇于探索、宽容失败的文化和社会氛围（价值理性）。人才计划培养人才不仅培养了一批战略科学家、科技领军人才，在国家重大科研项目和重点工程建设等方面发挥了重大作用，而且这些人才计划也给予入选者一定额度的特殊支持经费，用于自主选题研究，经费不按年度考核，减轻科研负担，营造良好的人才成长生态（价值理性）。[①]

④教育、科技、人才三种机制在战略实施上的协同。

一是深入实施科教兴国战略。必须统筹建设教育强国、科技强国、人才强国，把教育、科技、人才三者摆布在一起，这样做有利于更好地发挥三者与高质量发展之间的正向作用规律。因为发展是第一要务，而教育培养人才、人才支撑科技创新、科技创新驱动发展，因此要深入实施科教兴国战略。二是加快实施创新驱动发展战略。创新驱动本质是人才驱动，必须夯实创新发展人才基础。聚力原创性科技攻关，提升关键核心技术的攻坚能力；实施国家重大科技项目，增强自主创新能力；提升科技投入效能，激发人才创新活力。三是深入实施人才强国战略。新

① 张志刚，陈宝明. 教育、科技、人才三者比较研究及协同机制构建——基于人才培养机制的视角[J]. 山东师范大学学报（自然科学版），2023，38(02)：173-178.

形势下，必须加快建设世界重要人才中心和创新高地。[①]坚持党管人才原则，把我国制度优势转化为人才优势、科技竞争优势，推进高水平科技自立自强。科教兴国战略、人才强国战略、创新驱动发展战略，三大战略之间是相互联系、同频共振的，其所对应的教育、科技、人才三种人才培养机制也是一体协同的。[②]三大战略的内在主线是创新，三种机制的内在主线是创新型人才，共同支撑创新型国家建设。

⑤教育、科技、人才三种机制在规划编制上的协同。

从规划编制的角度看，教育、科技、人才三者之间是既相对独立又密切联系的，教育是强国基础、科技是强国关键、人才是强国根本。[③]三者在人才培养规划编制上要相互衔接，一体协同。教育规划要与科技规划、人才规划衔接配套、协同推进，增强人才培养的系统性和科学性。[④]按照中央人才工作会议有关培养卓越工程师的精神，高校要改革工程教育，提升理工科人才培养质量，要探索实行工科方面复合型人才校企联合培养机制；企业要把培养环节前移，实现产学研深度融合，探索实行工程技术人才培养新机制。这两种人才培养机制都考虑了在规划时的衔接和延伸。例如校企联合培养机制，在高等教育规划时就考虑了人才培养机制向后端延伸（毕业后就业场景）。相对应的企业在进行科技创新规划时，就得考虑把工程技术人才培养环节前移至高校。同时高等教育规划除了考虑人才培养机制向后端延伸外，还可以向前突出，如设立中学阶段的“英才计划”。[⑤]诸如此类的这种规划衔接可以归纳为：教育后延到科技创新，科技前突到教育实践，人才前后连接教育科技。因为教育推动科技创新及人才工作，科技赋能教育实践和人才工作，人才支撑教育实践和科技创新。

通过分析比较教育、科技、人才三种人才培养机制在历史起源、关系演进、组织活动等三方面特征的差异与联系，笔者提出了三种人才培养机制在顶层设计、发展规律、价值取向、战略实施、规划编制等五个方面的三位一体协同育人机制（如图7-2），以期提高人才培养的系统性、互补性，为我国进入创新型国家前列提供系统型、战略型人才支撑。

---

① 中华人民共和国中央人民政府. 习近平：深入实施新时代人才强国战略加快建设世界重要人才中心和创新高地[EB/OL].（2021-12-15）[2023-03-08]. http://www.gov.cn/xinwen/2021-12/15/content_5660938.htm.

② 澎湃新闻. 穆虹：党的二十大报告把教育、科技、人才三大战略摆放在一起，有其深义[EB/OL].（2022-10-24）[2023-03-08]. https://www.thepaper.cn/newsDetail_forward_20430965.

③ 郑金洲. 从现代化逻辑看教育科技人才一体化发展[EB/OL].（2023-01-31）[2023-03-08]. https://www.whb.cn/zhuzhan/liping/20230131/505952.html.

④ 王通讯，刘祖华. 遵循系统培养的人才开发规律[N]. 中国组织人事报，2012-06-25（001）.

⑤ 向彧晗. 英才计划：埋下希望的种子[J]. 中国组织人事报，2022（11）：30-31.

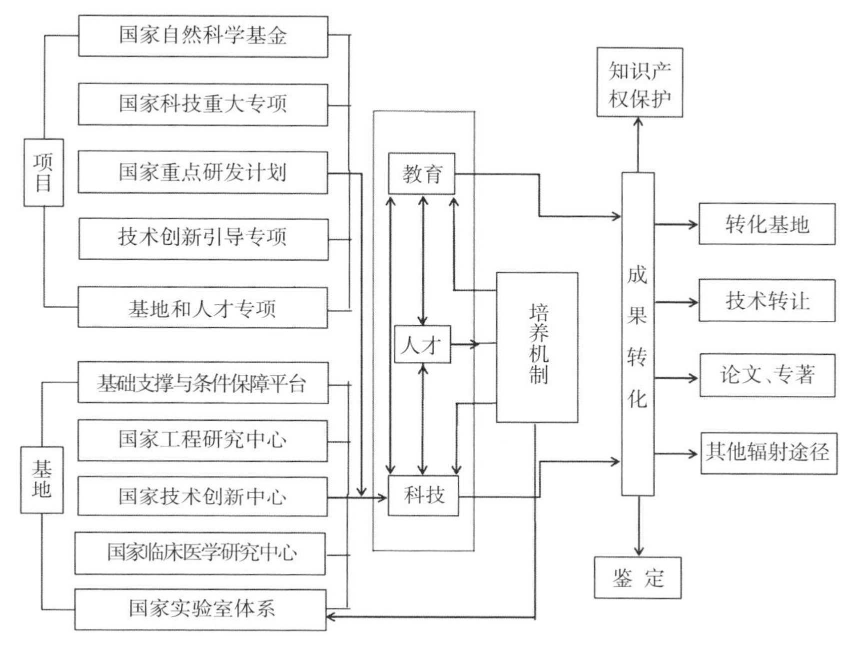

图7-2 “教育、科技、人才”三位一体人才培养协同机制示意图

3. 国家实验室体系在两种协同系统中的位置

国家实验室体系既属于国家科技创新基地系统，也属于国家科技创新体系系统，因而国家实验室体系属于两种系统的子系统或组成要素。在此需要厘清两个三者之间的系统层次关系。第一个三者之间的系统层次关系：国家科技创新体系系统>国家科技创新基地系统>国家实验室体系。第二个三者之间的系统层次关系：“教育、科技、人才”三位一体协同系统>“项目、基地、人才”三位一体协同系统>国家实验室体系。具体来讲，国家实验室体系处于“项目、基地、人才”三位一体协同系统中的“基地”（国家科技创新基地）之下的位置；而居于“教育、科技、人才”三位一体协同系统中“科技”（国家科技创新体系系统）之下的位置。就目前而言，“项目、基地、人才”三位一体协同培养人才机制仍是国家实验室体系培养人才的主要模式之一，但是“教育、科技、人才”三位一体协同培养人才机制更具系统性、根本性、全局性和长远性。

7.1.3 培养机制设计

1. 人才培养机制设计应把握好四对关系

一是人才培养机制的实施路径设计既要考虑人才培养目标的实现，也要梳理问题的解决方法。二是既要考虑系统的原理特征，也要考虑人才培养的特点。三是每一种培养机制的独立性是相对的，关联性是绝对的，它们的相互关系是相对的独立性与绝对的关联性的辩证统一。四是每一种培养机制在人才成长的不同阶段表现出不同的主从属性，它们的相互关系是支配地位与从属地位的辩证统一。

2. 国家实验室体系人才培养机制设计

从前文所述的系统科学基本原理出发，在“教育、科技、人才”三位一体协同系统内，设计国家实验室体系人才培养机制（每一个基本原理可以对应多个人才培养机制，每一个人才培养机制也可能对应多个基本原理，均不具有唯一对应性）。

（1）依据涌现性原理设计竞争与联合共存机制。

充分发挥评估的政策导向作用，建立与国家实验室体系发展目标一致的评估考核指标体系，加大动态调整力度，做到有进有出。只有通过公平竞争，一批高水平的研究项目成果才能形成并得到足够的经费支持，国家实验室体系的建设才能不断发展壮大，一批年轻的优秀创新人才才能脱颖而出。可以以在建的14家国家实验室为中心，将其与国家重点实验室通过分类与联盟形成一个知识生产与分工协作的完整体系，从而盘活现有的国家重点实验室资源；加强与国际知名科研机构、国际及国有大中型企业的合作。可以说，没有联合就没有竞争力。

（2）依据层次性原理设计阶段性与长期性匹配机制。

要发挥国家重大科技项目培养人才作用，面向国家重大需求，形成按领域分类的、持续稳定的任务导向性项目资助体系，使相关领域的优秀人才通过竞争，在不同阶段都能获得资助，对该领域前沿科学问题、关键技术进行长期跟踪，逐步建立起持续的知识、技术与经验积累，形成研判和把握该领域未来发展方向和态势的能力，进而成长为该领域领军人才和战略科学家。在人才计划支持周期结束后，设置专项支持计划，对具有潜力的优秀人才加大后续支持，实现贯通培养。长期支持一批从事国家基础性、战略性、公益性研究的科研团队。放弃那些饮鸩止渴式的，过频、过滥的短期评价，逐步采取长效评价原则。

（3）依据开放性原理设计开放与流动促进机制。

全方位的开放是促进人才交流，充分利用基地条件开展高水平研究的基本保证。正是在这种开放的机制下，科技创新基地才能吸引一批又一批高水平的科研人员开展与基地发展有关的前沿课题的研究。通过争取国家和社会的支持，努力创造条件，稳住一批骨干力量。但是这种稳住是相对的，特别是对优秀的年轻人才，应该允许他们在微观上流动而保持宏观上的相对稳定，换句话说，人才应该是动态的稳定。当然这种流动应该是合理的、符合科技发展规律、人才流动规律的流动。

（4）依据目的性原理设计激励与约束并重机制。

首先，激励（动力）机制的激励作用是机制设计的制胜之道。项目或基地推行吸收跨学科人才、设置具有交叉学科的特色项目、鼓励产学研结合等创新人才培养制度。政府实施的有利于创新人才培养的信息服务、经费资助等制度，社会实施的有利于创新人才培养的经费资助、声誉维护等制度。约束（调节）机制是与激励机制相配套的机制。建立创新人才培养过程中的选拔机制，项目验收制度，中期退出、中期汇报和中期考核制度（包括中期淘汰制度），项目延期制度。应包括培养对象的淘汰机制，以及对人才培养依托机构的评估淘汰机制。

其次，可依据目的性原理设计规律作用机制。创新人才培养要遵循人才成长规律，与之密切相关的规律包括社会主义市场经济规律、创新发展规律、科技管理规律、科学发展规律、教育规律、人才流动规律等。要遵循国际人才流动规律，用好全球人才资源。国际人才流动具有其客观规律，基本上向科技水平高、环境条件好、研究经费足、待遇高的地方流动。顶尖人才的创新活动具有思维特异化、需求高阶化、峰值年轻化、积累持续化四大规律。其中思维特异化、需求高阶化是顶尖人才创新的内在规律，峰值年轻化、积累持续化是顶尖人才创新的外在规律。

（5）依据突变性原理设计内驱与外驱双引擎机制。

人才内部驱动保障是我国创新人才培养机制构建的内生动力。人才个体首先要具有时代的敏锐性，具有成长为创新型高层次人才的意识和意愿。并根据个人的教育背景，以满足科技创新要求的创新型复合型人才为目标，不断提高自身学习能力，特别是交叉学科的学习和运用；不断提高自身实践能力，特别是工程实践应用。把个人的成长与战略使命、时代需求相结合，最终在实现我国高水平科技自立自强事业的发展中实现个人的价值。要在注重拔尖人才对社会和全人类的贡献的同时，注重培养拔尖个体的人生意义和价值，即趋向于内外驱动协同式发展。

（6）依据稳定性原理设计供给与需求平衡机制。

首先，高校、科研机构、科学院等是当下我国创新人才的前端培养单位，也是供给方，需要通过“供需协调”方式“精准”地把握市场对创新人才需求的数量、类型与发展要求，并在此基础之上实施“按需培养”，实现创新人才的“精准”供给；而科技创新基地在人才市场上是创新人才的需求方之一，需要通过

"供需协调"方式，为创新人才前端培养单位提供关于创新人才需求的信息。建议如下。

①结合强基计划、英才计划、奥数竞赛等拔尖人才选拔的基础，做好监督工作，克服招生腐败，构建一条高考制度以外的拔尖人才选拔通道。例如中国科学技术大学少年班、北京大学数学英才班、清华大学"钱班""姚班"、深圳"零一学院"、西北工业大学"鸿蒙英才班"、绿色通道等。

②科技创新基地人力资源部门可以资助、提供实习和工作等方式，承担协同培养创新人才的责任，积极参与创新人才培养活动。

③建立基地顶尖科学家参与教学与人才培养机制，探索大学教材体系完善由相应领域顶尖科学家来牵头组织机制。

④学科与学科、基础学科与技术学科、产业与产业交叉融合的会聚创新，是新一轮科技革命的显著趋势。为打破传统的科学组织方式，会聚创新计划应由政府联合大学、科研院所、产业界共同出资设立。

其次，依据稳定性原理还可设计法律与政策保障机制。作为我国科技领域的基本法，《中华人民共和国科学技术进步法》最早于1993年制定，2007年第一次修订，2021年第二次修订，2022年1月1日起施行。

《中华人民共和国科学技术进步法》规定，国家鼓励企业开展以下几类活动：第一类，培养、吸引和使用科学技术人员；同科学技术研究开发机构、高等院校、职业院校或者培训机构联合培养专业技术人才和高技能人才，吸引高等院校毕业生到企业工作；设立博士后工作站或者流动站。第二类，国家加快战略人才力量建设，优化科学技术人才队伍结构，完善战略科学家、科技领军人才等创新人才和团队的培养、发现、引进、使用、评价机制，实施人才梯队、科研条件、管理机制等配套政策。第三类，国家完善创新人才教育培养机制，在基础教育中加强科学兴趣培养，在职业教育中加强技术技能人才培养，强化高等教育资源配置与科学技术领域创新人才培养的结合，加强完善战略性科学技术人才储备。

（7）依据自组织原理设计评价与资助联动机制。

发挥联盟或科学共同体的作用，鼓励多学科、多领域、多产业开展会聚研究，建立不同学科的研究联盟、不同领域的技术创新联盟、不同产业的技术创新联盟。将成果评价改革与项目、人才、机构等各方面评价有机结合，使科技成果真正成为各类科技评价活动的有效载体，树立正确的价值导向。从需求侧入手引导高质量科技成果的形成，完善与成果评价结果相衔接的政府采购订购、首台（套）等配套政策，给予产出重要成果的个人、团队和机构适当激励或资助，充分调动科研人员和科研机构积极性。对于在无人区中探索的资助，不能沿用传统以项目定人的做法，而要以研究者主导，由人定项目，面向顶尖人才实施研发定制计划。非共识研发计划采取推荐制、自荐制相结合的项目提出机制，同行评议、关键少数决策的立项机制。

（8）依据相似性原理设计人才生态机制。

在人才生态机制构建上，既要有“科学规范、开放包容、运行高效”的顶层制度设计，又要具备“韧性治理”的能力建设。“韧性治理”的核心要义是强调治理系统的“调适”和“转型”能力。人才创新生态系统的内涵是以“人才”为中心，以创新文化为氛围、以各创新主体/客体的交互性、协同性为驱动，以市场、政府和社会资源的有机互动为导向，形成人才链驱动创新链、创新链激活产业链、产业链提升价值链的开放式集群发展系统。要大力推进人才公共服务机构改革，积极培育各类专业社会组织和人才中介服务机构，有序承接政府转移的人才培养、评价、流动、激励等职能。

人才培养机制与系统原理对照表见表7-4所列。

表7-4 人才培养机制与系统原理对照表

序号	人才培养机制	对应原理
1	开放与流动促进机制	C、F
2	法律与政策保障机制	B、F、D
3	供给与需求协调机制	F
4	激励与约束并重机制	D、G
5	评价与资助联动机制	D、G
6	竞争与联合共存机制	A、G
7	内驱与外驱双引擎机制	E
8	阶段性与长期性匹配机制	D、B
9	规律作用机制	D
10	人才生态机制	A-H

注：A—系统涌现性原理；B—系统层次性原理；C—系统开放性原理；D—系统目的性原理；E—系统突变性原理；F—系统稳定性原理；G—系统自组织原理；H—系统相似性原理。

7.2 国家实验室体系人才培养的政策建议

国家实验室体系人才培养机制的方向已经大体分析、设定，笔者在此基础上，进一步提出国家实验室体系人才培养的政策建议。

7.2.1 提高科技人才吸引力

国家实验室体系在人才培养工作中要将吸引、聚集和培养国际一流的人才视为一项重要任务，把目标锁定在世界科技前沿和重大战略需求上，着眼于战略性、基础性和前瞻性的重要科学问题，面向全球吸引具有高影响力的科技人才。科技创新高度依赖高层次人才的支撑和引领，只有汇聚活跃于学术前沿的世界一流科学家和创新团队，才能占据创新发展的主导。因此，国家实验室体系要立足全球创新资源，提高对高层次人才的吸引力，具体可以从以下方面着手。

一是拓展多元化人才引进渠道。面向全球，各实验室可以利用学术交流会、校友会、分批设置海外人才工作站、联络点，构建广泛的国际联系渠道，致力于引进并支持一批国内外杰出青年科技人才。

二是面向全球汇聚高层次人才。围绕着大科学装置的建设，面向世界，汇聚世界各地的高层次科学家，尤其是对国内外的博士生、博士后、访问学者、外籍科研人员给予特别的资助，加大组织高层次学术交流活动的力度。在建设国家实验室体系的过程中，要积极主动地将具有国际影响力的科学家或者诺奖得主引入其中，并积极参与到国际人才竞争中去；要加快调整灵活的引进方式，要健全科学研究人员的安全、风险预防机制；给科学家们更多的科研自主权，从而汇聚国际高层次人才。

三是加大实验室人才培养力度。加大博士生、硕士生及在岗人员的深造，并设计人才支持计划和支持资金等；引进国内外高端人才，并根据实验室目的和任务进行针对性的培养和培训，鼓励和支持青年科学家参加国际高水平学术交流与合作研究；在国际科学环境中培养一批高水平、高层次的年轻学术带头人。

四是加强实验室环境建设。政府和主管部门应在软硬件方面加大对实验室的资金、政策、资源支持力度。[①]在硬件建设方面，要配置足够的、先进的实验器械、高精尖仪器设备和场所，提供宽敞、安全、适宜的实验环境，以满足科研人才的工作需要。在软件建设方面，要紧跟现代科学技术步伐加快实验室信息化、智能化和数字化建设，强化实验室的集成化管理及系统化构建；营造有利于学术交流的科研环境及勇于创新、宽容失败的创新氛围。

7.2.2 优化人才队伍结构

为国家实验室体系储备合理规模和结构的科研人员，是保持其竞争力和实现可持续发展的关键。为此需要从以下方面逐步优化人才队伍结构。

一是科学设置岗位并明确岗位职责。从实验室的发展目标、科研需求和实际情况出发，结合实验室的中长期发展规划和重点布局，发布公开招聘岗位需求，

① 汪雁南，张红．“双一流”背景下教育部重点实验室建设与管理[J]．实验室科学，2021，24（02）：204-208．

取消闲置的岗位，明确岗位责任和任务，并将工作任务细化，分配到具体的科研人员。

二是赋予实验室更多的人才选聘自主权。实验室的管理制度应该更具备灵活性，赋予实验室更多的权利，充分发挥其主观能动性。例如：在权限范围内摸索出一条适合自身情况的聘用机制，在聘任方式、聘任经费上予以适当放宽；合理提高贡献度高的科研人员的薪酬待遇，以强化对高端科技人才的吸引力和工作积极性。

三是加强对人员的分类管理。一方面，将实验室人员分为固定人员和流动人员，分别对两类人员加强管理，并做好固定人员和流动人员的均衡比例控制；另一方面，改变对技术人员和管理人员两类人才的认识，加大技术人员和管理人员的引进和培养，充分激发这两类人才在实验室中的潜能和作用，为科研工作高质、高效开展提供强力保障。

四是完善人才职业发展及晋升机制。实验室要为各类人员分别制定符合其特点和需求的职业发展通道及晋升条件；针对各类人员的定位和功能角色，制订科学合理的人员考核机制和评价标准，真正做到留住人才和用好人才。

五是组建科研团队，建立动态调整机制。首先，由主管部门遴选并任命一名兼具卓越学术能力和领导协调管理能力的实验室主任，其次，根据学科优先原则设立不同学部，并根据不同研究任务，从其他高校、科研机构或企业选聘优秀研究人员组建项目研究团队，等项目任务完成后，流动人员各回原岗位；同时，还可以利用博士后、访问学者及实习生等流动岗位，降低创新成本，提升创新活力。

7.2.3 建立科学评估体系

一是建立科学合理的评估指标体系。对实验室整体的绩效和不同科研人员贡献大小的评估，应进行分类评估，并细化评估指标体系及评估细则。譬如，对实验室的评估指标可以包括既定战略规划的完成情况、重点课题的实施进度、科研人员的整体素质与结构、科研设施的装备水平与利用率、经费总额中“竞争性资金”的比例、“竞争性资金”中企业研发合同的比例、申请和取得专利的数量、客户的分布结构与服务满意度、技术成果转让的数量和收益、经费支出的范围和科研辅助系统的服务质量等，由专业评估机构进行评估考察。对于科研人员的评估，则应对各类人员实行分类评估，分别制定评估内容和评估标准，并由具有权威和公信力的评估组织进行公平公正的评估。如对于从事基础研究的人才，应以科研质量为评估重点；对于面向国家战略需求、承担关键核心技术攻关的人才，以满足国家战略需求的贡献作为评估重点；对于面向产业和市场需求，从事共性技术和前沿技术研发的人才，以成果的前沿性和产业化情况作为评估重点。[①]此外，评估标准应当将实验室具体人员的工作环境、工作难易程度纳入考虑，从而使各种人才在合适的岗位上充分发挥其才能。

二是适当调整评估周期。科学研究要出大的成果，往往要经过多年积累，量变才能发生质变。科研项目往往需要几年甚至更长时间才能出大成果，并且各个科研项目长短不一，统一采用一年的评估周期并不合理，很多情况下，年度考核不能充分反映问题，因此考核的周期应该得到适度调整，如延长考核周期或者按项目长短分阶段对计划完成情况、团队及相关成果进行考核，不同阶段采用不同指标和不同权重。

三是整体评估和个体评估相结合。由于不同实验室的目标定位和功能不同，其完成科研任务的难度、取得成果的周期也有较大差异。因而，在对科研人员考核时，要将个人的绩效考核与实验室的成果进行关联，既要考核实验室项目承担情况、经费使用情况，也要考核研究成果在产业界的实际应用情况；对于科研人员的考核，既要考虑其个体所取得的成果，也应评估其在实验室中发挥的作用。

7.2.4 完善科研经费管理

为了激发人才的科研创新创造活力，加强对科研人员的激励，改善创新环境，可以从以下四个方面着手完善科研经费管理。

一是扩大国家实验室预算编制的自主权。目前，中国科研机构在实际的预算编制过程中受到诸多掣肘，政府部门可适当放宽对科研机构的相关审核制度，适度赋予科研机构自主预算、实行及调剂预算的权力，预算科目应当尽量精简，简化经费编制和使用的环节。

二是增加用于支付人员经费的比例。目前的科研体制下，研究经费用途受限，导致部分实验室人员薪酬偏低，激励不足，影响了科研项目的正常运行。政府和主管部门可适当加大薪酬激励的力度，调整相应的规定和标准，按一定比例设定奖励经费，从而激发人才的创造力。

三是减轻科研人员的事务负担。目前，诸多的项目经费申报工作要由科研人员自己完成，这让科技人员应接不暇，花费了他们大量的时间，也分散了他们的工作精力。因此，可以按照项目需求为科研人员或团队配备财务助理，为其提供包含从预算编制、经费设置、调整和报销等多个方面的专业化服务。

四是加大非竞争性科研经费的比例，建立经费保障机制。目前，发达国家为

① 肖小溪，代涛. 国立科研机构培养使用战略人才的国际经验及启示[J]. 科技导报，2022，40(16)：46-54.

国家实验室建立了经费保障机制，投入了充足的财政拨款。我国国家实验室体系中部分实验室来源于竞争性项目的经费占总经费八成以上。财政经费投入不够会严重影响科研人员承接周期长的基础性项目的意愿，使部分科研人员急功近利，降低实验室原始创新能力。因此，可参照发达国家的经验，适当改变经费结构，让保障机制和良性竞争机制并存。

7.2.5 创新人才激励机制

一是制定合理的薪酬制度。合适、合理的薪酬制度能促进实验室队伍的发展，提高实验室人员的积极性。首先，基于具体岗位和实际贡献、兼顾效率和公平的分配制度，以岗定薪、按劳取酬；其次，建立人员分类薪酬体系，针对技术人员和管理人员薪酬偏低的问题，实验室应该合理提高薪酬待遇，吸引更多的技术人员；同时，合理设计基本工资和绩效工资的比例，避免科研人员耗费更多的精力去争取科研项目而降低了科学研究的热情及成效。

二是利用绩效考核激励人才。科学利用绩效考核，可以帮助科研人员改进现有工作中的不足和调整未来工作计划。对于绩效水平高的科研人员，要适当给予一定奖励，可以按照科研人员的需求情况，采用精神和物质双重激励机制，如对科研团队同时给予表彰和薪资奖励，以表示对团队科研成果的肯定。对绩效水平低及考核不合格的科研人员，可以安排培训，帮助其改进工作方法、挖掘其潜能，或对其岗位、职务进行调整；对长期或者连续不合格的人员可予以解聘，从而激发科研人员的工作积极性。

三是营造良好的科研氛围，激发科研人员的创新活力。实验室应有意识地营造有自己特色的学术交流和科研氛围，使之成为创新思想的摇篮。卡文迪什实验室之所以能取得成功，很大程度上取决于其全神贯注和献身科学的精神、学风民主和自由探索的氛围。宽容、合作的研究环境更能激发和调动研究人员的积极性和创造性。

7.2.6 构建协同培养机制

国家实验室体系是教育、科技、人才的交汇点，也是科技第一生产力、人才第一资源、创新第一动力的最佳结合点，在人才培养方面要注重“教育、科技、人才”三位一体协同，具体应该做到五个协同。

一是教育、科技、人才三种机制在顶层设计上的协同。教育、科技、人才三种人才培养机制存在差异性和互补性，应加强不同机制的统筹协调。从国家顶层设计的维度看，教育、科技、人才是三位一体的，体现了教育链、科技链、人才链的深度融合，打造了链内环环相扣、链外链链相接、人才心心相通的良好人才生态。

二是教育、科技、人才三种机制在发展规律上的协同。从现代化国家建设的全局看，在教育实践发展中、科技创新过程中、人才工作统筹中，三者运行均有其自身独特的规律，但所涉及的人才成长规律是相通的。

三是教育、科技、人才三种机制在价值取向上的协同。从价值取向的角度看，教育、科技、人才三种机制均走向价值理性与工具理性相统一的路径。人是理性的动物，价值理性和工具理性是理性在一个人的身上不可分割的两个方面，对于一个全面发展的人才更是如此。

四是教育、科技、人才三种机制在战略实施上的协同。科教兴国战略、人才强国战略、创新驱动发展战略，三大战略之间是相互联系、同频共振的，其所对应的教育、人才、科技三种人才培养机制也是一体协同的。三大战略的内在主线是创新，三种机制的内在主线是创新型人才，它们共同支撑创新型国家建设。

五是教育、科技、人才三种机制在规划编制上的协同。从规划编制的角度，教育、科技、人才三者之间是既相对独立又密切联系的，教育是强国基础、科技是强国关键、人才是强国根本。三者在人才培养规划编制上要相互衔接，一体协同。

参 考 文 献

[1] 王贻芳. 建设国家实验室完善国家科研体系[J]. 科学与社会. 2022,12(2):6.

[2] 历史笔记本. 罗蒙诺索夫:成立了俄国第一所大学和第一个化学实验室[EB/OL].(2020-10-09)[2023-04-08]. http://www.historyhots.com/tt/shijie/68835.html.

[3] 深圳北理莫斯科大学. 罗蒙诺索夫:俄国科学史上的"彼得大帝"[EB/OL].(2017-05-10)[2023-04-08]. https://www.smbu.edu.cn/info/1036/1057.htm.

[4] 罗肇鸿,王怀宁. 资本主义大辞典[M]. 北京:人民出版社,1995:633.

[5] 中国科学院大科学装置发展战略研究组. 我国大科学装置发展战略研究和政策建议[EB/OL].(2007-04-26)[2023-04-12]. https://news.sciencenet.cn/html/showxwnews1.aspx?id=178381.

[6] 苏熹. 从国防研究到基础研究的转向——中国科学院近代物理研究所回旋加速器的兴建、应用和改建[D]. 北京:中国科学院大学,2019.

[7] 王扬宗,曹效业. 中国科学院院属单位简史:第1卷上册[M]. 北京:科学出版社,2010:148-149.

[8] 丁兆君,胡化凯. "七下八上"的中国高能加速器建设[J]. 科学文化评论,2006,3(02):85-104.

[9] 科学技术部网. 1978—1985年全国科学技术发展规划纲要(草案)[EB/OL].(2005-08-31)[2023-04-15]. https://wap.sciencenet.cn/mobile.php?type=detail&id=178381&mobile=1&id=178381.

[10] 中国改革信息库. 国务院关于下达《国家中长期科学技术发展纲领》的通知[EB/OL].(1992-03-08)[2023-04-12]. http://www.reformdata.org/1992/0308/4207.shtml.

[11] 科学技术部网. 全国科技发展"九五"计划和到2010年长期规划纲要(汇报稿)[EB/OL].(2005-08-31)[2023-04-15]. http://www.most.gov.cn/ztzl/gjzcqgy/zcqgylshg/200508/t20050831_24435.html.

[12] 科学技术部网. 中共中央、国务院关于加强技术创新、发展高科技、实现产业化的决定[EB/OL].(2006-01-05)[2023-04-15]. http://www.mostgov.cn/ztzl/qgkjdh/qgkjdhzywj/qgkjdhxgzc/qgkjdhzh/200601/t20060105_27505.html.

[13] 中华人民共和国科学技术部. 中国科技发展70年1949—2019[M]. 北京：科学技术文献出版社，2019：479-481.

[14] 教育部科技发展中心网. 批准北京凝聚态物理等5个国家实验室筹建的通知[EB/OL].（2020-05-07）[2023-04-15]. http://www.cutech.edu.cn/cn/rxcz/webinfb/2003/l2/1179971196278553.htm.

[15] 科技部网站. 科技部召开启动10个国家实验室建设工作通气会[EB/OL].(2006-12-14)[2023-04-03]. https://www.gov.cn/gzdt/2006-12/14/content_468975.htm.

[16] 苏熹. 以国家科技发展战略目标为主导——中国国家实验室建设和发展历程述略[EB/OL].（2021-01-11）[2023-04-12]. http://hprc.cssn.cn/gsyj/whs/kjs/202101/t20210111_5243819.html

[17] 科学技术部网. 科技部国家发展改革委财政部关于印发《"十三五"国家科技创新基地与条件保障能力建设专项规划》的通知[EB/OL].(2017-10-26)[2023-04-16]. http://www.rnost.gov.cn/xxgk/xinxifenlei/fdzdgknr/fgzc/gfxwj/gfxwj2017/201710/t20171026_135754.html.

[18] 闫金定. 国家重点实验室体系建设发展现状及战略思考. 科技导报[J]. 2021，39（3）：113-115.

[19] 中华人民共和国科学技术部. 曹健林副部长赴澳门参加国家重点实验室澳门伙伴实验室揭牌仪式[EB/OL].（2011-02-01）[2023-04-16]. https://www.most.gov.cn/kjbgz/201101/t20110131_84626.html.

[20] 燕山大学. 燕山大学参加科技部国家重点实验室优化重组工作推进会[EB/OL].（2022-07-16）[2023-04-16]. https://www.ysu.edu.cn/news/info/5503/15377.htm.

[21] 燕山大学. 燕山大学召开亚稳材料制备技术与科学国家重点实验室优化重组工作推进会[EB/OL].（2023-02-26）[2023-04-16]. https://www.ysu.edu.cn/news/info/5502/17363.htm.

[22] 中国文明网. 习近平：关于《中共中央关于制定国民经济和社会发展第十三个五年规划的建议》的说明[EB/OL].（2015-11-03）[2023-04-16]. http://www.wenming.cn/specials/zxdj/xjp/xjpjh/201511/t20151103_2947691.shtml.

[23] 国家发展和改革委员会. "十四五"规划《纲要》名词解释之12|实验室体系[EB/OL].（2021-12-24）[2023-04-16]. https://www.ndrc.gov.cn/fggz/fzzlgh/gjfzgh/202112/t20211224_1309261.html.

[24] 中华人民共和国科学技术部. 科技部财政部国家发展改革委关于印发《国家科技创新基地优化整合方案》的通知[EB/OL].(2017-8-25)[2023-04-16]. https://www.most.gov.cn/tztg/201708/t20170825_134601.html.

[25] 复旦大学管理学院. 大师论坛聚焦创新与变革[EB/OL].(2021-06-04)[2023-02-24]. https://www.fdsm.fudan.edu.cn/Aboutus/fdsm1556952203900.

[26] 袁贵仁. 对人的哲学理解[M]. 上海:东方出版中心,2008:392.

[27] 郭铁成. 瞭望丨顶尖创新人才如何培养[EB/OL].(2021-02-23)[2022-08-22]. https://baijiahao.baidu.com/s?id=1692477825485581114&wfr=spider&for=pc.

[28] N.M. ROBINSON. In Defense of a Psychometric Approach to the Definition of Academic Giftedness: A Conservative View from a Diehard Liberal [C] R.J. STERNBERG, J.E. DAVIDSON. Conceptions of Giftedness. Cambridge, England:Cambridge University Press,2005:280—294.

[29] 阎琨,吴菡. 拔尖人才培养的国际趋势及其对我国的启示[J]. 教育研究. 2020(06)84.

[30] 原帅,黄宗英,贺飞. 交叉与融合下学科建设的思考——以北京大学为例[J]. 中国高校科技,2019(12)4-7.

[31] 段宝岩,李耀平. 人工智能趋势下,工程拔尖人才培养应破传统模式[N]. 中国科学报,2021-03-30(7).

[32] 尹志欣,王宏广. 顶尖科学人才现状及发展趋势研究[J]. 科学学与科学技术管理. 2017(6):23-30.

[33] 尹志欣,朱姝,由雷. 我国顶尖人才的国际比较与需求研究[J]. 全球科技经济瞭望,2018(8)70-76.

[34] 段宝岩,李耀平. 人工智能趋势下,工程拔尖人才培养应破传统模式[N]. 中国科学报,2021-03-30(7).

[35] 李文. 未来大学人才培养的五种趋势[J]. 北京教育:高教版,2018(9)14-18.

[36] 张志刚. 日本对科研人才项目资助的做法[J]. 中国人才,2020(8)33-35.

[37] 张志刚,陈宝明,彭春燕等. 现代科技人才培养趋势研究[J]. 全球科技经济瞭望,2022(11)71-76.

[38] 李映彤. 探析设计方法虚实论[J]. 当代经理人,2006(15):231.

[39] 张志刚. 无障碍战略系统工程研究[M]. 北京:华夏出版社,2019:139-141.

[40] 清华大学.【喜庆二十大奋进新征程】吴华强:以教育、科技、人才筑牢强国之基[EB/OL]. (2022-11-07) [2023-03-08]. https://www.tsinghua.edu.cn/info/2955/99631.htm.

[41] 中华人民共和国科学技术部. 中国科技人才发展报告(2018)[R]. 北京:科学技术文献出版社,2019:41.
[42] 张志刚. 无障碍战略系统工程研究[D]. 北京:中共中央党校,2018.
[43] 中华人民共和国中央人民政府. 习近平:深入实施新时代人才强国战略加快建设世界重要人才中心和创新高地[EB/OL].(2021-12-15)[2023-03-08]. http://www.gov.cn/xinwen/2021-12/15/content_5660938.htm.
[44] 澎湃新闻. 穆虹:党的二十大报告把教育、科技、人才三大战略摆放在一起,有其深义[EB/OL].(2022-10-24)[2023-03-08]. https://www.thepaper.cn/newsDetail_forward_20430965.
[45] 郑金洲. 从现代化逻辑看教育科技人才一体化发展[EB/OL].(2023-01-31)[2023-03-08]. https://baijiahao.baidu.com/s?id=1756520746515902160&wfr=spider&for=pc
[46] 王通讯,刘祖华. 遵循系统培养的人才开发规律[N]. 中国组织人事报,2012-06-25(001).
[47] 向彧晗. 英才计划:埋下希望的种子[J]. 中国组织人事报,2022(11):30-31.
[48] 杨鹏跃,朱蕾,张雪燕. 对国家重点实验室学科建设与领军人才培养的探索[J]. 研究与发展管理,2014,26(2):139-142.
[49] 张静一,刘梦. 凝聚、吸引、培养——论国家重点实验室人才培养[J]. 科研管理,2020,41(7):271-274.
[50] 姜莹,韩伯棠,张平淡. 科学发现的最佳年龄与我国科技人力资源的年龄结构[J]. 科技进步与对策,2003,20(12):22-23.
[51] 西桂权,刘光宇,李辉. 基于学科交叉的国家实验室建设研究[J]. 实验技术与管理,2022,39(11):1-5.
[52] 郑永和,王晶莹,李西营,等. 我国科技创新后备人才培养的理性审视[Z]//中国科学院院刊:卷36. 2021:757-764.
[53] 苏中兴,周梦非. 实施新时代人才强国战略强化现代化建设人才支撑[Z]//中国行政管理. 2022:81-86.
[54] 王峥,张雪燕,周佳佳. 国家重点实验室引进海外高层次人才问题的探讨[J]. 中国医院,2013,17(2):40-43.
[55] 陈良. 大科研背景下跨学科学术组织发展建议[Z]. 中国高校科技. 2018:4-6.
[56] 陈景彪. 我国科技人才体制机制的改革与完善[Z]. 行政管理改革. 2022:53-61.
[57] 张小蒙,阎冰,何畔,等. 基于创新人才培养的实验室管理研究[Z]. 中国现代教育装备. 2015:68-70.

[58] 秦发兰，章荣德. 浅析国家重点实验室在科学技术创新中的地位和作用[J]. 实验室研究与探索，2000(6)：3-5+23.
[59] 张莉，朱庆华，徐孝娟. 国际科技人才成长特征及演变规律分析——基于文献计量的分析[J]. 情报杂志，2014，33(9)：64-71.
[60] 高振，王帆. 高校青年科技人才成长规律与培养措施研究[J]. 中国成人教育，2018(1)：121-124.
[61] 常玮，张颖，殷洁. 年轻科技人才成长规律及培养对策研究[Z]//科技创新导报：卷11. 2014：221-222.
[62] 吕磊，罗海峰，谢伟，等. 高校重点实验室创新人才培养模式探索与实践[J]. 实验室研究与探索，2021，40(7)：249-253.
[63] 林芬芬，陈萍. 新时期加强国家科技创新基地人才培养的思考[J]. 中国基础科学，2022，24(5)：60-64.
[64] 刘晓君，杜霆宇. 贝尔实验室科技人才管理之道[Z]//中国人力资源开发. 2012：63-66.
[65] 胥和平，黄梅，潘教峰. 推进新时代教育、科技、人才“三位一体”高质量协同发展——“现代化建设科技人才体系研究”座谈会主旨发言摘编[M]//技术经济：卷42. 2023：1-13.
[66] 李力维，董晓辉. 中国特色国家实验室体系的鲜明特征、建设基础和发展路径研究[J]. 科学管理研究，2023，41(1)：2-8.
[67] 郑滢滢，邹小伟. 国家实验室管理体制及运行机制构建研究[J]. 科技创业月刊，2022，35(8)：80-84.
[68] 吴丹丹，王子晨. 中国国家实验室的演进历程、管理体制及运行机制探析[J]. 实验室研究与探索，2022，41(2)：130-135.
[69] 刘皓. 国家实验室运行机制研究——以武汉光电国家实验室为例[D/OL]. 华中科技大学，2011[2023-04-10].
[70] 韩彦丽. 国家实验室的建设和未来发展的思考——依托北京分子科学国家实验室的启示[J]. 科研管理，2016，37(S1)：668-672.
[71] 周岱，刘红玉，赵加强，等. 国家实验室的管理体制和运行机制分析与建构[J]. 科研管理，2008(2)：154-165.
[72] 曾卫明，王海涛，吴雷. 多方共建国家实验室管理体制与运行机制研究[J]. 实验技术与管理，2008(4)：156-159+175.
[73] 李云. 国家实验室管理体制和运行机制研究[D/OL]. 西南交通大学，2010[2023-04-10].

[74] 吕永敏. 国家实验室管理体制及运行机制研究[J]. 企业改革与管理,2021(1):3-5.
[75] 聂继凯,危怀安. 国家实验室建设过程及关键因子作用机理研究——以美国能源部17所国家实验室为例[J]. 科学学与科学技术管理,2015,36(10):50-58.
[76] 王江. 国家实验室的数字化转型:多层次视角分析[J]. 科学管理研究,2022,40(5):77-85.
[77] 李俊鹏,李奕蒙. 美国圣地亚国家实验室人才培养启示[J]. 经济师,2020(8):272+274.
[78] 吴忠迁. 如何依托国家重点实验室加强科技创新团队人才培养[J]. 长江丛刊,2020(3):131-132.
[79] 肖小溪,代涛. 国立科研机构培养使用战略人才的国际经验及启示[J]. 科技导报,2022,40(16):46-54.
[80] 辛玉芳,丁显廷,彭诚信,等. 依托实验室科研团队培养本科创新人才[J]. 实验室研究与探索,2022,41(2):246-250.
[81] 鲁世林,杨希. 高层次人才成长周期及其对科技人才培养的启示[J]. 黑龙江高教研究,2021,39(9):1-5.
[82] 白春礼. 人才与发展:国立科研机构比较研究[M/OL]. 人才与发展:国立科研机构比较研究,2011[2023-04-11].
[83] 谭华. 中国与德国科研体系组织形式比较[J]. 中国农村科技,2013(1):68-70.
[84] 李健民,叶继涛. 德国科研机构布局体系研究及启示[J]. 科学学与科学技术管理,2005(11):28-31.
[85] 童素娟,蔡燕庆,戴晓青. 我国新型研发机构人才引育的特点、问题及对策——兼议德国四大科学联合会人才引育的经验[J]. 浙江树人大学学报,2023,23(01):56-63.
[86] 赵长根. 德国科研体系现状及发展趋势[J]. 全球科技经济瞭望,2003(12):37-40.
[87] 黄继红,刘红玉,周岱,等. 英德法国家级实验室和研究基地体制机制探析[J]. 实验室研究与探索,2008(4):122-126+134.
[88] 刘文富. 国家实验室国际运作模式比较[J]. 科学发展,2018(2):26-35.
[89] 周华东,李哲. 国家实验室的建设运营及治理模式[J]. 科技中国,2018(8):20-22

[90] 李宜展,刘细文. 国家重大科技基础设施的学术产出评价研究:以德国亥姆霍兹联合会科技基础设施为例[J]. 中国科学基金,2019,33(3):313-320.

[91] European Commission. Joint research centre[EB/OL].(2022-11-27)[2023-04-05]. https://joint-research-centre.ec.europa.eu/knowledge-research/open-access-jrc-research-infrastructures_en#paragraph_114.

[92] 刘泙颖,董诚,韩旭. 国外科研基础设施开放共享机制探索[J]. 科学管理研究,2021,39(1):148-154.

[93] 德国亥姆霍兹官网. 我们的十八个中心[EB/OL].[2023-04-03]. https://www.helmholtz.de/.

[94] 张虹冕,赵今明. 德国亥姆霍兹联合研究会建设特点及其对我国的启示[J]. 世界科技研究与发展,2018,40(3):290-301.

[95] 郑久良,叶晓文,范琼等. 德国马普学会的科技创新机制研究[J]. 世界科技研究与发展,2018,40(6):627-633.

[96] 王金花. 德国高层次科技人才开发政策和措施[J].全球科技经济瞭望,2018,33(7):5-10

[97] 李杨,郭梓晗. 德国科研管理体制与科技创新政策及启示[J]. 中小企业管理与科技(中旬刊),2021(6):115-117.

[98] 廖方宇、邓心安. 马普学会研究所评价对我国研究所评价工作的启示[N]・科技导报2003(2):22-25.

[99] 林豆豆,田大山. MPG科研管理模式对创新我国基础研究机构的启示[J]. 自然辩证法通讯,2006(4):53-60+111.

[100] 刘德娟,沈力,薛慧彬. 国外国立科研机构的运营特征及其启示[J]. 科学管理研究,2022,40(6):147-156.

[101] 李天宇,温珂,黄海刚,等. 如何引进、用好和留住人才?——国家科研机构人才制度建设的国际经验与启示[J]. 中国科学院院刊,2022,37(9):1300-1310.

[102] 陈柯羽. 国内外国家实验室管理模式比较研究初探[D]. 西南交通大学,2009.

[103] 顾海兵,李慧. 英国国立研究机构及其借鉴[J]. 科学中国人,2005(4):33-35.

[104] 丁上于,李宏,马梧桐. 脱欧后英国科研管理体系的新概况及其启示[J]. 全球科技经济瞭望,2021,36(10):35-42+67.

[105] 许为民,杨少飞. 发达国家及我国的国立科研机构体制的对比研究[J]. 实验技术与管理,2005(1):120-126.

[106] 阎康年. 卡文迪什实验室选择和培养人才的经验研究[J]. 自然科学史研究，1996(3):197-206.

[107] 孙若丹，孟潇，李梦茹，等. 北京建设国家实验室的路径研究——以英国卡文迪什实验室为例[C]. 北京科学技术情报学会. 创新发展与情报服务. 创新发展与情报服务，2019:222-231.

[108] 徐光善. 卡文迪什实验室人才培养成功经验给我国高等教育的借鉴和启示[J]. 实验室研究与探索，2002(6):39-41+46.

[109] 章文娟. 英国国家物理实验室的运行和管理模式[J]. 世界教育信息，2018，31(3):32-39.

[110] 许玥姮，付宏. 英国国家物理实验室的管理运营特征及启示[C]/北京科学技术情报学会. 2017年北京科学技术情报学会年会——"科技情报发展助力科技创新中心建设"论坛论文集. [出版者不详]，2017:281-286.

[111] 陈凤，余江，甘泉，等. 国立科研机构如何牵引核心技术攻坚体系:国际经验与启示[J]. 中国科学院院刊，2019，34(8):920-925.

[112] 陈琨，李晓轩，杨国梁. 意大利科研评价制度的变革[J]. 中国科技论坛，2015(2):148-154.

[113] 程燕林，宋邱惠，陈佳妮，等. 意大利的科研与第三使命评价及对中国的启示[J]. 世界科技研究与发展，2022，44(4):557-566.

[114] 方晓东，董瑜. 法国国家创新体系的演化历程、特点及启示[J]. 世界科技研究与发展，2021，43(5):616-632.

[115] 高军，石兵. 国立科研机构绩效拨款的实践与启示[J]. 预算管理与会计，2018(12):36-39.

[116] 马宗文，孙成永. 意大利科技人才培养的经验与教训[J]. 全球科技经济瞭望，2022，37(3):59-64.

[117] 马宗文，孙成永. 意大利国家实验室的发展经验与启示——以国家核物理研究院的国家实验室为例[J]. 全球科技经济瞭望，2021，36(11):39-45.

[118] 马宗文，孙成永. 意大利大型研究基础设施开放共享的经验与启示[J]. 全球科技经济瞭望，2019，34(5):60-66.

[119] 潘昕昕，焦艳玲. 科研项目人员激励机制的国际经验和启示——以欧盟和美国为例[J]. 全球科技经济瞭望，2022，37(3):65-70.

[120] 邱举良，方晓东. 建设独立自主的国家科技创新体系——法国成为世界科技强国的路径[J]. 中国科学院院刊，2018，33(5):493-501.

[121] 茹志涛. 法国公立科研机构协同创新机制的特点与启示[J]. 科技中国,2021(9):23-26.

[122] 孙晓晶,褚鑫,杨怀义,等. 国家实验室建设的立法保障及对策建议[J]. 科技导报,2020,38(5):57-62.

[123] 盛夏. 率先建设国际一流科研机构——基于法国国家科研中心治理模式特点的研究及启示[J]. 中国科学院院刊,2018,33(9):962-971.

[124] 孙文静,崔玉军. 法国国立路桥学校实验室管理运行模式及启示[J]. 实验室研究与探索,2017,36(2):145-148.

[125] 温珂,蔡长塔,潘韬,等. 国立科研机构的建制化演进及发展趋势[J]. 中国科学院院刊,2019,34(1):71-78.

[126] 吴海军. 法国国家科研中心及其管理制度建设[J]. 全球科技经济瞭望,2014,29(2):33-40+76.

[127] 王贻芳. 建设国家实验室完善国家科研体系[J]. 科学与社会,2022,12(2):1-25.

[128] 王楠,罗珺文,王红燕. 荷兰科研评估的模式与特点——以《标准化评估指南(2015-2021)》为分析对象[J]. 高教探索,2018(10):50-55.

[129] 尹高磊. 基于法治视角的国家实验室设立和管理运行分析[J]. 科学管理研究,2020,38(2):55-58.

[130] 张义芳. 美、英、德、日国立科研机构绩效评估制度探析[J]. 科技管理研究,2018,38(22):25-30.

[131] 张婧,蔚晓川. 2016年发达国家科研体制创新举措及启示[J]. 天津科技,2017,44(1):4-7.

[132] 王瑞亭. 我国国家重点实验室人才流动研究[D]. 武汉:华中科技大学,2013.

[133] 科学技术部基础研究司. 2016国家重点实验室年度报告[R]. 北京:科学技术部基础研究管理中心,2017.

[134] 陈实. 中国国家重点实验室管理制度的演变与创新[M]. 北京:冶金工业出版社,2011. 10.

[135] 吴松强,仲盛来,刘晓宇,等. 发达国家国家重点实验室运行机制的经验与借鉴[J]. 经济研究参考,2013(69):73-77.

[136] 寇明婷,邵含清,杨媛棋. 国家实验室经费配置与管理机制研究——美国的经验与启示[J]. 科研管理,2020,41(6):280-288.

[137] 辛斐斐,范跃进. 财政性科研经费管理:困境、根源及出路[J]. 国家教育行政学院学报,2017(4):28-33.

[138] 汪雁南，张红. “双一流”背景下教育部重点实验室建设与管理[J]. 实验室科学，2021，24(2)：204-208.

[139] 郑滢滢，邹小伟. 国家实验室管理体制及运行机制构建研究[J]. 科技创业月刊，2022，35(8)：80-84.

[140] 冯粲，童杨，闫金定. 美国国家实验室发展经验对中国强化国家战略科技力量的启示[J]. 科技导报，2022，40(16)：6-13.

[141] 李雨晨，陈凯华，于凯本. 国际一流国家实验室的管理运行机制启示——以美国劳伦斯伯克利国家实验室为例[J]. 全球科技经济瞭望，2018，33(10)：47-54.

[142] 冯虎. 美国国家实验室平台集聚外国人才的机制及做法[J]. 全球科技经济瞭望，2019，34(08)：23-27.

[143] 人民网-中国共产党新闻网. 习近平：为建设世界科技强国而奋斗[EB/OL].(2016-05-30)[2023-04-02]. http://cpc.people.com.cn/n1/2016/0601/c64094-28400179.html

[144] 中国原子能科学研究院. 北京串列加速器核物理国家实验室[EB/OL].(2023-02-28)[2023-04-16] http://www.ciae.ac.cn/zh401/kynl22/zdsys45/zdsys/1294073/index.html?eqid=ea7e170100006f100000000364892067

[145] 海洋工程国家重点实验室. 上海交通大学船舶海洋与建筑工程学院船舶与海洋工程研究生培养方案[EB/OL].(2018-06-12)[2023-04-03]. https://oe.sjtu.edu.cn/msg.php?id=984.

[146] 中山大学研究生招生网. 中山大学-广州实验室联合培养专项计划2022年招收攻读博士学位研究生招生简章[EB/OL].(2022-04-18)[2023-04-04]. https://graduate.sysu.edu.cn/zsw/article/383.

[147] 青岛海洋科学与技术试点国家实验室. 青岛海洋科学与技术试点国家实验室“鳌山人才”培养计划[EB/OL].(2020-03-17)[2023-04-05]. http://qnlm.ac/page?a=4&b=2&c=1&d=1&p=detail.

[148] 国家同步辐射实验室. 2020年合肥光源年报[R/OL].(2021-11-16)[2023-04-05]. http://www.gov.cn/xinwen/2023-02/28/content_5743623.htm.

[149] 国家统计局. 中华人民共和国2022年国民经济和社会发展统计公报[R/OL].(2023-02-28)[2023-04-06].https://www.stats.gov.cn/xxgk/sjfb/tjgb2020/2023

02/t20230228_1919001.html

[150] 中华人民共和国科学技术部. 2016年国家重点实验室年度报[R/OL].(2018-05-21)[2023-04-06]. https://www.most.gov.cn/xxgk/xinxifenlei/fdzdgknr/zfwzndbb/201805/P020180521576150932136.pdf.

[151] 管文洁,骆仲泱. 国家重点实验室服务国际化人才培养的探索与实践——以能源清洁利用国家重点实验室为例[J]. 高等工程教育研究,2019(S1):273-275.

[152] 陈东莉. 国家重点实验室人才队伍建设研究——以植物病虫害生物学国家重点实验室例[J]. 安徽农业科学,2019,47(19):262-264.

[153] 闫研,宫晓燕,陆浩,等. 青年基金,从0到1—复杂系统管理与控制国家重点实验室培养青年科技人才的一种探索[J]. 中国基础科学,2018,20(3):46-48.

[154] 万劲波. 积极打造国家战略人才力量[EB/OL].(2021-12-02)[2023-04-16]. https://m.gmw.cn/baijia/2021-12/02/35353186.html

[155] 吴伟,徐贤春,樊晓杰,等. 学科会聚引领世界一流大学建设的路径探讨[J]. 清华大学教育研究,2020,(5):80-86.

[156] 吴根,朱庆平,杨晓秋等. 国家重点实验室运行分析与发展报告—成就篇[J]. 中国基础科学,2006,8(1):53-57.